后浪

四川人民出版社

茶经述评

吴觉农 主编

后浪出版公司

四川人民出版社

图书在版编目（CIP）数据

茶经述评 / 吴觉农主编 . -- 成都：四川人民出版
社，2019.2（2024.2 重印）
ISBN 978-7-220-10893-8

Ⅰ . ①茶⋯ Ⅱ . ①吴⋯ Ⅲ . ①茶文化—研究—中国—
古代 Ⅳ . ① TS971.21

中国版本图书馆 CIP 数据核字 (2018) 第 161715 号

CHAJING SHUPING

茶经述评

吴觉农 主编

选题策划	后浪出版公司
出版统筹	吴兴元
编辑统筹	梅天明
责任编辑	任学敏
特约编辑	刘 方 李夏夏
装帧制造	墨白空间·张 萌
营销推广	ONEBOOK
出版发行	四川人民出版社（成都槐树街 2 号）
网 址	http://www.scpph.com
E - mail	scrmcbs@sina.com
印 刷	北京盛通印刷股份有限公司
成品尺寸	155mm × 240mm
印 张	26.25
字 数	280 千
版 次	2019 年 2 月第 1 版
印 次	2024 年 2 月第 3 次
书 号	978-7-220-10893-8
定 价	99.00 元

序

　　茶，原产于我国，传播于世界，公认为世界三大饮料之一。这是中华民族值得自豪的事情。

　　陆羽的《茶经》，成书于八世纪，至今一千二百余年，尽管观点陈旧，仍不失为茶学的最早著作。

　　由于我国古代科学不发达，又把自然科学看作"小道"，埋没了无数有天才的科学家。在这种情况下，后人的著述，只重复陆羽的窠臼，少有新意。人们多么希望看见二十世纪新茶经的出世。这个任务，现在由中国人自己完成了。吴觉农先生的《茶经述评》，就是二十世纪的新茶经。

　　觉农先生毕生从事茶事，学识渊博，经验丰富，态度严谨，目光远大，刚直不阿。如果陆羽是"茶神"，那么说吴觉农先生是当代中国的茶圣，我认为他是当之无愧的。

　　觉农先生已经是八十七岁高龄了。为后世留下这部著作，是中国人民之福。这部书无疑是茶学的里程碑。

　　应吴老之命，谨为短序，祝贺他的成功，并勉来者。

陆定一

1984 年 11 月 1 日于北京西山

前　言

　　唐代陆羽所作的《茶经》,是世界上第一部茶书,书成于8世纪中期,距今已 1200 多年。这部书受到了我国历代文人雅士的推崇,作者陆羽后来还被劳动群众誉为"茶神"。由于茶树的原产地在中国,茶叶在我国西汉时代业已作为药用,并在很早以前,即已传播到国外,且日益为各国人民所喜爱。因此,近年以来,日本、英、美等国的学者,对《茶经》也特别给予重视,且已将它译成日、英、法等国文字进行研究。

　　陆羽是在佛寺中成长起来的,因为茶叶的传播和佛教有着密切的关系,所以他对茶有特殊爱好,以后又曾亲身到过很多主要是佛寺所在地的产茶地区做调查研究,这就使得他在撰写《茶经》时,能对茶的栽培、采摘、制造、煎煮、饮用的基本知识,对迄至唐代的茶叶的历史、产地,更为重要的是对茶叶的功效,都有较准确的把握,并做以扼要的阐述。这些阐述,有的至今还没有失去其参考价值。当然,由于时间的流逝,《茶经》所叙述的关于造茶的工具,煮茶、饮茶的器具等部分,有的已无现实意义。另外,陆羽虽出身贫寒,多年生活于佛寺,但自他进入社会以后,长期与官吏、文士和方外之人为友,并以士大夫的身份做过州、县官的幕僚，因而他就不可避免地受到儒家和佛家的思想影响，他的时代局限性，也必然使这些思想在《茶经》中反映出来。

我生长于茶乡，自以茶业为学习的专业以来，一转眼已60余年了，其中不少时间是在做农业、茶业的研究工作。曾写过和茶业有关的文章和书，但并没有想到要论述陆羽的《茶经》。写这本书的起因，是农业出版社的建议。该社很早就要我把古代有关茶书加以整理、注释，汇印出版。我把古代一些茶书进行对照，发现其内容大都围绕着《茶经》而写，且多重复，如一一予以整理、注释，并没有多大意义，所以就搁了下来。粉碎"四人帮"以后，该社又同我联系。我认为，《茶经》一书，其内容从现代科学发展的水平来衡量，可资参考的虽并不多，但所涉及的比较全面，所以提出了评述《茶经》，兼及其他古茶书，以回顾历史经验，便于"古为今用"。该社同志对此设想颇为赞同，并认为这种既述且评的方式也较有新意，因即定书名为《茶经述评》。

这本书从1979年开始撰写，由于出现了一些曲折，因而花费了较预想为多的时间。最初，因为《茶经》原文较为古涩，于是用了较多的时间来对照它的版本，研究它的文字，这样，当时所写出的内容，就较侧重于《茶经》的注释，后来才陆续加入了一些评述的内容，搞出了第一稿。但这一稿的内容，有的已超越了评述的范围，所以，又加以精简，把述评突出出来，写成第二稿。最后，再加以修改补充，这便是现在出版的第三稿。同时，在第三稿修改过程中，又不时发现新问题需予解决。例如，有人认为我国开始使用茶叶起于神农，并举神农得茶解毒一事为证，这个借传说而做出结论的说法，原是我们一直在怀疑的问题。现已可证明：茶树原产地是在我国的西南地区，而在战国时代以前的历史条件下，还不可能把西南地区的茶叶传播到中原地区。《茶经》说的春秋时代晏婴曾食用过"茗"，已不能使人置信，则神农最先使用茶叶之说，就更难于成立了。又如，《茶经》原文中前八章都有原注，特别是第八章的原注最多。这些原注，究竟是否为陆羽自己所注，也一向是我们所怀疑的问题。现已证明：有的肯定不是陆羽的自注，有的则难以辨明是或不是陆羽的自注。对这两个问题，有的已在稿内予以指明，有的也在稿内作为问题提出。像这种出现的应予解决的问题，并不是个别的。

这本书的撰写过程，大体可分为三个阶段，每一阶段，大都是我提出个人的看法，委托几位老友执笔。第一阶段的执笔人是张堂恒同志，他所完成的是内容比较简要的《茶经》的译文和注释，另邓乃朋同志，也在《茶经》的译文和注释方面提供了不少意见；第二阶段先由钱梁、陈君鹏两位同志执笔，他们所完成的是内容比较广泛的第一稿，嗣由陈舜年同志执笔，主要是删繁就简，完成了第二稿；第三阶段亦即第三稿定稿阶段的执笔人是冯金炜、恽霞表两位同志，特别是冯金炜同志对最后定稿的撰写和补充工作出力较多。

这最后一稿，自己看看，还是很不满意，不仅文字上不够严密，内容上有些新意也不够完整。在撰写的前两三年中，我为了对茶树原产地和我国生产红细茶的问题进行研究，曾先后前往四川、云南、广西、广东等省、自治区*再次进行调查研究，并写出了论文，提出了建议。其间，各地几度往返，时间过于紧张。在后两三年，自己的时间虽较充裕，但精力又大不如前。因此，对前后三个原稿都未能加以仔细的推敲。现因时间已拖得太久，不得不权且拿出来，让广大读者予以批评指正，使这本书得在以后修订完善，则是我所最盼望的。

　　陆定一同志一向关心茶事，对中国茶叶的振兴和发展寄予厚望。十分感谢陆老为这本书题字并写了序言。文中褒及此书又奖及我个人，赞誉之词，实愧不敢当。我深信随着四化建设的蓬勃发展，我国的茶叶事业必将出现突飞猛进的局面，在此基础上，从事茶叶研究的专家学者定会写出一部无愧于我们时代的新《茶经》。至于我个人，将以陆老的愿望作为对我的极大策励，决心在有生之年，同全体茶叶工作者一道，为振兴我国茶业继续作出力所能及的贡献。

吴觉农
1984 年 8 月 18 日于北京

---

* 近三十多年来，我国行政区划多有变动，为了准确传达作者原意，书中地名、行政区划与机构名均未作改动，与本书初版时保持一致。

目　录

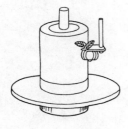

第一章

茶的起源

——《茶经·一之源》述评

《一之源》是《茶经》的重点篇章之一，内容广泛，包括茶树的植物学性状、"茶"字的构造及其同义字、茶树生长的自然条件和栽培方法、鲜叶品质的鉴别方法以及茶的效用等各个方面，以"南方之嘉木"概括了茶的产地起源和特性。

本章涉及茶的起源的，仅有"茶者""其字""其名"三段，从《茶经》十章的总体来看，本章的重点在茶的生产方面。茶叶是农产品，制造和饮用的来源是种植。《茶经》是从这个意义上来考察"源"字的。"嘉木"的"嘉"，含有高度的善和美的意思。因此，"嘉木"二字的含义，已远远超越"最优良的树木"和"最珍贵的树木"这样直译所包含的内容。我国古代不少作家，常常借着赞颂植物的美德，用以自譬或譬人，这就是过去所说的"比而赋"。如战国时屈原在《楚辞·九章·橘颂》中，第一句就说橘树是"嘉树"。据郭沫若同志的解释，《橘颂》全篇，前半颂橘，后半颂人，所颂的是别人还是自己，实难查考。（见郭沫若《屈原赋今译》）又如宋代苏轼的《叶嘉传》（见《苏东坡集》），既在题目上突出地说明了茶是"嘉叶"，又在文中用"风味恬淡，清白可爱""容貌如铁，资质刚劲"等词来赞颂叶嘉，还用"始吾见嘉，未甚好也，久味之，殊令人爱"等语，实际上都是以拟人化的词句来赞颂茶。特别值得提出的是，苏轼又用"天下叶氏虽伙，然风味德馨，为世所贵，皆不及闽"这样结论式的词句来称誉闽茶，这表明他是借茶以譬人的。另外，他在文中还谈到了陆羽所作的《茶经》，并批评说"虽羽知，犹未详也"，可见他对《茶经》的内容并不满意。至于陆羽在《茶经》一开头就用"嘉木"二字来赞颂茶，既说明茶是"嘉木"，而"嘉木"二字就是借以自譬或譬人，则是显而易见的。由此可以认为，陆羽把自己论茶的著作尊之为"经"，正说出他的自负，也阐明了他对茶的推崇。

为了说明茶的起源，本章一从茶的历史、野生茶树和茶树原产地各方面简略地说明中国是茶的祖国，以后按《茶经》原文顺序，二叙述茶树的形态特征，三叙述"茶"的字源，四叙述茶树生育的生态条件，五叙述茶树的栽培方法，六叙述鲜叶品质的鉴别方法，七叙述茶的效用。

《一之源》最后关于选用茶的困难与选用人参相比的一段话，因纯属产区与品质的关系，将在第八章"茶的产地"中加以评述。

一、茶的祖国

《茶经》的第一句话就说茶是我国"南方"的"嘉木"，接着以树的高度简略地说明了我国拥有各种类型茶树品种的概况，并说在川东、鄂西一带，已有"两人合抱"的大茶树。

在《茶经》以前我国的古代史料中，早有关于我国包括四川、云南、贵州等省在内的西南地区是茶树原始生产地的记载。晋代常璩在公元 350 年左右所撰的《华阳国志·巴志》中说：

> 周武王伐纣，实得巴、蜀之师，著乎《尚书》。……其地东至鱼复，西至僰道，北接汉中，南极黔、涪。上植五谷，牲具六畜，桑、蚕、麻、纻、鱼、盐、铜、铁、丹、漆、茶、蜜……皆纳贡之。

这说明早在公元前 1066 年周武王率南方八个小国伐纣（见《史记·周本纪》）时，巴蜀（今四川以及云南、贵州两省的部分地区）已用所产茶叶作为贡品。

公元前 2 世纪，即西汉的时候，四川的司马相如在他所著的《凡将篇》中，记录了当时的 20 种药物，其中的"荈诧"就是茶。西汉末年，扬雄在他所著的《方言》中，也述及"蜀西南人谓茶曰蔎"。

《神农本草经》也有关于茶的记述："苦菜，味苦寒，……一名荼草，一名选，生川谷。"

《桐君录》也提到："又南方有瓜芦木，亦似茗，至苦涩……而交、广最重。"（东汉交州辖境相当今广东、广西的大部分和越南承天以北诸省。三国吴分交州为交、广二州。）

公元 3 世纪，三国时的傅巽，在他所著的《七诲》中提到了"南中茶子"。（南中，相当今四川大渡河以南和云南、贵州二省。）

唐代樊绰在《蛮书·云南管内物产第七》中记载："茶生银

生城界诸山，散收，无采茶法，蛮以椒、姜、桂和烹饮之。"
（银生城故址在今云南景东，唐时南诏国的重镇，是与波斯、
婆罗门等国进行贸易的地方。波斯，即伊朗。婆罗门，指古
印度。）

如上所述，我国发现茶树和饮用茶叶的历史，有文献可资
查考的已在 3000 年以上，即可追溯到公元前 1100 年的周代。
此外还没有任何其他国家发现比我们更早的有关茶叶历史的文
字记载，所以可以肯定地说，我国是世界上最早采制和饮用茶
叶的国家。

中国是世界茶树的祖国，还可以从我国很多地方所发现的
野生茶树得到进一步证明。在《茶经》中有两段关于野生茶树
的记载：一段在《一之源》中，即"其巴山峡川，有两人合抱
者，伐而掇之"。另一段在《七之事》中，引述了汉代东方朔
《神异记》关于"余姚人虞洪入山采茗……获大茗焉"的记载。

在唐代以后，如宋代乐史的《太平寰宇记》，其中有泸州
有茶树、夷人常携瓢悬梯攀登树上采茶的记载。又宋代沈括所
著的《梦溪笔谈》，也述及"建茶皆乔木"。明代《大理府志》有
"点苍山……产茶树，高一丈"的记述。清代，即在 19 世纪末，
英国人威尔逊（A. Wilson）曾在我国的西南地区考察植物，在
他所著的《中国西部游记》中，也说："在四川中北部的山坡
间，曾见茶丛普遍高达十英尺或十英尺以上，极似野生茶。"
（按：1 英尺 = 0.3048 米）

近年来，在我国发现野生茶树（包括山茶属的近缘茶树）
的报道屡见不鲜，其中以西南地区（包括云南、贵州、四川）
分布得最广最多，而且多为高乔木型的大茶树，其他地区如广

东、广西、福建、湖南等地，则多为乔木型或半乔木型。

在云南：1960 年，据勐海茶叶科学研究所和中国农业科学院茶叶研究所调查报道，在景谷、勐海、镇康、大关、金平、师宗等县，都发现有野生大茶树。又据湖南农学院陈兴琰教授报道：1961 年，在勐海县巴达公社的大黑山密林中，海拔约 1500 米处，发现一棵树高 32.12 米（后来，树的上部被大风吹断，现高 14.7 米）、胸围 2.9 米的野生大茶树。这棵茶树单株存在，树龄约 1700 年，周围都是其他参天的古木。

在贵州：据贵州省农业局及茶叶科学研究所调查，在习水、赤水、桐梓、安龙、普安、榕江、务川等县，先后发现大茶树。其中务川发现的大茶树，高 6—7 米，叶长 13—16 厘米，叶宽 6—8 厘米。此树早在 1939—1940 年，已为叶知水等同志所发现（见《安徽茶讯》一卷八期）。1957 年，在赤水县黄金区和平乡海拔 1400 米的山林中发现树高 12 米的大茶树。1976 年，又在道真县海拔 1100 米的山区发现树高 13 米，叶长 21.2 厘米，叶宽 9.4 厘米的大茶树（见《贵州茶叶通讯》，1976）。

在四川：据四川省茶叶研究所（原茶叶试验站）调查，在荥经、古蔺、叙永、珙县、重庆、合江、崇庆、南川等地，也都发现有野生的大茶树。在宜宾、雅安、温江等地区森林中，还有集中成片的野生苦茶，其中宜宾黄山的，树高 13.6 米。

在广西：据陈爱新同志 1965 年的报道，在桂北、桂东北和桂西，也都有野生大茶树分布。桂西上林县大明山深山处的野生茶树，高达数丈；桂北龙胜大茶树，最大者树高超过 10 米。又据陈炳怀等同志的报道，在大明山原始森林中，还发现有野生茶树群落，其中一株树高达 13.3 米。

在广东：据广东华南农学院及省经济作物局在从化县调查，发现有 3 株大叶种茶树生长在人烟绝迹的深山峻谷，零星混杂在残林和其他野生植物群落之间，树高都在数米至十余米，但开花结实很少。

1980 年 3 至 4 月，湖南茶叶研究所刘宝祥等同志在云南勐海大黑山、南糯山、金平老林等地进行了考察研究，发现云南大部分地区受到第四纪冰河期的袭击很轻，因而有许多第三纪植物，如木莲、鹅掌楸等，在其他地区早已绝迹，而在这一地区的原始森林中仍耸然挺秀。茶树亦以其雄伟的树姿，生长于第二层的群落中，高达 10—20 米，胸围 2 米左右，分别分布在海拔 1200—2500 米的高度。这是特别值得一提的。

发现野生茶树的地方，不一定都是茶树的发源地。追溯茶的起源，除了研究栽培茶树的历史以外，还须探索茶树植物在地球上发生发展的历史。植物的发生发展无不与自然环境的变化密切相关。因此，茶树植物的形成和演化的历史，必然涉及古地理、古气候、古植物学方面的历史。

近 100 多年来，很多国家的科学研究工作者大都认为中国是茶树的原产地，但也大体上存在着另外四种不同的论点：一是认为印度是茶树的原产〔据 1877 年贝尔登（S. Baildon）说〕；另一认为大叶种和小叶种分属于两个不同的原产地〔据 1919 年科恩司徒（C. Stuart）说〕；又一认为凡是自然条件有利于茶树生长的地区都是原产地〔据 1935 年乌克斯（W. Ukers）说〕；又一则认为茶树原产地在伊洛瓦底江发源处（1981 年农业出版社出版的中国农业科学院茶叶研究所所译的艾登的《茶》，曾在译文中注明伊洛瓦底江发源处为我国云南境内大盈江、龙川江及其上游）的某个中心地带或其以北地区〔据1974年艾登（T. Eden）说〕。其中以印度是茶树原产地的说法最为人们所瞩目。近年来，我国植物学研究工作者根据地质年代，对中国植被形成、演变与分布的地理条件作了深入的研究，这为探索茶树植物发生发展的历史提供了科学的依据。研究结果进一步表明：中国西南地区是茶树原产地的论述是正确的。

一是从茶树的起源和自然分布来论证我国西南地区是茶树原产地。

通过植物分类学可以找到茶树的亲缘。高等被子植物起源于中生代。山茶科植物的厚皮香属（Terotraemia）起源于上白垩纪，其余各属则起源于新生代第三纪，分布在劳亚古北大陆的热带和亚热带地方。我国西南地区处于该古北大陆的南缘，面临泰提斯海。在地质上的喜马拉雅运动发生以前，这里的气候温热，雨量充沛，经过漫长的地质岁月，这一地区是当时劳亚古北大陆热带植物区系的大温床，也是一切高等植物的发源地。我国植物分类学家吴征镒指出：“我国云南西北部、东南部、金沙江河谷，川东、鄂西和南岭山地，不仅是第三纪古热带植物区系的避难所，也是这些区系成分在古代分化发展的关键地区……这一地区是它们的发源地。”（见吴征镒《中国植被》第一章第三节，1980年科学出版社出版）

山茶科植物共有23属，380余种，除其中的10属产于美洲外，其余都产于亚洲热带和温带。我国即有15属260余种，大部分分布在云南、贵州、四川一带。就山茶属来说，已发现100多种，我国西南地区就有60多种，而且还在不断发现中。（见胡先骕《植物分类学简编》《高等植物分类学讲义》）乌鲁夫在他的《历史植物地理学》中说："许多属的起源中心在某一个地区的集中，指出了这一个植物区系的发源中心。"（见乌鲁夫《历史植物地理学》中译本第 25 页，1959 年科学出版社出版）由于山茶科植物目前在我国西南地区的大量集中，可以说，我国西南地区是山茶科植物，也是山茶属植物的发源地。

印度是包括在冈瓦纳古南大陆之内的。它和中国隔着泰提斯海，是不相连接的另一个古大陆。现在喜马拉雅山脉南坡属于印度的第一带低矮的丘陵和第二带的小喜马拉雅山脉及其东麓，在当时都还深深地埋在喜马拉雅海底。也恰如乌鲁夫所说："喜马拉雅是很年幼的山系，因此在喜马拉雅向来就不是任何植物区系发育中心。与此相反，中国从上三叠纪以及侏罗纪以来，就没有中断地存在着已存在的陆地，所以是亚洲和北半球温带地区植物区系古老的发育中心。"（见乌鲁夫《历史植物地理学》中译本第 323 页，1959 年科学出版社出版）所以，茶树的原产地不可能在印度，而是在中国的西南地区，这已经是不辩自明了的。

另一是从地质变迁以及由此而引起的种内变异论证我国西南地区是茶树原产地的。茶种植物的种内变异，最显著的是：小叶种和大叶种的变异，灌木型和乔木型的变异。

喜马拉雅运动开始，我国西南地区发生了渐进的而又是重大的改变，形成了川滇纵谷和云贵山原。特别是近 100 万年以来，云贵山原上升了 4500—6000 米，河谷则下切 500 米，分割成了许许多多的小地貌区和小气候区。（见中国科学院《中国地貌区划草案》第二章第二节）原来生长在这里的茶种植物不知不觉地被分置在寒带、温带、亚热带和热带的气候之中，各自向着环境相适应的方向演化。位置于多雨炎热地带的，演化成具有对多雨、高温、强日照的适应性状；反之，处于温带气候中的，则逐步筛选出耐寒、耐旱、耐阴的适应性状。再经由发源于本地区的各大水系向各个方向传播，分布到各地安家落户，从最初的茶树原种向两个极端发展：热带型的大叶变种和温带型的中、小叶变种。

再则，自第四纪以来，全世界经历过好几次冰河期，对植物造成极大灾害。就我国西南地区而言，云南受到的冰河期灾害不大，所以原来生长在云南的大叶种茶树没有受到严重影响，保存最多。四川的受害地区主要在青衣江流域、峨眉山区、大渡河流域和东部涪陵以东的乌江中下游一带。（见中国科学院《中国区域地层表草案》）川南、黔北、黔南等地受害较轻。大批生长在冰河地区的茶树遭到毁灭性打击；那些生长在河谷低地温暖地区的得以幸存，其后代就为今天零星分布在西南各地的野生大茶树，如南川的大茶树就发现是与冰河时期的银杉（有人称之为"活化石"）同时存在。而经过自然筛选，向着抗寒抗旱，向着灌木化、小型化发展的，就是广大的中、小叶种植被了。这就是我国西南地区，特别是川、黔、桂、粤等地的中、小叶种、大叶种茶树同时分别存在的原因。

虽然它们以上述种种不同的形态同时分别存在，但是他们都是一个祖先传下来的后代。达尔文在《物种起源》中说过："同一个种的个体，虽然现在生活在相隔很远的、互相隔离的区域中，但必然曾经发生于同一地点。这一个地点就是它们祖先最初生活的地方。"我国西南地区的地质和气候的变化，使茶树发生了上述的种内变异，由于它们的祖先原来就生长在我国西南地区，因此，可以论证这一地区就是茶树的原产地。

此外，国外大多数学者，如美国的瓦尔希（M. Walsh）和威尔逊（A. Wilson）、法国的金奈尔（D. Genine）、日本的志村乔和桥本实等，对茶树原产地的问题，都和我们持相同的"一元论"的论点。特别是志村和桥本两教授，根据其多年茶树育种，在作细胞染色体的比较观察的报告中，指明中国种和印度种染色体的数目都是相同的（2n=30），在细胞遗传学上认为没有差异。桥本实教授又在外部形态学方面作了多次调查，从中国东部（台湾到海南岛），到泰国、缅甸和印度阿萨姆等地，1980 年和 1983 年、1984 年又到我国云南、广西、湖南、四川等地，发现虽然发生了连续性的变异，但不存在区别于中国种和印度种的界限。具体的例子是，即使是印度阿萨姆地区的印度种，也有从叶形大的到叶形小的各种各样类型。再比较印度那卡型茶和野生于台湾山岳地带的中国台湾茶，以及缅甸的掸部种茶，在形态学上全部相似。以四川、云南为中心，从缅甸到阿萨姆，表现为大型化，正如日本向北推移逐渐成小型化的趋向一样。若从野生茶的分布来看，是沿着长江、珠江、红河、湄公河、萨尔温江、伊洛瓦底江、亲敦江、普拉马普特拉河各大河流分布的。这些河流的上游全发源于云南、四川，从而推测茶的传播是以四川、云南为中心的，这就是茶树原产地在中国云南、四川地区的根据。

再以"茶"字的字源以及我国茶种和茶叶向世界各地传播的历史（详见本书第六章）来看，都可说明中国茶叶在世界上的历史地位。虽然，在茶树原产地问题上还有人提出一些缺乏科学依据的争论，但茶树最早为中国人所发现，茶叶最先被中

国人从药用变为饮用，茶树最早被中国人由野生变为园栽，茶
叶和茶种最早由中国传播至世界各地，茶树原产地也在中国的
西南地区，则是毋庸置疑的。至于茶树原产地究竟在中国西南
地区的更具体的什么地方，包括笔者在内的国内茶叶科技工作
者和日本、印度、斯里兰卡、苏联等国的茶叶科技工作者，都
在进行探讨和研究，将逐渐得到阐明。

二、茶树的形态特征

茶树是由根、茎、叶、花、果等器官所组成。器官由多
种不同的组织构成，有一定的形态结构。《茶经》在描述茶树
的形态特征时，都用了比拟的方法，说："树如瓜芦，叶如
栀子，花如白蔷薇，实如栟榈，茎如丁香，根如胡桃。"树、
叶、花、实、茎，总称为茶树地上部；根系称为地下部，是
茶树地下部分所有根的总体。在当时还没有植物学的情况下，
陆羽直观地借用其他植物来描述茶树的各种形态特征，这是
完全可以理解的。

从茶树形态特征去识别茶树品种，可作为选育良种的株型指
标，还可作为诊断茶树营养的标志。因此，了解、认识茶树的形
态特征，是茶树栽培的基础，也是利用和改造茶树的科学依据。

茶树在长期自然条件的影响下，在系统发育的过程中，形
成了一定的形态特征。它的主要组成部分，大体上是这样的：

茎

茎由种子胚芽和叶芽伸育而形成，是连接茶树各器官的部分，也是形成新的茎、叶、芽的部分。茶树的茎部一般分为主干、主轴、骨干枝、细枝，直到新梢。主干是区别茶树类型的依据，分枝以下部分称主干，分枝以上部分称主轴。由于主干的特征和分枝部位的高低不同，可将茶树树型分为乔木型、半乔木型和灌木型3种。树冠因分枝角度的不同，分为直立状、披张状和半披张状3种。分枝在自然生长状态下，有单轴分枝式和合轴分枝式两种。枝条是生长着叶子的茎，初期尚未木质化的枝条，称为新梢或嫩梢。新梢柔软，茎绿色，生有茸毛。

叶

叶是茎尖的叶原基发育而来的，是进行光合作用和蒸腾作用的主要器官，也是种茶的收获对象。叶形有卵圆形、椭圆形、长椭圆形、倒卵形、圆形、披针形等。叶面有光暗、粗糙、平滑之分，叶表面通常有不同程度的隆起。叶质有厚薄、软硬之分。叶尖形状有长短、尖钝之分，分锐尖、钝尖、渐尖、圆尖等种。叶缘有锯齿，一般有16—32对；锯齿上有腺细胞，老叶脱落后留下褐色疤痕；叶脉网状，侧脉伸展至叶缘三分之二处向上弯曲呈弧形并与上方侧脉相连。叶片在茎上的着生状态分上斜、水平、下垂3种。叶片的大小以叶面积表示或以叶长乘叶宽表示。通常计算叶面积的简便方法是叶长 × 叶宽 ×0.7（系数），以平方厘米表示。茶树品种分为大叶种、中叶种、小叶种即以此为依据。面积在28—50平方厘米之间或长10—14厘米 × 宽4—5厘米，称大叶类；面积在15—28平方厘米之间或长 7—10 厘米 × 宽 3—4 厘米称中叶类；面积在 15 平方厘米以下或长 7 厘米以下 × 宽 3 厘米以下，称小叶类。

花

茶花是茶树的生殖器官，由花萼、花冠、雄蕊、雌蕊等部分组成。花萼通常绿色，也有带红色的，外形近圆形，有 5—7 片，受精后萼片向内闭合而不脱落，以起保护子房的作用。花冠白色，少数淡红色，由 5—9 片大小不一的花瓣组成，上部分离，下部联合，并与雌蕊外面的一轮花丝合生在一起，花谢时花冠与雄蕊一起脱落。雄蕊的数目很多，一般有 200—300 枚，雄蕊可分花丝和花药两部分，花药内可产生花粉粒。雌蕊由子房、花柱和柱头三部分组成，柱头是雌蕊顶端接受花粉的地方，柱头下边为柱状，叫花柱，花柱下边膨大部分是子房。

果实

果实是茶树种子繁殖的器官。茶树果实为蒴果，由茶花受精至果实成熟，约需 16 个月，这时，同时进行着花与果发育的两个过程，"带子怀胎"也是茶树的特征之一。成熟果实的果皮为棕褐色，外种皮栗壳色，内种皮浅棕色，种胚两侧连接两片砷白色的子叶。茶果形状视种子数目而异，每果

茶树叶、花、果

一粒的略成圆形，两粒的呈肾形，粒数的多少是由子房室数和胚珠数及发育条件而定的。

根

茶树根的主要生理功能是固定植株，吸收土壤中水分和溶解在水中的营养物质，并将这些物质运输到地上部。茶子萌发时，胚根生长而成主根，主根上产生的各级大小分支，叫侧根。茶树幼年期因主根明显而发达，为直根系；而扦插繁殖的茶树，它的根系是从插枝基部发生的大量不定根逐步发育伸长而成，因此幼年时即为分枝根系。一般来说，直根系常垂直分布在较深的土层，侧根多水平分布在较浅的土层。茶树幼嫩细根的根尖上有许多根毛，依靠它吸收肥和水。幼嫩细根逐渐老化增粗，通常把直径在 1 毫米以下的根称为吸收根；直径在 1—5 毫米的称为输导根；直径 5 毫米以上的称为骨干侧根。了解根系在土壤中的分布状态，对于确定农业技术措施有重要意义。

下面谈谈"树如瓜芦"的瓜芦。

瓜芦，又名皋芦，是分布于我国南方的一种叶大而味苦的树木。陆羽在《一之源》里用了瓜芦来描述茶树的形态特征，《一之源》注还说"瓜芦木出广州，似茶，至苦涩"，指出瓜芦似茶而非茶。

瓜芦这一名称，首见于约成书于东汉年间的《桐君录》，东晋时代又出现了皋芦的名称（据明代陈继儒《茶董补》引东晋裴渊《广州记》），南朝陈代沈怀远在《南越志》中指出皋芦即是瓜芦，同时还说皋芦也叫作过罗、物罗。说苦蓰就是皋芦的，则见于明代李时珍的《本草纲目》。清代屈大均《广东新语》又指出苦蔏也称为苦芛，后来的我国地方志还说苦丁即是苦蔏（见1947年《贵州通志》）。

瓜芦这种树木，究竟是茶，还是似茶而非茶，自东汉以来就有两种说法。说瓜芦似茶而非茶的，也首见于《桐君录》。陆羽在《七之事》中曾引用了《桐君录》中"似茗"的说法，说明《一之源》注的说法可能来自《桐君录》。此外，前于陆羽的南朝陈代沈怀远，在所著的《南越志》中，也说它"叶似茗"；李时珍的《本草纲目》，则说它"叶状如茗"。说瓜芦就是茶的，如明代陈继儒《茶董补》引东晋裴渊《广州记》说："新平县出皋芦，茗之别名。"又如唐代陈藏器《本草拾遗》说："《广州记》曰：新平县出皋芦。皋芦，茗之别名也。"又如1938年第六版《植物学大辞典》，也明确认定皋芦是茶的一种。上引的各书中，无论说它是茶，还是似茶而非茶，都说它味苦涩，说它叶大，还说它产于我国南方。（其中李时珍《本草纲目》说得最为明确："皋芦，叶状如茗，而大如手掌，捼碎泡饮，最苦而色浊，风味比茶不及远矣，今广人用之，名曰苦蔏。"）

在清代和民国时我国的地方志中，记载产有苦蔏（有的简称为蔏）、苦芛、苦丁，亦即产有瓜芦（也就是产有皋芦）的地方，计有广东省的琼山县、万宁县、陵水县、河源县、龙川县、宝安县、南海县、潮安县等，广西壮族自治区的龙州县、宾阳县，贵州省的仁怀县和四川省的灌县、绵竹县及原属清代泸州的古宋县。但迄至1983年，于上述各省区中，并未有关产有瓜芦亦即皋芦的报道。

日本现在仍存在皋芦种。日本的桥本实教授对日本皋芦种曾作过多年研究，从他的论述来看，日本的皋芦种是指从中国种中分离出来的一种变异类型。它属于灌木型，叶面强度隆起，叶大而圆，近似我国茶树品种中的佛手种，与我国的瓜芦亦即皋芦，并不是同一种树木。他为了寻求日本皋芦种的原种，曾几度来到我国，意欲找到我国现存的瓜芦树，并在来华期间，曾和日本的茶叶研究者到湖南农学院茶叶专业进行访问，向该院陈兴琰教授等问及两个问题：一是中国现在哪些茶区有皋芦茶树；二是日本的皋芦茶是否即中国古文献中所指的皋芦茶或苦蔊茶。陈兴琰教授等由于过去没有调查研究，未能作出明确的答复，桥本实教授在几次访问时，也未发现我国有瓜芦树存在。

1983 年 10—11 月，湖南农学院的陈兴琰教授、陈国本同志和广西农垦茶叶研究所的陈用同志，因《广西日报》1981 年 11 月和 1983 年 5 月两次刊登了关于在龙州、凭祥、武鸣、河池、大新等地发现苦丁茶的报道，为了解决我国现在究竟是否还有瓜芦的这个问题，特专程前往龙州实地调查，并写出了《皋芦茶、苦蔊茶的考证》一文。通过这次调查和研究、考证，他们得出的结论大致是：我国古文献中的皋芦茶或苦蔊茶并非山茶科植物，而是冬青科的大叶冬青；苦丁茶有好几种，只有学名叫 *Ilex Latifolia Thunb.* 或 *Iles macrophylla Bl.* 的大叶冬青才是古文献中所指的皋芦茶；日本的皋芦茶是山茶科茶属植物，中国古文献中的皋芦茶是冬青科植物，两者不能混为一谈。

三、"茶"字的字源

关于"茶"字的来源，大都认为中唐（约公元 8 世纪）以前表示"茶"的字，就是"荼"字。

"荼"字最早见于《诗经》，但《诗经》在不少诗篇中所说的"荼"，并不是茶。开始以"荼"字明确地包含有"茶"字意义的，是《尔雅·释木》中的"槚，苦荼"。晋代郭璞的《尔雅注》还对此作了比较详细的注解："树小如栀子，冬生（常绿的意思），叶可煮作羹饮。"公元 2 世纪前期，东汉许慎在所著《说文解字》中也说："荼，苦荼也。"这个"荼"字，据宋代徐铉等在该书的注中说，"此即今之茶字"。

我国西南地区的兄弟民族，是早已知道"茶'的（见前引司马相如《凡将篇》和扬雄《方言》），发音为"葮诧"或"莈"。秦汉以来，茶在由西南地区传播于广大汉民族居住地区时，因其味苦和发音近似"荼"字，"荼"即被用来以表达"茶"这种药物和饮料。

"荼"字的字音不止一个，其字义也不只一个。"荼"字被用来表达"茶"的含义历时很久，后来才省了一笔，变为"茶"字。这种改变，据说是受了陆羽的《茶经》和卢仝的《茶歌》等的影响（见宋代魏了翁《邛州先茶记》），同意这种说法的有明代的杨慎（见《丹铅杂录》）和清代的顾炎武（见《唐韵正》）。但此说与《茶经》注的说法不符，这个注已清楚地说明了"茶"字的出处是《开元文字音义》。《开元文字音义》三十卷，唐玄宗撰。（《开元文字音义》已佚，玄宗曾自为此书作序，说这是一部与《说文》《字林》相类似的字书，凡三百二十部）这就可知将"茶"字略去一笔，定为现在的"茶"字，是唐玄宗以御撰的形式定下来的。但在这个新文字刚刚开始使用时，新旧文字必然会通用一段相当长的时间，且安史之乱以后，接着又是频年的藩镇割据的动乱时期，所以顾炎武在《唐韵正》中说：

> 愚游泰山岱岳，观览唐碑题名，见大历十四年（779）刻荼荈字，贞元十四年（798）刻荼宴字，皆作荼……其时字体尚未变。至会昌元年（841）柳公权书《玄秘塔碑铭》、大中九年（855）裴休书《圭峰禅师碑》茶毗字，俱减此一画，则此字变于中唐以下也。

因此，当陆羽撰写《茶经》时，能在"荼"字仍为很多人所沿用的情况下，把"荼"字一律改为"茶"字，从而使"茶"字得以广泛地流传开来，这不能不说是他的独具卓识的一个创举。以后，随着茶叶生产贸易的发展，音义专用的"茶"字，经过了大约80年的时间，终于为广大人民所接受。

另外，将"荼"字减去一画，改成"茶"字，并即读成现在的"茶"音，还有一个说法认为是始于南朝梁代（502—557）以后。（见清代顾炎武《求古录》）实则从读音来说，"荼"字在汉代已有与茶音相近的字音，如《汉书·地理志》中荼陵的"荼"，颜师古注：音弋奢反，又音丈加反。所以《邛州先茶记》说颜师古"虽已转入茶音，而未敢辄易字文"。

《茶经》还列举了唐以前有关"茶"的四个同义字：槚、葮、茗、荈。但在唐代以前的古籍中，如《诗经》《神农本草经》《神农食经》等书，都记载有"荼"字，并且其中有的"荼"

字，就指的是"茶"。由于陆羽在《茶经》中既已把"荼"字一律改为"茶"字，所以就没有把"荼"字列入同义字之内。

"茶"字在中唐以后已被普遍采用，但我国地域辽阔，方言各异，茶字的发音差异也很大。以广东一省为例，广州附近的发音是"chá"，汕头附近的发音则是"tè（tay）"。又如福建省，福州发音是"tá"，而厦门的发音近似汕头的"tè"。长江流域及华北地区又有"chái""zhou""chà"等发音。至于兄弟民族地区，发音差别更大，如傣族叫"la"，瑶族、苗族叫"己呼""忌呼"，黔南苗族叫"chútā"，等等。

自我国茶叶输出到国外以后，世界各国也有了茶的译名，如日文的"お茶"、俄文的"чай"，都是来源于"茶"字原音。英文的"tea"、法文的"thé"等，也都是照我国广东、福建近海地区人民的发音转译的。

近年来，我国在发掘长沙马王堆西汉墓中，发现了不少简文、帛书等文物，其中1号墓（前160）和3号墓（前165），其随葬清册中都有"槚一笥"和"槚笥"的竹简文和木牌文。有人考释出这个"槚"字就是"櫝"的异体字，所谓"槚一笥"或"槚笥"，就是"櫝（苦荼）一箱"或"櫝（苦荼）箱"，从而说明当时湖南已有了饮茶习惯和茶叶生产。这个发现，为西汉王褒在《僮约》一文中所说"烹荼尽具"和"武阳买荼"的"荼"提供了实物证据。武阳即今四川彭山县。但宋代李昉等编纂的《太平御览》，以及范文澜的《中国通史》，却把"武阳"写成为"武都"。武都，相当于今甘肃武都县、成县、徽县、西和、两当、康县及陕西凤县、略阳等地。四川的王褒不在产茶的蜀地买荼，而差令僮仆去西北地区的陕甘买荼，这是不可想象的。不过，不论是"武阳"或是"武都"，从王褒《僮约》的全文来看，纯属一篇游戏文章，究是王褒自作，抑是后人假托王褒之名所作，尚难肯定，因此其真实性是值得怀疑的。

四、茶树生育的生态条件

茶树生育所需要的主要生态条件是光能、热量、水分和土壤等，《一之源》中所述及的"地""野者"和"园者"，"阳崖阴林"和"阴山坡谷"，都是茶树生育的一些生态条件的直观表达方式。

首先，《茶经》提出了"地"，所谓"地"即指土壤。《茶经》把植茶土壤分成上、中、下三等，并以烂石为上，砾壤为中，黄土为下。在唐代以后的茶书中，附和《茶经》说法的较多，否定的甚少。如明代程用宾《茶录》、张大复《梅花草堂笔谈》，清代陈鉴《虎丘茶经注补》、陆廷灿《续茶经》，都引述或发展了《茶经》的提法。只有明代罗廪的《茶解》和张源的《茶录》提出了不同的看法，或说"恐不然"，或说"产谷中者为上，竹下者次之，烂石者又次之，黄砂中者又次之"。

土壤是茶树生长的自然基地，它的基本特征是具有肥力。茶树生长所需的养料和水分，都是从土壤中取得的。因此，土壤的理化性质（包括土壤的保肥供肥性能、土壤的酸碱性和土壤的结构和适耕性），都关系到茶树的生长。

土壤是由岩石变化而来的，先是岩石经各种风化作用而变成母质，再由成土母质在生物为主导因素的各种自然因素（包括生物、母质、气候、地形)的综合作用下，随着时间的推移，演变成具有肥力的各种土壤。

《茶经》中所用的土壤名称，很难用现代土壤名词正确地表达出来，因而也难以作出恰如其分的判断。但从字面上看，"烂石"显然是指风化比较完全的土壤，也可以说是现在茶区群众所谓的生土，这种土壤适于茶树生长发育；"砾壤"是指含砂粒多、黏性小的砂质土壤；至于"黄土"，可以认为是一种质地黏重、结构差的土壤。

土壤是由矿物质、有机质、水分(土壤溶液)、空气、土壤生物(包括微生物)等物质所组成的，因此，要正确地理解"烂石"和"砾壤"的含义以及陆羽何以分别称之为"上者"和"中者"，这除了应考虑土壤中粗细不同的矿物质颗粒，更重要的还应考虑其有机质和土壤生物的含量。含有机质和土壤生物多的，可以理解为陆羽所说的土壤中的"上者"；少于"烂石"含量的"砾壤"，可以理解为他所说的"中者"；含量更低的"黄土"，则称为"下者"。

其次，《茶经》谈到的另一生态条件是光，主要包括日照、气温、空气湿度和地形等几个方面。茶园的小气候环境条件，对茶树的生长和茶叶品质都有密切关系。《茶经》所说的在"阳崖阴林"和"阴山坡谷"两种不同的自然条件下生长的茶树的品质问题，在宋、明两代的茶叶的著述中多有论述。或说："茶宜高山之阴，而喜日阳之早。"(见宋代宋子安《东溪试茶录》)或说："其山(指建安北苑的山)多带砂石，而号佳品者，皆在山南，盖得朝阳之和者也。"(见宋代黄儒《品茶要录》)或说："植产之地，崖必阳，圃必阴。盖石之性寒，其叶抑以瘠，其味疏以薄，必资阳和以发之；土之性敷，其叶疏以暴，其味强以肆，必资阴荫以节之。阴阳相济，则茶之滋长得其宜。"（见宋代赵佶《大观茶论》）或说："钱塘诸山，产茶甚多，南山尽佳，北山稍劣。"（见明代许次纾《茶疏》）或说："茶地南向为佳，向阴者遂劣。故一山之中，美恶相悬也。"（见明代罗廪《茶解》）还有："产茶处，山之夕阳胜于朝阳，庙后山西向，故称佳。总不如洞山南向，受阳气特专，称仙品。""茶产平地，受土气多，故其质浊。岕茗产于高山，浑是风露清虚之气，故为可尚。"（见明代熊明遇《罗岕茶记》）

"阳崖阴林"四个字的含义很广，它明确指出：茶树适宜于向阳山坡有树木荫蔽的生态环境。由于茶树起源于我国西南地区的深山密林中，在人工栽培前，它和亚热带森林植物杂生在一起，并被较高大的树木所荫蔽，在漫射光多的条件下生育，形成了耐阴的习性。植物通过光合作用从太阳辐射中取得其生育所必需的能量，光照是植物叶片进行光合作用、制造有机养分必不可少的条件。各种植物的生长发育都需要一定的光照。光照强度影响光合作用的进程，光照条件的改变给有机体的生理变化带来深刻的影响，这是关系到茶叶的产量和品质的问题。遮荫就是根据光对茶树有机体的影响而进行的农业技术措施。在日照强烈的地方，在茶园梯坎和主要道路两旁适当地栽种一些遮阴树，以减少直射光，使遮光度达到适合茶树生育对光的要求，这是必要的。因此，"阳崖阴林"是符合茶树生育的生态环境的。

第三，《茶经》所提到的又一生态条件是地形。《茶经》所说的"野者上，园者次"，可以有两种理解：一种是野生的茶叶品质好，茶园里培育的较差；另一种是生长在山野里的品质好，生长在园地里的较差。前者是从栽培管理来看的，后者是从地形来看的。但不论从何种角度理解，这两句话是符合当时客观实际的，因为当时的栽培技术，包括茶地规划、园地开垦、茶树种植和茶园管理等方面的技术都还较落后。"园者"不如"野者"的情况，在中草药生长中是常见的。而且，陆羽有入山采制野生茶的爱好，有时几天野宿不归。他的友人皇甫冉、皇甫曾兄弟（丹阳人，丹阳在今江苏省，陆羽在安史之乱由湖北竟陵过江后，投依皇甫冉，同时结识了皇甫曾）都曾有诗记述了他入山采茶的情况。如皇甫冉在《送陆鸿渐栖霞寺采茶》诗中，说他采茶之时，"远远上层崖"，"时宿野人家"；又如皇甫曾在《送陆鸿渐山人采茶回》诗中，也说他"采摘知深处，烟霞羡独行"。所以，"野者上，园者次"的说法，与陆羽当时采制野生茶的实践不无关系。

"野者上，园者次"，同时说明了地形与品质的关系。野生茶多生长在高山、深山；而人工种植的茶园大多在低山或坡地。我国历代文献中所记述的名茶，很多都是出在高山。如五代蜀时毛文锡在他所著的《茶谱》中所列的名茶，其中一再提到的"蒙顶茶"，最名贵的是中顶的产品，而这个地方"草木繁密……人迹罕到"。又如至今还驰名国内外的福建的"武夷岩茶"，安徽的"祁门红茶""黄山毛峰"，江西的"庐山云雾"，云南的"滇红"和"普洱"等名茶，以及国外斯里兰卡的"乌发红茶"，印度的"大吉岭红茶"等，都是产于高山的优质茶。所以，我国历来就有"高山云雾孕好茶"的谚语。目前，云南、贵州、四川、广西、广东等省区的高原和山地出产的红细茶，其品质可与印度和斯里兰卡的上等红茶媲美，如能再在品种和制造方面继续加以改进，则在不久的将来，在品质或售价上，都应在印度、斯里兰卡高级产品之上。这又为上述谚语提供了新的证据。

高山出名茶，主要由于高山云雾多，漫射光多，湿度大，有的是昼夜温差大，等等，有利于茶叶有效物质的积累，特别是芳香物质的积累。总的来说，这是环境条件综合影响的结果。但并非所有高山都能生长出好茶，也不是山越高茶长得越好，主要是山区的小气候和土壤的理化性质决定的。

就现代农业科学技术来说，茶叶品质的好坏，在很大程度上取决于品种选育、栽培管理和制造技术。在适宜茶树生长发育的自然条件下，采取现代技术措施，栽培的茶树都能够获得优质茶叶。因此，陆羽当年的"野者上，园者次"的观点就不适用了。不过，《茶经》中的说法，对现代化茶园地形（包括海拔、温度、湿度、地形，坡度、坡向等）的选择以及环境条件综合影响的比较研究，还是有益的。

五、茶树的栽培方法

在《茶经》中谈到种茶方法的，有四句话："凡艺而不实，植而罕茂，法如种瓜。三岁可采。"这里重点指出的是"法如种瓜"。唐代以前的种瓜法，北朝魏贾思勰的《齐民要术》说得很清楚：

　　凡种法：先以水净淘瓜子，以盐和之。先卧锄，耧却
燥土，然后培坑。大如斗口，纳瓜子四枚，大豆三个，于
堆旁向阳中。瓜生数叶，掐去豆（豆字后疑漏一叶字。据
原注所说，大豆在坑内可作肥料用）。（见《齐民要术校
释》，农业出版社出版）

　　唐代距北朝魏时间较近，其种瓜方法似与《齐民要术》所
记载的无甚差异。至其种茶法，据唐代韩鄂的《四时纂要》所
说，则为：

　　种茶，二月中于树下或北阴之地开坎，圆三尺，深一
尺，熟斸（音zhú，掘的意思），着粪和土。每坑种六七颗
子，盖土厚一寸强……旱即以米泔浇。"（见《四时纂要校
释》，农业出版社出版）

可见唐代种茶和种瓜，在整地、开穴、施基肥、种子直播等方
面，确有类似之处。

　　对于"凡艺而不实，植而罕茂"这两句话，过去有着各种
不同的理解。明代钱椿年撰、顾元庆校的《茶谱》中简单地说
是"艺茶欲茂，法如种瓜"，只侧重谈了种茶要"法如种瓜"，
对其上的两句都未作解释。美国乌克斯在《茶叶全书》中对
《茶经》的译文，干脆把这两句略去了。这说明这两句是较难
解释的。对这两句话中的"实"，大致有两种看法：一种是把
"实"解作种子（如张芳赐等的《茶经浅释》），一种是把"实"
解作农艺技术措施中的把土壤踏实，"不实"是既要松，又要
实，即松实兼备之意。我国自农耕时代开始后，用种子直播和

用苗木移栽的种植方法，都已逐渐为劳动人民所了解，种茶自不例外。因此，这两句话中的"艺"和"植"，是指种子繁殖和苗木移植这样两种栽种方法来说的。但有的认为种茶只能种子直播，不能移栽，所以过去把茶树直称为"不迁"，并曾有"艺茶必下种""移植不复生"的说法。（见明代陈耀文《天中记》）茶树种植，采用茶子直接播种，较之茶苗移栽，具有方法简便、苗期容易管理、成活率高等特点，因而种茶多沿用直播的方法。而茶树移植后的第一、二年，由于根系功能恢复缓慢，吸收能力弱，抗逆性差，特别是由于茶树冬不落叶和永年性生长，所以直根伸展最深，移植后，如技术措施不当，确有"不复生"的情况。从而旧时婚姻中的聘礼多以茶为象征性的信物，女方受聘也称"受茶"。不过这种说法只是就茶树用种子直播的方法而言，忽视了选优去劣，提高种苗质量的育苗移植方法，显然不是全面的观点。"法如种瓜"是和其上的两句紧密联系着的，这就是，在"艺而不实，植而罕茂"的情况下，应按种瓜法去种茶。

"三岁可采"的说法，基本上是正确的。茶树采摘年限的早迟，除品种条件外，茶园所处的地理纬度或大气候的条件，都有着决定性的影响。《茶经》作者所涉足的地区，大多在长江流域，一般地说是"三岁可采"，但在低纬度的我国南部地区，就不需三年了。

唐代的种茶法，由于韩鄂《四时纂要》的记载，才使后人得以在《茶经》所说的之外有较多的了解。宋代茶书虽较多，但无一记述了当时的种茶法。与宋代同时的金代人所编的《四时类要》，是以《四时纂要》为基础改编的，它所记的种茶法，与唐代的并无任何不同。为了对照唐、宋两代的实际作法，今将《四时类要》的原文照录如下：

> 熟时收取子，和湿沙土拌，筐笼盛之，穰草盖，不尔，即冻不生。至二月中出种之于树下，或北阴之地，开坎圆三尺，深一尺，熟劚，着粪和土。每坑中种六七十颗子（按："十"字应是衍文），盖土厚一寸强。任生草，不得耘。相去二尺，种一方。旱时以米泔浇……二年外方可耘治……三年后收茶。（见《农政全书校注》）卷三十九，1979 年上海古籍出版社出版）

明代的种茶法，基本上仍与唐代以后的相同。如罗廪《茶解》在"艺"的一节中说：

> 秋社后摘茶子，水浮，取沉者，略晒去湿润，沙拌藏竹篓中，勿令冻损，候春旺时种之。茶喜丛生，先治地平整，行间疏密，纵横各二尺许，每一坑下子一撮，覆以焦土，不宜太厚。次年分植，三年便可摘取。

上述种茶的直播方法，关于茶子贮藏、选种、沙藏保种、穴播、施基肥等经验，有些至今仍在应用，是值得参考的。

至于现代的茶树繁殖，除了应用种子繁殖也称有性繁殖的方法外，还应用茶树营养器官的一部分使形成新的植株，包括扦插、压条、分株（或称分根）等方法。用这类方法繁殖的叫营养繁殖，也叫无性繁殖。由于种子繁殖和营养繁殖各有特点，因而目前对这两种繁殖方式都加以采用。

今将种植茶树的规格和技术分别介绍如下：

种植茶树规格

已由过去的丛式种植改为条列式种植，并普遍采用了单行条列式。一般灌木型茶树，行距 1.5 米左右，丛距约 0.33 米；乔木和半乔木型的茶树，要酌情放宽；坡度较大的茶园，丛、行距均可适当缩小。

种植茶树技术

（1）茶子直播

播种前，茶子要进行筛选、水选和催芽。要适时播种，浅播或穴播。茶子从采收以后到第二年 3 月都可播种。一般秋播在 10 月下旬至 11 月底进行；春播在 2—3 月间进行，最迟不超过 3 月底。生产上常采用秋播，在正常气候条件下，秋播优于春播。

茶子适宜穴播，每穴播种 4—5 粒。播种深度宜浅，应控制在 3 厘米左右。具体做法是：秋播稍深，春播稍浅；沙土稍深，黏土稍浅。播后覆土，做法是，其厚度为种子直径的二倍半到三倍。覆土后在播种行上撒些砻糠、麦秆、稻草等物，既可作为茶行标记，又可减少杂草滋生，利于出苗。

（2）茶苗移栽

移栽要掌握移栽时期、苗龄和移栽技术。移栽应在茶苗地上部的生长进入休眠时期进行。一般以晚秋和早春为移栽茶苗的适期。寒冷及高山地区，冬季有冻害或干旱的地方，则以在早春移植为宜。移栽还需考虑当地降雨情况，南方有些省以进入雨季为移植适期。移植苗龄，一般为一年生苗木，只要苗木有 15—20 厘米高度并有良好的根系，就可移栽。茶苗起苗时，要少伤根，多带土，起出后就地移植，以带土随起随栽为好。栽时，如苗木主根过长可剪去部分，然后按规定的丛距，在每穴放入健壮苗 2—3 株，每株稍稍分开，使根系自然舒展，随即填土，至过半时，压紧根系周围土壤，而后浇水，浇透整个松土层后，再继续填土至根茎处压实。茶苗春季定植后，为减少枝叶失水，要及时修剪。秋季移苗，则不必修剪，待翌年开春再剪为宜。

　　无论直播或移栽，栽种前，在做好园地规划和园地垦辟的基础上，要选用良种，合理密植和重施基肥；栽种后，要做好茶园保水、灌溉抗旱、防冻、修剪和施肥等各项管理措施，为早期成园并获得高产创造坚实的基础。

六、鲜叶品质的鉴别方法

　　《茶经》对制茶的原料，即采摘的鲜叶或芽叶，提出了按色泽、嫩度、形态来鉴别优劣的办法："紫者上，绿者次；笋者上，芽者次；叶卷上，叶舒次。"

　　《茶经》说，生长在向阳山坡树荫下的茶树，其芽叶以紫色的质量好，绿色的较差。茶树芽叶的色泽，因茶树的品种和栽培地区的土壤及覆荫等条件的不同而有所差别。按照现在的茶树品种，以芽叶的颜色来区分，有紫芽种、红芽种、绿芽种等。"紫者上"指的可能就是紫芽种，如顾渚紫笋，顾名思义，是紫芽种的芽叶制成的；"绿者次"指的是绿芽种。芽叶的颜色是叶细胞中叶绿素的含量所决定的，紫色芽叶则与花青素（又名花色素或花色苷）的含量较多有关，花青素属多酚类物质，滋味是苦涩的。现在一般认为紫芽都不适于制造红、绿茶。但陆羽时代制造的不发酵饼茶，经过蒸压，并不要求具有绿茶那样的色泽，而其苦味（《二之具》中的"畏流其膏"可以说明）却适应当时饼茶的需要，"紫者"比"绿者"苦，因而才有上、次之别。"紫者上，绿者次"，说的就是茶树品种与成茶品质的关系。还有的认为，红紫色的芽叶主要是光质引起的，紫外光较强、温度高、呼吸作用强，有利于花青素的形成，并认为可以用种植遮荫树、干旱期浇水、根外施磷、钾肥及微量元素等方法控制茶树红紫芽叶的生成。这里所说的不是品种问题，而是因外界环境条件所引起的芽叶颜色的变化。所以，"紫者上"的论点，现在已不符合生产实际了。

《茶经》所提出的"笋者上，芽者次；叶卷上，叶舒次"，说的是芽叶形态特征与品质的关系。芽叶的形态既反映茶树品种的特性，又反映芽叶的嫩度。"笋者"是笋状的芽，它的特征是芽叶长、芽头肥壮、重实。生长出这种笋状芽有两种情况：一种是大叶种茶树，一种是长势旺盛的茶树。这种芽叶，持嫩性强，品质成分含量丰富，成品茶的质量当然居上。"芽者"是指细弱短瘦的芽叶，这种芽叶制成成品茶，质量自然不佳。

但"笋"和"芽"之间的界限，似乎不易区别。如宋代赵佶《大观茶论》说：

> 凡芽如雀舌、谷粒者为斗品，一枪一旗为拣芽，一枪二旗为次之，余斯为下。

宋代熊蕃在《北苑贡茶录》中也说：

　　凡茶芽数品，最上曰小芽，如雀舌、鹰爪，以其劲直纤挺，故号芽茶；次曰拣芽，乃一芽带一叶者，号一枪一旗；次曰中芽，乃一芽带两叶，号一枪两旗；其带三叶、四叶，皆渐老矣。

但宋代沈括在《梦溪笔谈》中所说的，与上引的说法有所不同，他说：

　　茶芽，古人谓之雀舌、麦颗，言其至嫩也。今茶之美者，其质素良，而所植之土又美，则新芽一发，便长寸余，其细如针，唯芽长为上品，以其质干、土力皆有余故也。若雀舌、麦颗者，极下材耳。

这里所论述的已不是笋或芽的界限问题，而是嫩度问题。《大观茶论》和《北苑贡茶录》认为越嫩越好，《梦溪笔谈》认为过嫩不好，而以"长寸余，其细如针，唯芽长为上品"。可见在唐代以后，因制茶方法的改进，对笋和芽的含义已转移到嫩度上来了。

　　此外，"芽者"的"芽"，由于古代芽、牙相通，所以"芽者"也可以写作"牙者"。《茶经》的《百川学海》本、常乐校本和《说郛》本就都写作"牙"字，本书所用的《茶经》文本，在《二之具》《三之造》《五之煮》中，分别有"散所蒸芽笋并叶""茶之芽者，发于丛薄之上""叶烂而牙笋存焉"等句，则"芽""牙"两字并用。因此，如果写作"牙者"，也可解作是指牙齿状的嫩芽，牙齿上下对生，即指对夹叶。"笋"和"牙"都是象形的，《茶经》中常用形象化的笔法，所以这种解释也是可以讲得通的。

至于"叶卷上，叶舒次"，也是从叶的形态来论述其与品质的关系的。"卷"和"舒"是品种不同的反映。"叶卷"者，是指幼嫩新梢上背卷的嫩叶。这种芽叶，嫩度好，持嫩性强，是优质的鲜叶原料。嫩叶背卷，也是良种的标志之一，许多优良品种，如云南双江勐库种、祁门杨树林种等都有这种特征。"叶舒"者，是指幼嫩新梢上的嫩叶，初展时即摊开。这种芽叶，持嫩性差，易硬化，叶质硬脆，一般质量较差。从光能利用来看，以叶片上斜状的（叶卷）品种即着叶角度小的较理想，是高产型；而水平状的（叶舒）较差，是低产型。

以上所说的，都是从芽叶的形态特征来阐明芽叶与品质的关系，而这些形态的差异，主要是由于茶树品种性状和特性的不同所决定的。就这一点来说，可以启发人们，为了发展茶叶生产，必须选用优良品种。选用良种，在增加茶叶产量、提高茶叶品质、增强茶树抗逆性和调节茶季劳动力等方面，都有明显的作用，所以，它是建立高产优质茶园的物质基础。

我国是世界上茶树品种资源的大宝库，在丰富多彩的茶树品种资源中，栽培品种现有500余个，已有性状记载的为300余个。1965年全国品种资源研究及利用学术讨论会上所推荐的优良品种已有21个。目前各产茶省区的研究机构，又提出了一批新品种，可供生产上试种推广。此外，还有更多的地方良种，虽未经比较鉴定，但各有特点。此类良种各地都有，而且有些是珍贵和稀有的品种，特别是制造红茶的主要品种大叶种和多年来在福建制造乌龙茶的不少著名品种，更须进一步开展茶树品种的调查、收集、保存、鉴定、整理和利用，使祖国丰富的资源发挥更大的作用。为了逐步实现茶树良种化，还应建立一定数量的良种繁殖基地，实行专业育苗和群众自繁、自用相结合，留种园和扦插育苗相结合，以加速茶树良种繁育的步伐。

此外，"阴山坡谷者，不堪采掇"，是符合实际情况的。一般地说，生长在向阴的山坡谷地的茶树，由于气温较低，日照时间短，芽叶萌发迟缓，叶小质薄，制成的茶叶品质较差。但说饮了这种茶叶，就会患腹中结块的病——瘕疾，则缺乏科学的根据。有的把"结瘕疾"解释为茶树滋生的斑痂等病害，如这样解释，与上句就不连贯了。

从作为制茶原料的芽叶的品质要求来说，直到现在都认为细嫩芽叶是制高级茶的原料。研究证明，嫩芽含酚类衍生物、芳香类物质、嘌呤碱类等有效化学物质比粗老叶的含量多。名茶中的毛峰、毛尖、龙井、碧螺春、银针、白毛猴和各种高级工夫红茶，就是采摘细嫩芽叶制成的。鲜叶的嫩度已成为采摘标准的主要指标，但是鲜叶嫩度的要求，因茶类不同而有很大差别。凡是要求茶汤浓强度高的，过度细嫩的芽叶就不适宜，红细茶和乌龙茶就是这样。所以鲜叶的嫩度是相对的，不是绝对的。明代屠隆在《考槃余事》中提到采茶"不必太细，细则芽初萌而味欠足"，是有一定道理的。

七、茶的效用

茶，最初是因具有药用价值进入人类生活的，以后逐步发展成为一种健身或保健的饮料。《茶经》说茶"为饮最宜"，包含着两重意思：一是可以防治一些疾病，但有一前提，即必须是"精行俭德之人"，并有一个限量，即"聊四五啜'，还要采摘适时，精工制造，不含杂草，其疗效则因茶的产地而异；二是可以"荡昏寐'（见《六之饮》），并把它作为一种精神生活中的"饮料"，这在我国古代文人的诗词歌赋中也可以常常看到。茶传至国外以后，开始也有类似的情况，日本的茶道更是把饮茶用作促进精神文明的典型手段。

《茶经》对茶的防治疾病的效能所提出的前提，即饮茶的必须是"精行俭德之人"，也就是指过去所谓的"君子"。这就意味着，不是"精行俭德"的人，饮茶就不能获得应有的效益。这样的提法，从现在看来，显然是错误的。但陆羽之所以这样提，应和《茶经》的写作思想密切相关。陆羽虽出身贫苦，却以一个僧徒的身份长期在寺院中生活，长大以后，又不间断地学习儒家的著作，并和封建士大夫阶级时时往还。因此，他把在这种条件下所形成的思想反映到他的作品上来，这是很自然的。由此而联系到陆羽在《六之饮》中，把人民群众根据流行的煮茶方法所煮成的茶视为"沟渠间弃水"，可以说是以封建士大夫阶级的饮茶习惯来论述茶的饮用价值的。

茶的健身和药用价值，古今中外，论述颇多，近来更有所发展。在我国古籍中，有许多关于茶可防治疾病的记载，有的甚至说茶可治百病，为"万病之药"（见唐代陈藏器《本草拾遗》），有的说饮茶可以长寿（见宋代钱易《南部新书》），而《茶经》提了6种功用，即可治"热渴""凝闷""脑疼""目涩'"四肢烦"和"百节不舒"。至明代，钱椿年撰、顾元庆校的《茶谱》中，除了"止渴""明目""除烦"与《茶经》所提的类似外，又加上了"消食""除痰""少睡""利水道""益思""去腻"等6种。这样，仅《茶经》和《茶谱》两书就一共列出了12种效能。此外，在其他古籍中，还提出"轻身"或"令人瘦""去人脂"（见《神农本草经》《本草拾遗》及宋代赵希鹄《调燮类编》），"醒酒"或"解酒食毒"（见《广雅》及《本草纲目》），除"瘘疮"（见《本草纲目》），治"伤暑"（见宋代陈承《别说》），"能诵无忘"即增强记忆力（见南朝梁代任昉《述异记》）等效能。

茶的这些防治疾病的效能，都是古人从实践中得到的。我国著名药物学家李时珍在他的名著《本草纲目》中还论述了茶的药理，他说：

> 茶苦而寒，阴中之阳，沉也，降也，最能降火。火为百病，火降则上清矣。然火有五火，有虚实。若少壮胃健之人，心肺脾胃之火多盛，故与茶相宜。温饮则火因寒气而下降，热饮则茶借火气而升散，又兼解酒食之毒，使人神思闿（通"恺"，欢乐的意思）爽，不昏不睡，此茶之功也。

《本草纲目》又引述了前人和李时珍本人的见解，在"主治"项下，综合茶的效能共有七条：

> 瘘疮，利小便，去痰热，止渴，令人少睡，有力、悦志。（引自《神农食经》）
> 下气消食，作饮，加茱萸、葱、姜良。（引苏恭语）
> 破热气，除瘴气，利大小肠。（引陈藏器语）

清头目，治中风昏馈，多睡不醒。（引王好古语）

治伤暑，合醋治泄痢，甚效。（引陈承语）

炒煎饮，治热毒赤白痢；同芎劳、葱白煎饮，止头痛。
（引吴瑞语）

煎浓，吐风热痰涎。（李时珍语）

此外，在"发明"项下，还引用苏轼的话，说：

饮食后浓茶漱口，既去烦腻，而脾胃不知，且苦能坚
齿消蠹。

《本草纲目》论饮茶的利害，比前人有较大进步，主要表
现在：①用中医的辨证论治的原理说明了药理；②引用了前人
的论点，利害并述；③加上了"煎浓""炒煎"和"温饮""热
饮"等煎饮方法。《本草纲目》还提出"嗜茶成癖者，时时咀啜
不止"，也会导致疾病。当然，过量地，特别是晚间或睡眠以
前饮茶，对睡眠是有妨害的。空腹饮浓茶，以及饮过浓的茶，
更使人有不舒服的感觉。但这是饮茶时间、数量的掌握问题，
也是由于人的年龄、体质不同，对此能否适应的问题，而不是
茶的药物作用问题。

茶不是一种万应灵药，主要是一种健身或保健的饮料。饮
料用以解渴，这是一般饮料的主要作用；现代的饮料又讲究营
养价值，这是饮料作用的一个发展。茶已是世界性的饮料，它
除具有特殊的解渴作用和一定的营养价值以外，还有许多药用
价值。随着科学技术的发展，特别是近年来生理、物理、化学
和生物等学科的相互探讨研究，多所创新，人们对茶的药理功

能的认识，也大大地推进了一步。茶叶化学成分的组成，经过分离和鉴定的有机化合物已达 450 种以上，无机矿物营养元素已有 15 种以上。在这些成分中，绝大部分具有促进身体健康或防治疾病的效能。今将茶叶中的主要成分及其药理功能，择要简述如下：

生物碱

茶叶中所含的生物碱，主要有咖啡碱（也叫作茶素）、茶叶碱、可可碱、腺嘌呤等，其中咖啡碱含量较多，其他含量都微。咖啡碱对中枢神经系统的大脑、脑干和脊髓等部位有明显的兴奋作用，因主要作用点的不同，分为大脑兴奋药物、脑干兴奋药物和脊髓兴奋药物三类。这三类药物并不绝然可分，但对它们的作用有主次和轻重之别。咖啡碱能兴奋衰竭的呼吸中枢和血管运动中枢，是苏醒药物；还能兴奋精神，对抗抑郁，又是抗抑郁药物。

咖啡碱对大脑皮质有选择的兴奋作用，能够消除瞌睡，振作精神，减少疲劳，提高对外界印象的感受能力，并强化思维活动。由于咖啡碱对大脑皮质的兴奋作用是加强兴奋过程，而不是减弱抑制过程，因此，浓茶可以解除酒醉，抵抗酒精、烟碱、吗啡等药物的麻醉和毒害。

咖啡碱也是心血管系统的重要药物。它对心脏开始是兴奋延髓中的迷走神经，使心率加速，收缩力加强，可使皮肤血管、冠状血管及肾血管舒张。茶叶碱增强心脏的作用约 3 倍于咖啡碱，由于它对循环有利的直接作用，可治疗急性心力衰竭。同时，茶叶碱对支气管平滑肌有直接舒张的作用，可解除支气管痉挛，通常用作止喘药物；它对冠状动脉也有舒张的作用，因此也用于胸绞痛的治疗。此外茶叶碱还具有显著的利尿作用，主要是抑制肾小管的再吸收，使尿中钠与氯离子的含量增多。

茶单宁（酚类衍生物）

茶叶中酚类衍生物种类很多，统称为单宁。茶叶中单宁的药理效能，对人体的生理具有多方面的益处。首先，茶单宁对烧伤有治疗的效果，同时，茶单宁对许多病原菌（痢疾杆菌、大肠杆菌、链球菌、肺炎菌）的发育、生长有抑制作用，对痢疾、慢性肝炎、霍乱、肾脏炎、伤寒等疾病有一定的疗效。茶叶中单宁与蛋白质相结合，可以起到单宁蛋白的作用，能缓和肠胃紧张，镇静肠胃蠕动，防炎止泻。茶单宁对重金属盐及生物碱中毒是抗解剂。此外茶叶单宁还能保持微血管的正常抵抗力，节制微血管的渗透性，能增加微血管的弹性和强固度，并能防止脆性，因而对治疗糖尿病、高血压有效能。

茶叶单宁中的儿茶素，能防止血液中和肝脏中的胆固醇及中性脂肪的积累，因此，对动脉硬化和肝脏硬化有预防作用。茶叶中的儿茶素，在对抗放射性物质方面有一定的效果，能吸收放射性物质 ^{90}Sr。儿茶素又是治疗偏头痛的有效药物。

芳香物质

茶叶中芳香物质可刺激胃黏膜，增加支气管粘液的分泌，可用作祛痰剂。芳香物质是镇静祛痰药物。

茶叶芳香物质中的酚，有沉淀蛋白质的效能，可杀灭病原菌；对中枢神经有先兴奋后抑制的作用，有镇痛效果。其中的甲酚，可作为刺激祛痰药物，也可作为消毒防腐药物。

茶叶的芳香物质，还有醇类。醇类中如乙醇，能刺激胃液分泌增加，增强胃的吸收机能。乙醇，还有甲醇，都有杀菌作用。

茶叶芳香物质中的醛类如甲醛，有强大的杀菌作用；其他如丁醛、戊醛、己醛，对呼吸道黏膜也有温和刺激，在慢性呼吸道疾病治疗过程中，可作为刺激性祛痰药物。

茶叶芳香物质中的酸类化合物，有抑制和杀灭霉菌与细菌的作用，对于黏膜、皮肤及伤口有刺激作用，并有溶解角质的作用。

茶叶芳香物质中的酯类，如水杨酸甲酯有消炎镇痛的效能，对于治疗急性风湿性关节炎有效；它能使动物肾上腺皮质中维生素 C 和胆固醇的含量减少，在一定的条件下又能使血液中嗜酸性白血球数目减少；它还能抑制与炎症有关的透明质酸酶和纤维蛋白溶酶，对炎症有治疗作用。水杨酸甲酯还能抑制尿酸在肾小管的再吸收，从而促进尿酸的排泄，因此对治疗急性或慢性痛风有效；它对糖代谢起良好作用，能减轻糖尿病的症状，并有提高肝糖原的作用。

维生素

茶叶中的维生素的种类很多。茶叶中维生素 A 原（即胡萝卜素），主要是维持上皮组织正常机能状态，防止角化，防止干眼病症，同时，还可增强视网膜的感光性，防止夜盲症。

茶叶中的维生素 D 原，即甾醇类化合物，是一种调节脂肪代谢的重要药物，能抑制动脉粥样硬化。

维生素 E，又称为抗不育维生素，在优级茶中大量含有。

茶叶中的维生素 K，是抗出血维生素。

茶叶中的维生素 B_1 是抗脚气病维生素，也是抗神经炎维生素。维生素 B_1 在维持正常糖代谢及神经传导方面，具有重要的作用。它能治疗多发性神经炎、心脏活动失调、胃机能障碍。

茶叶中的维生素 B_2 是维持视网膜正常机能所必需的维生素，能治疗角膜炎、结膜炎、口角炎、脂溢性皮炎等。

维生素 PP（也称作维生素 B_3），在茶叶中含量是比较丰富的，茶叶是预防癞皮病的一种很好的饮料。

茶叶中维生素 B_6，参与氨基酸的代谢，也参与脂肪代谢，对治疗放射性呕吐和妊妇呕吐有效。

茶叶中泛酸，也称抗皮肤炎维生素。缺乏泛酸，便引起皮肤炎、毛发脱色及肾上腺病变等。

茶叶中的维生素 H，也称抗皮脂溢出维生素，缺乏维生素 H，可引起急性皮肤炎、毛发脱落等。

肌醇，在茶叶中含量也很丰富，它对生物正常生长是很必要的。

茶叶中的叶酸，是细胞生长及分裂所必需的物质，缺乏叶酸，就引起造血机能的障碍，胞核代谢及细胞分裂也出现异常现象。

茶叶中的维生素 B_{12}，也是抗贫血维生素。缺乏维生素 B_{12}，就出现恶性贫血，并随伴着造血机能的障碍和神经系统的失调。

维生素 C，也叫抗坏血酸，它在茶叶中的含量是较高的。因此，茶叶作为饮料，对预防坏血病起重要作用。维生素 C 广泛用于增高机体对传染病的抵抗力，也用于提高机体对工业化学毒物的抵抗力及促进创口的愈合。（上述主要成分的药理功能，见王泽农《茶叶生化原理》第八章，1981 年农业出版社出版）

茶叶中的其他成分还有很多。如无机成分中含量最多的是磷、钾，其次是钙、镁、铁、锰、铝、硫，微量成分有锌、铜、氟、钼，硼、铅、铬、镍、镉等。（见程启坤《茶化浅析》）这些元素大部分都是人体必需的元素。因此，其所具有的药理功能，也是多方面的。其中的铁，能造血和制造红血球；锰为一切生物所必需，缺锰将影响骨骼的生长（如发育畸形）等；锌是构成多种蛋白质分子所必需的元素，而蛋白质则是构成大部分细胞的固体物质；铜能调节心搏，冠心病患者与缺铜有关；氟对牙齿防龋是有好处的，等等。

根据以上茶叶中的主要成分及其药理功能，饮茶对防治疾病的效用，主要可归纳为下列十种：

（1）饮茶可以止渴、解热、消暑。

（2）饮茶可以助消化，促进食物吸收和新陈代谢的正常进行。

（3）饮茶能兴奋神经中枢，消除疲劳，增进思维能力。

（4）饮茶能解毒，对抗药物的麻醉和毒害。

（5）饮茶能利尿，增强肾脏的排泄功能。

（6）饮茶可预防坏血病，治疗维生素 C 缺乏症。

（7）饮茶可治疗糖尿病，调整糖代谢。

（8）饮茶能治疗高血压症，抑制动脉粥样硬化，防止冠心病。

（9）饮茶能抵抗放射性伤害和防治放射性病变。

（10）饮茶能明目，治疗眼病。

饮茶虽具有以上多种防治疾病的效用，但饮茶并不一定能够发挥上述成分对疾病的防治效果，这有三个原因：

（1）各种茶类因原料品种、制造方法的不同，在制造过程中，鲜叶的主要成分，有的发生了化学变化，形成了新的物质，有的损失得多，有的损失得少，使成品茶的化学组成改变了。如在红茶制造中，儿茶素被酶促氧化而生成多种邻醌类物质，再经聚合，氧化生成茶黄素类和茶红素类，这是大家所知道的。又如绿茶在制造过程中，因脱水作用、水解作用、互变异构作用和氧化还原作用等，使成分组比发生了变化。所以，不同茶类因茶汤中的有效成分不同，对疾病的防治效果也有差异。

（2）茶叶中的各种成分在水中的溶解度不同，如咖啡碱、茶叶碱、可可碱和多酚类及其复合物质，有80%左右可溶于热水，而其他成分的溶解度就小得多。因此，茶汤中各种成分的含量与茶叶中的含量也不相同，这就带来了一个问题，即茶汤中这些有效成分的含量，能否达到作为药理防治的有效剂量。

（3）茶汤中的有效成分，有的彼此间有拮抗作用（即一种药物被另一种药物所阻抑的现象），有的有协同作用（即两种药物共同应用时所发生的互助作用等于或大于这两种药物单独应用时的作用的总和），所以，茶的药理功能虽决定于主要化学成分，但更重要的是各种成分的综合作用。茶汤犹如一剂多种药物配制而成的"方剂"，不能单纯地以"方剂"中某一种药物的剂量来确定其药理作用。

不过，饮茶对维护身体健康的效能，绝大部分是已为数千年来的实践所证实了的。特别是近来的试验研究，正向茶叶中的微量元素发展，并正深入到各种化学成分的组比关系，以研究不同茶类特殊的防治疾病的效能，这是一种新的更高级的发展。我国的社会主义制度和现代的科学技术，为各个领域的科学研究工作提供了良好的条件，可以期望，茶叶的饮用价值，将对人类的健康发挥其更大的作用，也将对人类的精神文明做出特殊的贡献。

最后还应指出的是，《一之源》的结尾部分，曾将选用茶叶的困难与选用人参相比。人参，一名神草，也名土精、地精，过去认为它"根如人形，有神"，又认为它是得"地之精灵"而生的。它作为"神化"了的珍贵药品，据李时珍《本草纲目》的记载，其效用竟有几十种，其中明目、益智、消食、止渴、止烦燥、治头痛、消胸中痰、令人不忘等，几与茶的效用完全相同，特别值得注意的是，还说它"久服，轻身延年"。《茶经》中把选用茶叶和选用人参的困难程度相比拟的这一段话，固然说的是产区与品质的关系，但结合《七之事》中引陶弘景《杂录》所说的喝茶能使人轻身换骨，则陆羽的言外之意，似乎茶的这一效用也可与人参相比。如果把这一段话和开头说的茶是"南方"的"嘉木"相联系，这在文章的结构上，既起到了前后呼应的作用，同时又表明了《茶经》作者对茶的推崇，说明茶在他的心目中是如何的珍贵了。

第二章 茶的采制工具

——《茶经·二之具》述评

工具是重要的生产手段。我国有一句古话："工欲善其事，必先利其器。"可见，工具向为人们所重视。《茶经》把茶的采制工具列在第二章，不是偶然的。通过这些采制工具可以看出，唐代的饼茶生产已具有一定的规模。

《茶经》中的采制工具，专就当时生产饼茶而言。《二之具》中所说的工具，现在看来已很落后，但这是1200多年前社会条件下的必然现象。生产工具，都是在一定历史条件下产生的。采茶工具，为什么要用竹编的篮？蒸茶的灶，为什么要用没有烟突的？梅雨季节，为什么要用"育"补火？自有其一定的原因。研究这些问题，对发展现代化的制造机具，也是有好处的。这里不拟详述唐代的采制工具，只着重地探讨工具与成茶品质的关系问题。

工具与制造工艺有着密切的关系，据《茶经》所述，饼茶的制造，"自采至于封，七经目"，即采、蒸、捣、拍、焙、穿和封（见《三之造》），本章按此顺序，择要加以述评。

一、采茶工具

在手工采茶的时代，采茶的用具只有一只盛鲜叶的容器。在《茶经》的写作年代，仅有一只竹制的籝，也就是竹篮。

在我国产茶的地方，一般都产竹。用竹制篮，就地取材，取用不竭，而且竹质轻，竹价低，可说是价廉物美的材料。竹篮既通风透气，可以避免鲜叶叶温升高，发热变质，还可手提背负，或系在腰间，便于采摘。竹篮成为我国最普遍的采茶用具，就是因为有这样多的好处的缘故。

《茶经》说："籝……茶人负以采茶也。"可见唐时是背着竹篮采茶的。但稍后于陆羽的皮日休，在他的《茶人》诗中，却说"腰间佩轻篓"，这样看来，竹篮的携带方式，在唐代就有两种，一种是《茶经》所说的"负"，一种是皮日休所说的"系"。两种方式，哪种比较方便，这决定于树丛的高度与密度，也与采摘的习惯有关。携带的方式不同，竹篮的制作形式也必然各异，但《茶经》并未说明竹篮的造型，只说明了竹篮的容量。竹篮的容量，自五升至三斗。饼茶的原料多是带着芽叶的嫩梢，篮的容量应根据鲜叶不受紧压和运输条件而定，其前提是必须保证芽叶的质量。

如今鲜叶的采摘正从手工采摘过渡到机械采摘，采茶的工具将逐步由采茶机来代替。人工采摘的主要缺点是费工太多，特别是大面积的茶园，在摘茶旺季，劳动力的供应成为极大的问题。人

籝

工采摘的好处，主要是可以保证按采摘标准采茶。人工采摘，已由单手摘进而为双手摘和铗摘。我国广大茶区已大量动用铗摘，就是用剪茶铗套上小布袋来采茶。至于我国采茶机械的研究，也已有几十年的历史，先后设计了手动、电动、往复切割等不同形式的样机，现可供使用的已有数种。使用采茶机与茶树品种及栽培管理技术有密切的关系，必须有成行的茶树、整齐的树冠和一致的萌芽期，才能有效地运用采茶机。所以，用机械代替手工采摘，要从两个方面加以努力：一是改进采摘机的设计，向电子计算机技术发展；二是改进茶园的基本条件，包括茶树长势、芽叶萌发整齐度、茶树的高幅度、树冠面培育状况等，以尽可能地适应采茶机的要求。茶叶是劳动密集型产品，采摘所需的劳动力，约占总劳动量的50%，对采茶机具的改革，已成为当前迫切需要解决的问题。

二、蒸茶工具

《二之具》中所说的蒸茶工具，共有五种，即灶、釜、甑、箄和叉。具体地说，就是没有烟突的灶，有唇口的锅，木制或瓦制的圆筒形的蒸笼，竹制的篮子状的蒸隔，再加一个有三个桠杈的木叉。

所谓灶，实际上是一种极简陋的土灶，《茶经》所强调的是"无突"，唐陆龟蒙《茶灶》诗中有"无突抱轻岚"之句。皮日休《茶灶》诗中还有"灶起岩根旁""薪燃松脂香"之句，说明这灶是临时性的灶，燃料是松柴。土灶的进柴口大，如有烟

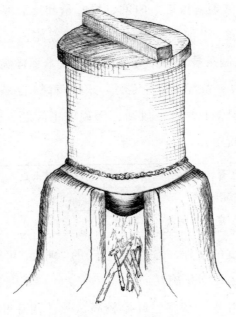

灶、釜、甑

突，通风充分，火焰直上，热量易于消失，灶内温度降低，就不利于煮水。锅要用有唇口的，主要便于在水干时加水，因为锅与蒸笼的衔接处是用泥封住的，这样可以防止漏气和移动。如果用没有唇口的锅，就得打开蒸笼，从顶部加水，蒸气从而会大量散失，可见这种设计是很合理的。蒸隔用篮子状的而不用平板式的，是为了便于取出所蒸的芽叶。木叉用以翻动抖散蒸叶，为了不使汁液流失。

用蒸青方法制茶，最重要的是"高温短时"，即迅速提高蒸气的温度，抑止酶性氧化，这只能用提高蒸气压的方法来解决，因此要尽可能把蒸具密闭起来。《茶经》中所说的蒸茶工具，都是围绕这一目标而设计的。但《茶经》没有提出与茶叶品质密切相关的蒸青温度、时间、投叶量和摊放厚度等，这与陆羽在《五之煮》里细腻地阐述水沸的情况相比，就可以了解《茶经》作者的制茶技术并不如他的煮茶技术那样高明。

如何蒸茶，《茶经》没有说明。宋代黄儒《品茶要录》和赵汝砺《北苑别录》中各有一段话，倒说明了问题，这两段话可用下列三种情况表示：

不熟	色青，易沉，味有"桃仁之气""草木之气"
适度	味甘香
过熟	色黄，粟纹大，味淡

以上对蒸青程度的鉴别，除"粟纹大"的"粟纹"可能说的是皱缩纹外，其余的评断是确切的。

蒸过的芽叶水分很多，叶温较高，叶汁使芽叶粘在一起，因此必须用叉翻动，以解块散热。随着部分水分汽化，芽叶水分减少，汁液也就不会流失。但摊凉散热的主要作用是防止叶色黄变、茶汤浑浊和香气低闷，因此，摊凉与成茶品质有密切关系。《茶经》只说"畏流其膏"，把摊凉的作用缩小了。

三、成型工具

饼茶是一种压制茶，压制后形成一定的形态。唐时，饼茶的原料比较粗放。在压制以前，有一道"捣"的工序，使原料碎烂；"捣"后即"拍"，所谓"拍"，就是装模和紧压；"拍"后再"列"，"列"即摊晾，使其定型。经过捣、拍、列，饼茶的成型过程也就完成了。

成型的工具共有 6 种：

捣茶工具	杵、臼（碓）
拍茶工具	规（模或棬）、承（台或砧）、襜（衣）
列茶（晾茶）工具	芘莉（籯子或筹筤）

杵臼就是民间用以脱粟的木杵和石臼。这两种工具由来很古，"昔圣人教民杵臼而粒食资焉"，"杵臼，舂也……'黄帝尧舜氏作'，'断木为杵，掘地为臼，杵臼之利，万民以济'"（均见元代王祯《农书》卷十六《杵臼门》）。这几句话说明，在有了粮食作物以后就有杵臼了。唐代以后杵臼又有了发展，如宋代的捣茶工具就有专用的茶臼（见宋代秦观《茶臼》诗）。茶臼除了起"捣"的作用外，还有"榨""研""磨"的作用，即操作的动作已起了变化。

规、承、襜是三种拍茶工具。规就是模子，是造型工具，铁制，有圆形、方形和花形三种。承是放置模具的砧磴。襜

杵、臼

规、承

芘莉

是普通的油绢、旧衣，用时放在砧碪上，它实际是一种清洁用具。在拍茶时，用檐摊在承上，再把规放在檐上，然后把蒸过捣好的芽叶装入规内，压紧后取出（即出模），放在列茶工具——芘莉上进行自然干燥。

《二之具》关于成型工具的形制和使用方法，虽作了较详的记述，但没有说明规的规格（深度、圆径或长度、花的形式等），这就使后人无法了解饼茶的大小和重量；同时，也没有说明捣茶和紧压的适当程度，这属于"造"的技术，但在《三之造》中也未加以说明，这就使后人无法知道饼茶的松紧程度了。

黄儒《品茶要录》对饼茶的压榨程度曾有所说明，但黄儒说的是建茶，与陆羽时代的饼茶有所不同。他说："如鸿渐（指陆羽）所论，蒸笋并叶，畏流其膏，盖草茶味短而淡，故常恐去膏。建茶力厚而甘，故惟欲去膏。"从现在看来，茶味以厚而甘为好，黄儒为什么要"惟欲去膏（汁液）"，他自己在同书中已作了回答："试时……其味带苦者，渍膏之病也。"渍膏即不去膏。

四、干燥工具

饼茶成型以后，含水量还很高，现在的蒸压茶，出模时一般水分含量在 15% 以上，但饼茶以鲜叶蒸压，水分当比现在以原料茶蒸压高得多。在上述列茶摊晾定型过程中，饼茶已进行自然干燥，所以饼茶的干燥过程，实际上开始于定型阶段。

饼茶在定型中，水分含量逐渐降低，其降低幅度与定型时间的长短和大气湿度的高低有很大关系，定型以后即须进行人工干燥——烘焙。但饼茶与现在的紧压茶不同，须用"棨"穿孔，用"朴"串起来，使其解开便于搬运。然后另串在"贯"上，放在"焙"上的"棚"上烘焙，至干燥适度为止。

饼茶的干燥工具，除上述的芘莉外，包括下列五种：

穿茶工具	棨（锥刀）
穿茶及解茶工具	朴（鞭）
烘茶工具	焙、贯、棚（栈）

棨的用途非常简单，就是用它在饼茶的中心打一个孔眼。朴的用途是"穿茶以解茶也"，"穿"是为了"解"，"解"就是解开和解送。"朴"或"鞭，以竹为之"，这与"削竹为之"的"贯"不同。前者是软性的小竹，不用削；后者是硬性的大竹，所以要削。选用小竹串茶，是为了避免粘结，便于运送，也是为了使造型美观，这是很明显的。

烘茶工具，主要是焙。焙的设计："凿地深二尺，阔二尺五寸，长一丈，上作短墙，高二尺，泥之。"焙上置木制的棚，两层，高一尺。串在贯上的饼茶，搁在棚上分层烘焙。贯长二

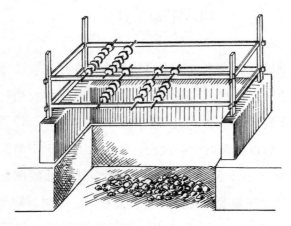

焙、贯、棚

尺五寸，与焙的阔度相同。棚"构于焙上"，其长、阔度应与焙相同。焙的方法是："茶之半干，升下棚；全干，升上棚。"

　　这样的焙，面积不小，焙坑的深度达四尺之多（"凿地深二尺"，短墙高二尺），如果像皮日休所说的"凿彼碧岩下"（见《茶焙》诗），那么这种设计是不经济实用的。《茶经》可能是记实，问题在于《茶经》没有说明烘焙的时间要多长，烘焙的温度如何掌握，用的是什么燃料，这也就使后人无法详细了解唐代饼茶的烘焙工艺了。

　　至于"茶之半干，升下棚；全干，升上棚"，可以理解为烘茶温度要先高后低，即经自然干燥后的饼茶，初上烘时，搁在棚的下层，烘到干了，就移升到上层。

　　茶叶的干燥程度常以含水量来测算。现在的叶、碎、片、末茶，一般要求出厂时的水分在5%左右，这样，在较好的包装条件下，才能保证成品茶不变质。《二之具》对干燥工具的叙述中，用"全干，升上棚"5个字，对后人是有启发的。所谓"全干"，不是百分之百的脱水，而仍然含着一定的结合水分。"全干"是指触觉上感到完全干燥了，至于具体的"全干"，因茶类而有不同，不能定出一个适用于各类茶叶的统一标准。显然"全干"的茶叶，对确保质量是有利的。

五、计数和封藏工具

在饼茶制造的"七经目"中，最后的两道工序是"穿"和"封"，也就是计数后封藏。饼茶怎样计数？在十九具中的"穿"，就是计数单位。

这里的"穿"，不同于穿茶工具的穿，不是动词，而是量词。饼茶的穿，因地而异。

穿别 地区别	上穿	中穿	小穿
江东（长江下游的南岸）	1 斤	0.5 斤	0.25—0.3125 斤
峡中（长江上游）	120 斤	80 斤	50 斤

两地穿的单位重量相差悬殊，《茶经》没有对其原因加以说明。我们推测有三种可能：一是江东是用以零售的穿，峡中是用以批发的穿；二是江东的茶细嫩，峡中的茶粗老；三是江东是短途运输，峡中是长途运输。或者还有其他的原因，则有待查考了。

《茶经》对穿字作了详细的说明，说穿字过去作为钗钏的钏，或作贯串。现在已不是这样，它同"磨、扇、弹、钻、缝"五字一样，写在文章里是平声，读起来则用去声来表达意义。其实，穿同串没有什么区别，用串作饼茶的计数单位是很普遍的。如唐德宗时韩翃在《为田神玉谢茶表》一文中说："中使至，伏奉手诏，兼赐臣茶一千五百串，令臣分给将士以下。"又《旧唐书·陆贽传》中说："刺史张镒有时名……遗贽钱百万……贽不纳，唯受新茶一串。"后于陆羽的薛能在《谢刘相公寄天柱茶》诗中说："两串春团敌夜光，名题天柱印维扬。"说明串字用得很广，而穿字例用得很少。

穿作为一种工具，是绳索一类的东西，要有坚韧耐用的性能，各地均可就地取材，所以江东、淮南用竹篾结成篾索，峡中则用榖树皮搓成条索，在其他地方也可能用其他的材料做成绳索应用。

育，既是一种成品茶的复烘工具，也是一种封藏工具。育的设计，类似一只烘箱，以木作框，以竹编墙，外裱以纸，旁有一门，内分两层，下层放火盆，上层放饼茶。用微弱无焰的火烘茶，这是一种低温长烘用以防潮的方法。《茶经》中没有

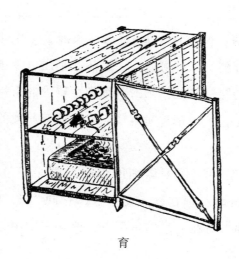

育

提到饼茶的包装而只讲用育防潮的方法，这说明早在唐代对于成品茶的防潮防霉就很重视。

到了宋代，对茶的贮藏，特别是对贡茶的贮藏和包装更加重视，有用箬叶封裹，每隔两三天放在焙中用相当于体温的温度烘茶的（见蔡襄《茶录》），有以用久的竹、漆器缄藏，阴润，勿开的（见赵佶《大观茶论》），有"圈以箬叶，内以黄斗，盛以花箱，护以重篚，肩以银钥，花箱内外又有黄罗幂之"的（见赵汝砺《北苑别录》）。茶叶有极强的吸附性，在贮藏运输过程中极易吸收水分和沾染异气味，现在已是众所周知的常识了。

六、采制工具的发展

《二之具》所说的饼茶采制工具共有十九种，按采制工序分类如下：

采茶工具	篮
蒸茶工具	灶、釜、甑、箄、穀木枝
捣茶工具	杵、臼
拍茶工具	规、承、檐、芘莉
焙茶工具	棨、朴、焙、贯、棚、育
穿茶工具	穿
封茶工具	育

这些工具分别以竹、木、泥、石、铁、纸等作为材料，其特点是就地取材，制作简便，并且基本上合乎科学原理，在设

计上照顾到饼茶的品质要求。因此，上述的制茶工具，大体上一直沿用到元代。同时，自北宋起，在一些有条件的地方，于研磨饼茶时，还使用了以水力为动力的水转磨。（见《宋史·食货志》）这种水转磨类似现在的水力揉捻机，可称为世界上最早的制茶机具。到了元代，制茶机具的水转磨，规模更大，有的水碓可同时互拨九磨。（见元代王祯《农书》卷十九《利用门》）

从明代起，炒青制法已极为普遍，因而炒茶所用的工具，就出现了各种不同的茶灶和釜锅。但当时还有蒸青茶生产，如明代闻龙在《茶笺》中说："诸名茶，法多用炒，惟罗岕宜于蒸焙。"又如清代冒襄的《岕茶汇钞》也说："岕茶不炒，甑中蒸熟，然后烘焙。"

自明至清，制茶技术发展较快，以炒青绿茶发展到多种茶类，各类茶叶有其特殊的工艺，制茶工具也因茶而异，如制造绿茶、乌龙茶、红茶的工具，因三者分别属于"不发酵""半发酵""全发酵"茶类，其主要制造工具也完全不同。

唐代的蒸青饼茶，在北宋以后已很少生产。这类茶叶，就成品品质及制造方法来说，现已分割和演变为两类：一类是蒸青绿茶，我国仅有少量生产；另一类是压制茶，如压制绿茶（普洱方茶、沱茶、小饼茶）、压制黑茶（康砖茶、金尖、茯砖茶）、压制红茶（米砖茶），我国现有大量生产。

压制茶是半成品再加工的茶类，造形虽有不同，但蒸压技术和机具基本相同。现在压制的工序，不再是《茶经》中的蒸、捣、拍、焙、穿、封，而是称茶、蒸茶、压模、脱模、干燥、包装；蒸压的主要工具，也不再是《茶经》中的19种，而是由电子秤、电磁振动槽、蒸汽发生炉、蒸汽压力机、空调干燥室等组成的自动生产线了。如在蒸青绿茶的制造方面，蒸茶机和冷却机代替了灶、釜、甑、箄和縠木枝，各种揉捻机代替了杵臼，烘干机代替了焙、棚，装箱机代替了穿、育。这是1200多年来制茶工具发展的概括。

近百年来，特别是中华人民共和国成立以来，我国茶叶生产随着科学技术的日益发展，从茶叶采摘到包装的每道工序，都已由手工发展到半机械化、机械化、连续化，并正向自动化迈进。回顾这一段历史，应是很有意义的事。

清咸丰年间（1851—1861），湖北羊楼洞茶厂曾最早使用人力螺旋压力机制造砖茶；同治年间（1862—1874），汉口砖茶厂也曾使用蒸汽压力机压制青砖茶；光绪二十八年（1902），台湾省曾使用揉捻机、筛分机、烘干机等机械制造红茶。清光绪三十一年（1905），清政府曾派浙江籍的道台郑世璜到印度和锡兰（今斯里兰卡）考察茶叶，随同前往的有一个名叫陆溁的书记。陆溁是江苏武进人，回国后曾写了一本《制造红茶日记》的小册子，1915年被北洋政府农商部派往安徽祁门，创建了我国最初的茶叶试验场。1916年，该场自造了小型揉捻机，用以制造红茶。

1925年前后，笔者为了试制日本蒸青绿茶，曾在浙江余杭林牧公司从日本引进了用于绿茶初制的揉捻机和粗揉机。1933年，祁门茶叶试验场又引进了制造红茶的机具数种（包括克虏伯式揉捻机、大成式揉捻机和印度的烘干机等）。1936年，浙江平水茶叶改良场又由日本引进了整套的绿茶制造机具。1938年，福建示范茶场仿制了多种制茶机具（后来，前茶叶研究所接办该场时，仍应用了这些机具）。1946年，笔者在浙江杭州之江机制茶厂引进了一套用于精制的风选机和筛分机等。其后，该厂曾就上项机具进行仿造并应用于红绿茶的精制工艺。总的来说，在解放以前，我国茶叶生产基本上停留在手工阶段。

　　如今茶叶耕、采、制三个方面的生产工具，已面目一新了。除茶园耕作和茶叶采摘外，茶叶的初制和精制已全部实现了机械化，并采用新技术向连续化发展。这是中华人民共和国成立以来，茶叶事业在党的领导下所取得的巨大成就。

第三章

茶的制造
——《茶经·三之造》述评

　　《三之造》所叙述的是唐代饼茶的采制方法和品质鉴别方法，明代徐同气所说的"陆子之文，奥质奇离（深奥质朴的意思）"（见《茶经序》），在这一章表现得更为突出。陆羽在叙述"茶有千万状"时，运用了大量形象化的词汇，如"胡人靴""犎牛臆"等，把饼茶分为八等，可说"奇离"之至。但从这一章中，可以看到《茶经》作者对于饼茶品质的鉴别，是很有研究的。他使用朴素的叙述方法，说明了制造技术与品质的辩证关系，发人深思。

　　《三之造》以制造为名，但直接涉及到制造方法的，仅一个整句，十多个字，所谓采制饼茶的"七经目"，重点在"采"而不在其他的六道工序，这是会使想要了解唐代制茶技术的读者感到不满足的。此外，在这一章的最后，《茶经》作者留下了一个难题，说："茶之否臧，存于口诀。"口诀是什么？《茶经》没有写出来，也许这就是《茶经》的"奥质"所在，留待后人去探索了。

一、茶叶的采摘

《三之造》首先谈了茶叶采摘问题，一开始就说："凡采茶，在二月、三月、四月之间。"唐代使用的是现在的农历，则采摘期是在公历的三、四、五月间，即现在长江流域一带的春茶生产季节。

在唐代以前的历史文献中，讲到茶叶采摘季节的，如《茶经·七之事》引《本草》说："苦茶，一名茶……凌冬不死，三月三日采，干。"又引陶弘景注说："茗，春采，谓之苦搽。"这两条说得很明白，是"春采""三月三日采干"。

唐人诗句中说到采茶季节的较多。如李郢《茶山贡焙歌》说："春风三月贡茶时……到时须及清明宴。"又如白居易《谢李六郎中寄新蜀茶》诗说："红纸一封书后信，绿芽千片火前春。"又如李德裕《忆茗芽》诗说："谷中春日暖，渐忆啜茶英。欲及清明火，能消醉客醒。"又如李咸用《谢僧寄茶》诗说："倾筐短甑蒸新鲜，白苎眼细匀于研。砖排古砌春苔干，殷勤寄我清明前。"这里所说的"春风三月""火前春""清明火""清明前"，都在清明节以前。（古代寒食节禁火，寒食在清明前一天或两天，所以火前就是清明以前）

五代蜀时毛文锡在所著的《茶谱》中，曾介绍了四川一些产茶地区的采茶季节，如蒙顶是在"禁火之前"，邛州在"火前、火后"，龙安（即今安县）在"骑火"（"不在火前，不在火后"），说明由于当地温度比较高，早采的地方大都在清明节以前。一般长江中下游尚未"见新"，四川茶叶即可早半个月送到该地区了。

茶叶采摘季节，因茶叶生产地区的气候条件不同，自不可能一致，同时各种成品茶对原料的要求不同，采摘季节的先后差别也就更大。如宋代的宋子安《东溪试茶录》说：

> 建溪茶比他郡最先，北苑、壑源者尤早。岁多暖，则先惊蛰十日即芽；岁多寒，则后惊蛰五日始发。先芽者气味俱不佳，惟过惊蛰者最为第一。民间常以惊蛰为候，诸焙后北苑者半月，去远则益晚。

此外，黄儒《品茶要录》、赵汝砺《北苑别录》、赵佶《大观茶论》和胡仔《苕溪渔隐丛话》，也都说采茶在惊蛰前后。这些文章（也包括《东溪试茶录》）所记述的是当时最负盛名的建茶或北苑贡茶，由于产地福建气候也较暖，所以开采时间就比其他地方为早。

关于开采的时间，在北宋以后的史料中，说法不尽相同。如南宋王观国在《学林》中说："茶之佳品，摘造在社前。""社"指的是立春后的第五个戊日，在春分前后。又如南宋爱国诗人陆游在《兰亭花坞茶诗》中，则说"兰亭步口水如天，茶市纷纷趁雨前"，说的是谷雨以前。明代一般产茶地区的茶叶采摘期，也大都在谷雨前后。（见张源《茶录》、许次纾《茶疏》）但当时"世竞珍之"的罗岕茶，则采摘期要到立夏。（见许次纾《茶疏》、周高起《洞山岕茶系》、冯可宾《岕茶笺》）总的说来，上述的采摘期都还在《茶经》所说的"二月、三月、四月之间"。至于元代萨都剌在《谢参政许可用赠茶》诗中说的福建茶，其采摘期是在立春后十日，则显然在《茶经》所说的采茶月份以前了。采摘季节与茶叶品质有着密切关系，所以在元明时期已开始有两种看法：一种认为"采之宜早"（见元代王祯《农书》卷十《百谷谱》），一种认为"贵及其时"（见明代张源《茶录》）。

　　谈到采摘秋茶的，最早的当推晋代杜育的《荈赋》："灵山惟岳，奇产所钟。厥生荈草，弥谷被冈。……月惟初秋，……是采是求。"不过，杜育所说的"初秋"所采的茶，可能是野生茶，至于在史料中记述秋茶可采的，则在明代以后。如明代许次纾《茶疏》说：

　　　　往日无有于秋日摘茶者，近乃有之。秋七、八月重摘一番，谓之早春，其品甚佳，不嫌稍薄。他山射利，多摘梅茶，梅茶涩苦，止堪作下食，且伤秋摘佳产，戒之。

又据明代陈继儒《太平清话》说：

　　　　吴人于十月采小春茶，此时不独逗漏花枝，而尤喜日光晴暖，从此蹉过，霜凄雁冻，不复可堪矣。

清代陆廷灿《续茶经》引王草堂《茶说》（王草堂名复礼，清初人，《茶说》成书的时间在1717年以前）也说：

　　　　武夷茶自谷雨采至立夏，谓之头春；约隔二旬复采，谓之二春；又隔又采，谓之三春。头春叶粗，味浓；二春、三春叶渐细，味渐薄，且带苦矣。夏末秋初又采一次，名为秋露，香更浓，味亦佳，但为来年计，惜之，不能多采耳。

　　从上面所引的有关一些茶区的史料，可见在南宋以前，各地的茶叶采摘，一般只限于春夏季的所谓"春茶"或"头茶"

（采摘野生茶的除外）；明代以后，采茶季节才逐渐延长，不但有所谓头春、二春、三春等春、夏茶，而且也有采摘秋茶的了。元明时期，人们还认识到，采摘的早迟与茶叶品质是密切相关的。

所谓采摘季节或采摘期，一是指茶叶的生产季节，即自开采时起到封园时止的整个采茶时期；二是指掌握新梢的萌发程度，适时地进行采摘。

我国茶区辽阔，气候条件不一，茶产种类又多，由于各地茶园管理和采制方法不同，茶叶采摘时期，差异很大。如我国最南部的海南岛地区，茶树全年都在萌芽，一年可以采摘10个月以上；长江以南，每年可采7—8个月；长江以北，每年只能采5—6个月。

我国大部分茶区，采摘时期一般分春、夏、秋三季（南部茶区有的分四季或分轮次）。清明到立夏为春茶季节，小满到夏至为夏茶季节，大暑到寒露为秋茶季节。每季采摘的迟早和采期的长短，大部分受气温和雨量的制约。春季主要是看气温，夏、秋季主要是看雨水。

茶季开始时，必须严格掌握采摘时期。当茶树上有10%—15%的新梢符合采摘标准时，即须采摘。几乎所有茶区都流传着这样的谚语："茶树是个时辰草，早采三天是个宝，迟采三天变成草。"特别是在雨水多、气温高的季节，芽叶很容易长大变老，所以有所谓"茶到立夏一夜粗"的说法。

过去，许多茶区只采春、夏两季，不采秋茶。这在茶园管理粗放的条件下，当然不能充分发挥茶树的生产潜力。现在在改善和加强茶园的肥培管理的基础上，已重视秋茶采摘，秋茶产量几占全年总产量的 20%，有的地区还占 30% 以上，秋茶质量一般比夏茶还好。

综上所述，我国茶叶的采摘时期，依据茶叶生产的长期实践来看，陆羽所说的"凡采茶在二月、三月、四月之间"，已不适用现在的情况了。

《三之造》中所说的采摘的具体做法，可以归纳为两条：第一，当生长在肥沃土壤里的粗壮芽叶的新梢长到四五寸时，就可采摘；对生长在草木丛中的细弱芽叶的枝梢，有萌发三枝、四枝、五枝的，可以选择当中的枝梢长得秀长挺拔的采摘。这是从土壤条件说明与茶树新梢伸长程度的相互关系，提出了以新梢长度、生长势作为采摘适度的标准。在茶园土壤肥沃、茶树生长势旺盛的情况下，当新梢伸长到四五寸时，即采摘下来。这时，新梢已充分成熟，对茶叶品质不利的成分如纤维素等的含量虽然有所增加，致有利于品质的咖啡碱、儿茶素的含量有所减少，但由于饼茶在制造中要捣烂，饮用时要煎煮，仍能把梗子和叶片中所含的成分充分煎煮出来。因此，这种采摘标准是适合当时饼茶要求的。另外，对生长在土壤瘠薄、草木丛中的茶树所发出的芽叶的枝梢，根据主枝和顶芽先发的特性，选择当中的强壮枝梢采摘，做到先达标准的先采，未达标准的留后采，这对茶树的生育和提高茶叶的产量与质量都是有利的。第二，下雨天不采，晴天有云也不采，在天气晴朗有露的早晨才采摘。这是从制茶的原料要求和当时生产条件，说明采摘时间与茶叶品质的相互关系。但"晴有云不采"，现在看来，这种要求已超过了实际可能；"凌露采焉"的露水叶，现在都认为质量并不好。《茶经》之所以这样提，可能是当时蒸青杀青对鲜叶附着水分的控制，不像后来炒青杀青要求得那样严格。时代不同，提法不同，这是很自然的事。

在唐代，皮日休和陆龟蒙的《茶笋》诗中，都谈到了茶叶的采摘标准，大意与《茶经》所说的相同。如皮日休的诗说："褎（音 yòu，形容禾黍茂盛）然三五寸，生必依岩洞。……每为遇之疏，南山挂幽梦。"又如陆龟蒙的诗则说："所孕和气深，时抽玉茗（也叫凌霄、紫葳，落叶木质藤本，叶对生）短。……秀色自难逢，倾筐不曾满。"意思是：生长茶笋或茶芽的新梢，当长到三五寸或是像美好的茗叶那样长短时，就可以采摘了。

北宋时代的北苑贡茶，仍沿用《茶经》所说的"凌露采"，并提出了采茶的手法，即要用甲（即指甲）而不要用指（即手指）快速掐采，否则，就会使鲜叶发热，损害叶质。如赵汝砺在《北苑别录》中叙述北苑贡茶的采摘情况时说：

> 采茶之法，须是侵晨，不可见日。侵晨则夜露未晞，茶芽肥润；见日则为阳气所薄，使芽之膏腴内耗，至受水而不鲜明。故每日常以五更挝（音 zhuā，打的意思）鼓，集群夫于凤凰山（山有打鼓亭），监采官人给一牌入山，至辰刻，则复鸣锣以聚之，恐其踰时贪多务得也。大抵采茶亦须习熟，募夫之际，必择土著及诸晓之人，非特识茶发早晚所在。而于采摘，亦知其指要（意思同要旨）。盖以指而不以甲，则多温而易损；以甲而不以指，则速断而不柔。故采夫欲其习熟，政为是耳（采夫日役二百二十二人）。

又如赵佶《大观茶论》说：

> 撷茶以黎明，见日则止。用爪断芽，不以指揉，虑气汗
> 薰渍，茶不鲜洁。故茶工多以新汲水自随，得芽则投诸水。

《大观茶论》所说的要茶工把采下的鲜叶投放在所随带的水里，以免沾染汗气，使茶不鲜洁，这是"贡茶"的一种苛刻的要求，是不足为法的。

上引的《北苑别录》，还对已采茶芽的拣选十分重视，说道：

> 使其择焉而精，则茶之色味无不佳。万一杂之以所不
> 取，则首面不均，色浊而味重也。

到了明代，有的仍沿用《茶经》所说的"凌露采"，有的则与《茶经》同样地说："有雨不采。"（见张源《茶录》、罗廪《茶解》）至屠隆《考槃余事》所说的"若闽广岭南，多瘴疠之气，必待日出山雾，雾障岚气收净，采之可也"，恰又为《茶经》所提出的"晴，有云不采"作了说明。此外，屠隆在同书中，对茶叶的采摘标准，还提出了与宋代北苑贡茶有所不同的要求。他说：

> 采茶不必太细，细则芽初萌而味欠足；不必太青，青
> 则茶已老而味欠嫩。须在谷雨前后，觅成梗带叶，微绿色
> 而团且厚者为上。

这是因为贡茶的品质要求高，而一般的茶叶要求低，所以采摘标准就大不一样。

在明代，有的既重视已采芽叶的摊放，还和北苑贡茶一样，也重视对已采芽叶的拣剔。如冯可宾在《岕茶笺》中曾说：

看风日晴和，月露初收，亲自监采入篮。如烈日之下，又防篮内郁蒸，须伞盖。至舍，速倾于净匾内，薄摊细拣，枯枝、病叶、蛸丝、青牛之类，一一剔去，方为精洁也。

从上引的宋明两代的史料可以看出，随着采制技术的发展，对茶叶采摘的手法、采摘的标准以及采摘后芽叶的摊放、拣剔，已提出了《茶经》中所未述及的新要求。

茶叶的采摘方法，关涉到产量、质量与茶树生长三者关系的统一，也关涉到"眼前利益"和"长远利益"的统一，所以，采摘是茶叶生产中的重要环节，也是制造好茶的物质基础，它直接关系到茶叶的品质和经营茶叶的经济效益。陆羽在《三之造》中以较多的文字叙述采摘问题，十分重视茶叶采摘，从这一点来说，对今后的采茶制茶，不仅有启发作用，并且是有现实意义的。

就我国茶区辽阔、茶类齐全和茶叶生产技术水平的现状而言，茶叶采摘必须正确处理好采摘与留养的相互关系，因地、因树、因茶制宜地合理采摘，实行及时标准采、分批多次采、不同类型茶树采取不同采摘的原则，并运用对茶树生物学的规律性的认识，做到采养结合，产量质量并举，以获得最高的经济效益。

二、唐代饼茶的制造法

在《二之具》中，通过制茶工具已可看到唐代饼茶制造的梗概。在《三之造》中，对饼茶的制造法，只有这样一段话："采之，蒸之，捣之，拍之，焙之，穿之，封之，茶之干矣。"

关于茶叶采摘，在本章《茶叶的采摘》部分中已有述评，总的可归纳为三点：

（1）采摘期：农历二月至四月，即春采。

（2）采摘时间：晴天，凌露采。

（3）采摘标准：长四五寸而粗壮的嫩梢。

关于饼茶的制造过程，大体上可以图解表述如下：

$$\boxed{蒸茶} \rightarrow 解块 \rightarrow \boxed{捣茶} \rightarrow 装模 \rightarrow \boxed{拍压} \rightarrow 出模 \rightarrow$$

$$列茶（晾干）\rightarrow 穿孔 \rightarrow \boxed{烘焙} \rightarrow \boxed{成穿} \rightarrow \boxed{封茶}$$

以上有□的是主要工序。在穿孔与烘焙之间，尚有"解茶"（使茶饼分开，便于运送）和"贯茶"（用贯把饼茶串起来）的手续，成穿前则须下烘。这些工序是比较清楚的。但对"封茶"则有不同的解释：一种认为封就是计数，因为封可解释为封缄物的件数，如杜甫《述怀》诗："自寄一封书，今已十月后"；一种认为封就是用某种材料加以包装，并以卢仝《走笔谢孟谏议寄新茶》诗中的"白绢斜封三道印"为证；另一种认为封就是封藏，在封藏的时候，遇到梅雨季节，还须放在"育"内复烘。由于《茶经注》已明确指出，"育者，以其藏养为名"，因此，本书采用最后一种说法。

另一问题是"拍茶"。拍是拍击的意思。古乐府《孔雀东南飞》有"举手拍马鞍"之句。拍的力量很小，不能与"榨""压"相比。把蒸捣后的茶坯放在模子里拍，饼茶就不会压得很实。《三之造》的最后一段，提到"蒸压则平正，纵之则坳垤"。这说明了两点：首先，拍就是压，拍不是用手拍实，而是用手压实；其次，压的力量并不大，因为"纵之"就"坳垤"。在饼茶八等中，除了"如陶家之子，罗膏土以水澄泚之"以外，都是不平正的。所以，"拍之"的拍，应解作拍压。

此外，关于蒸与焙的时间和温度、列茶的时间，以及各个工序的掌握方法，《茶经》都未作说明，虽然在以后的茶书中偶有述及，但多语焉不详，这在第二章中已大致谈到了。

三、制茶工艺和茶类的发展

唐代饼茶的出现，经历了漫长的历史阶段。唐代以前的茶叶，如唐代皮日休在《茶中杂咏诗序》中所说：

> 自周以降，及于国朝（唐朝），茶事竟陵子陆季疵（陆羽字）言之详矣。然季疵以前称茗饮者，必浑以烹之，与夫瀹（以汤煮物）蔬而啜者无异也。

制茶工艺是在劳动人民长期的生产实践中发展起来的。唐以前的很长时期中，进程缓慢，约在秦汉以后，才有如三国魏时张揖《广雅》中所说的制茶方法：

> 荆巴间采叶作饼，叶老者，饼成以米膏出之。欲煮茗饮，先炙令赤色，捣末置瓷器中，以汤浇，复之，用葱、姜、橘子芼（芼，音 mào，原意是用菜杂肉为羹，这里是说用葱、姜、橘子杂茶为羹）之。

这里所说的制法，正是饼茶制造工艺的萌芽阶段。茶叶由原先的用鲜叶煮作羹饮发展到制成茶饼，并在饮用时加以烤炙捣碎，以沸水冲泡。这时，虽然还没有蒸、捣、拍、焙等工序，但在煮饮以前，必然有一个干燥的过程，这个干燥过程是阴干还是晒干，以及后来如何从这种加上米糊的茶饼发展成为经过蒸压的饼茶，则尚无史料可查。

到了唐代，"饮有粗茶、散茶、末茶、饼茶者"（见《六之饮》）。但这四种茶，只有原料老嫩、外形整碎和松紧的差别，其制造方法基本相同，都属于经过蒸青的"不发酵"的茶叶。《茶经》中所介绍的饼茶制法，从《茶经》成书的时间和地点看，可能就是当时最负盛名的"贡茶"，即宜兴阳羡茶和长兴顾渚紫笋茶的制造方法。这种蒸青制法，在唐代就已传到了日本，现在在广西三江侗族自治县林溪镇一带的侗寨里仍可看到它的遗迹。

蒸青法的发明，是制茶技术史上一大进展。除蒸青法外，唐时还有另一种制法，即炒青法。如刘禹锡《西山兰若试茶歌》有"自傍芳丛摘鹰嘴，斯须炒成满室香"之句，这里说的是"炒"。宋代朱翌《猗觉寮杂记》（约 12 世纪）说"唐造茶与今不同，今采茶者，得芽即蒸熟、焙干，唐则旋摘旋炒"，说的又是"炒"。可见唐代除蒸青饼茶的制法外，已有炒青制法的萌芽，不过炒青方法并未在唐宋两代广为流行。又，朱翌说唐时制茶旋摘旋炒，可能是指现采现制、当场饮用的特殊情况，而不是唐时的普遍情况。

宋代北苑贡茶的制法，基本上并没有超越唐代制造饼茶的范围，但较唐代精巧细致，特别是茶面的纹饰在要求精美的同时，益趋向于浮华。赵汝砺《北苑别录》对当时的制茶方法有较具体的论述。他说：

蒸茶 茶芽再四洗涤，取令洁净，然后入甑，俟汤沸蒸之。然蒸有过熟之患，有不熟之患，过熟则色黄而味淡，不熟则色青而易沉，有草木之气，唯在得中之为当也。

榨茶 茶既熟，谓"茶黄"，须淋洗数过（欲其冷也），方入小榨以去其水，又入大榨出其膏（水芽以高榨压之，以其芽嫩故也）。先是包以布帛，束以竹皮，然后入大榨压之，至中夜，取出揉匀，复如前入榨，谓之翻榨，彻晓奋击，必至于干净而后已。盖建茶味远而力厚，非江茶之比，江茶畏流其膏，建茶唯恐其膏之不尽，膏不尽，则色味重浊矣。

研茶 研茶之具，以柯为杵，以瓦为盆，分团酌水，亦皆有数。……每水研之，必至于水干、茶熟而后已。水不干则茶不熟，茶不熟则首面不匀，煎试易沉，故研夫犹贵于强而有力者也。……

造茶 ……凡茶之初出研盆，荡之欲其匀，揉之欲其腻，然后入圈制銙（kuǎ，模具）随筥（dá，粗竹席）过黄。有方銙，有花銙，有大龙，有小龙，品色不同，其名亦异，故随纲（唐宋以后，大量货物，分批起运，每批编立字号，分为若干组，一组称一纲）系之于贡茶云。

过黄 茶之过黄，初入烈火焙之，次过沸汤爁（làn，烤炙）之，凡如是者三。而后，宿一火，至翌日，送过烟焙焉。然烟焙之火不欲烈，烈则面炮而色黑，又不欲烟，烟则香尽而味焦，但取其温温而已。凡火数之多寡，皆视其銙之厚薄。銙之厚者，有十火至于十五火；銙之薄者，八火至于六火。火数既足，然后过汤上出色，出色之后，当置之密室，急以扇扇之，则色泽自然光莹矣。

此处抄录了大部分原文，主要便于与《茶经》的制茶法作一对照。可以看出，《北苑别录》所述宋代北苑茶的制造法，与《茶经》所说唐代饼茶的制造法，有几处显著的差别：一是蒸茶前"茶芽再四洗涤"；二是捣茶改为榨茶，榨前须"淋洗数过"，榨后还须研茶；三是改焙茶为过黄，即烘焙中须经沸水浸三次。北苑茶的制法与唐代饼茶之所以有此差别，其原因主要是北苑茶要出膏（把汁液榨出）而饼茶则"畏流其膏"，但现在认为，榨去茶汁则滋味淡薄，反而降低了品质。

元代王祯在《农书》中对当时制蒸青叶茶工序，说得很具体。他说：

> 采讫，以甑微蒸，生熟得所。蒸已，用筐箔薄摊，乘湿略揉之，入焙，匀布，火焙令干，勿使焦，编竹为焙，裹箬复之，以收火气。茶性畏湿，故宜箬，收藏者必以箬笼剪箬杂贮之，则久而不浥（yì，湿润）。宜置顿高处，令常近火为佳。（见卷十《百谷谱》）

唐、宋时代的制茶方法，以蒸压为主体，以蒸杀青，以压成型。但这并不是唯一的方法。前已述及，当时有些地方的制造方法，已有用炒杀青的；也有不成型的，这是由于饼茶制造工序的简化或省略而形成的。自北宋后期到元代，制茶技术才有所发展。宋徽宗宣和年间（1119—1125），为保持茶叶的固有香味，改蒸青团茶为蒸青叶茶（也称蒸青散茶）。宣和庚子（1120）所制作的"银线水芽"，则是当时叶茶中的极品。到了元代，蒸青团茶已逐渐淘汰，而蒸青叶茶大为发展，又以鲜叶的老嫩不同，分为芽茶（如探春、紫笋、拣芽）、叶茶（如雨前等）。

从唐、宋到元代，绿茶制造已形成了一套较完整的蒸青工艺技术，其产品的演变是，从大饼茶到小龙团，由团茶到叶茶。到了明代，已有较多的史料记述炒青制法。这种制法进一步发挥了茶叶的香味，是我国制茶技术上的又一次重大发展。明代发展炒青制法以后，相继出现了晒青、烘青，再发展到全炒。制茶技术既发展较快，制茶花色就越来越多，这就为发展绿茶以外的茶类打下了基础。

明代茶叶古籍中较重要的，有张源的《茶录》、许次纾的《茶疏》和罗廪的《茶解》，他们都是对茶叶生产情况比较了解和有一定的实践经验的，所以对制茶情况都叙述得较为具体。如张源在《茶录》"造茶""辨茶"两节中说：

> 新采，拣去老叶及枝梗、碎屑。锅广二尺四寸，将茶一斤半焙之，候锅极热，始下茶急炒。火不可缓，待熟方退火，彻入筛中，轻团那（那，通挪，以下两那字都通挪）数遍，复下锅中，渐渐减火，焙干为度。……火烈香清，锅寒神倦，火猛生焦，柴疏失翠，久延则过熟，早起却还生，熟则犯黄，生则着黑，顺那则甘，逆那则涩，带白点

者无妨，绝焦点者最胜。

许次纾的《茶疏》在"炒茶"一节中说得更详细：

> 生茶初摘，香气未透，必借火力以发其香。然性不耐劳，炒不宜久。多取入铛，则手力不匀，久于铛中，过熟而香散矣，甚且枯焦，不堪烹点。炒茶之器，最嫌新铁，铁腥一入，不复有香，尤忌脂腻，害甚于铁，须预取一铛，专供炊饮，无得别作他用。炒茶之薪，仅可树枝，不用干叶，干则火力猛炽，叶则易焰易灭。铛必磨莹，旋摘旋炒。一铛之内，仅容四两，先用文火焙软，次加武火催之，手加木指，急急钞（钞，俗作抄，摩抄的抄，也省作抄，所以，钞是摩抄的意思，下同）转，以半熟为度。微俟香发，是其候矣。急用小扇钞置被笼。纯绵大纸，衬底燥焙，积多候冷，入瓶收藏。人力若多，数铛数笼；人力即少，仅一铛二铛，亦须四五竹笼。盖炒速而焙迟，燥湿不可相混，混则大减香力。一叶稍焦，全铛无用，然火虽忌猛，尤嫌铛冷，则枝叶不柔。

罗廪的《茶解》在"制"一节中说：

> 炒茶铛宜热，焙铛宜温。凡炒，止可一握，候铛微炙手，置茶铛中，札札有声，急手炒匀，出之箕上，薄摊，用扇搧冷，略加揉按，再略炒，入文火铛焙干，色如翡翠。若出铛不扇，不免变色。茶叶新鲜，膏液具足，初用武火急炒，以发其香，然火亦不宜太烈，最忌炒制半干，不于铛中焙燥，而厚覆笼内，慢火烘炙。茶炒熟后，必须揉按，

揉接则脂膏镕液，少许入汤，味无不全。铛不嫌熟，磨擦光净，反觉滑脱，若新铛则铁气暴烈，茶易焦黑，又若年久锈蚀之铛，即加磋磨，亦不堪用。炒茶用手，不惟匀适，亦足验铛之冷热。茶叶不大苦涩，惟梗苦涩而黄，且带草气，去其梗，则味自清澈，此松萝、天池法也。余谓及时急采、急焙，即连梗亦不甚为害，大都头茶可连梗，入夏便须择去。

上述的记载表明，明代的制茶工艺，已有了新的提高，特别是运用高温杀青的炒青制法，大大地增进了绿茶的色、香、味。这些史料中所记载的关于炒青火候的掌握，炒茶的手法，投叶的数量，特别是防焦、防沾染异味、防吸收水分等方面，都还具有现实意义。

此外，在上列史料中，还对唐宋间贡茶的制法，提出一些独到的看法，很有启发性。如罗廪在《茶解》中说：

> 即茶之一节，唐宋间研膏、蜡面、京铤、龙团，或至把握纤微，直钱数十万，亦珍重哉！而碾造愈工，茶性愈失，矧杂以香物乎？曾不若今人止精于炒焙，不损本真。故桑苎《茶经》第可想其风致，奉为开山，其舂、碾、罗、则诸法，殊不足仿。

许次纾在《茶疏》中也说：

> 古人制茶，尚龙团凤饼，杂以香药，蔡君谟诸公，皆精于茶理，居恒斗茶，亦仅取上方珍品碾之，未闻新制。若漕司所进第一纲，名北苑试新者，乃雀舌、水芽所造，

一镑之值，至四十万钱，仅供数盂之啜，何其贵也！然水芽先以水浸，已失真味，又和以名香，益夺其气，不知何以能佳？不若近时制法，旋摘旋焙，香色俱全，尤蕴真味。

罗廪、许次纾所说的在制茶时"杂以香物"，"和以名香"，就使茶有"损本真"，"益夺其气"，失去了茶的"真味"，是有一定道理的。即在宋代，蔡襄的《茶录》和赵佶的《大观茶论》，已都说"茶有真香"。《茶录》还认为，当时的贡茶，"微以龙脑和膏，欲助其香"，实际上是夺了茶的真香；至民间饮用的茶，虽都不加香料，但在饮用时加入"珍果、香草"，更夺了它的真香，所以"正当不用"。《大观茶论》则直言，茶的真香，"非龙麝可拟"。人们饮茶，目的之一就是为了品尝它的真香。为增加它的香气，或者迎合人们对花香的爱好，用一些花类窨制"花茶"，用"花香"代替"茶香"，就为以次茶充好茶创造了条件。

此外，由于花对大气污染的反应很灵敏，所以它是吸收有毒物质的天然过滤器。科学研究表明：一般地讲，污染物质对花的叶伤害明显，但也有花瓣或萼片对污染反应明显的。如窨制绿茶所用的茉莉花，能大量吸附二氧化硫；又如鲁制红茶所用的玫瑰，可以吸收氟化氢。用这些吸附或吸收了污染物质的花所窨制成的"花茶"，饮了是否对人体产生不利影响，是值得研究探讨的。同时，中医学还认为，茉莉是"辛热之品，不可恒用"（见清代张璐《本经逢原》），因此用它来窨制"花茶"，并长期饮用这种"花茶"，就更值得考虑了。

为了便于说明明代以前的制茶技术和制茶品种的发展情

况，现按时代先后，大致归纳为起源和发展两个时期如下：

制茶起源时期	三国魏（220—265）以前：生煮羹饮，晒干收藏。
	魏晋隋（220—618）时期：采叶作饼。
制茶发展时期	唐—元（618—1368）时期：以蒸青饼茶（或团茶）为主，兼有蒸青叶茶。南宋（1127—1279）以后，则以蒸青叶茶为主。
	明（1368—1644）时期：以炒青绿茶为主，兼有"不发酵"茶类的其他叶茶和压制茶。

自魏晋时期以后，流行以压制方法制成的饼茶（或团茶），约有 1000 年之久，这是有其客观原因的。过去茶叶产区，大多交通不便，运送茶叶全靠肩挑背负，茶叶在贮藏和运送过程中极易吸收水分，而压制茶类经过压缩后，既比较紧密结实，又增强了防湿性能，这样就相对地便于运输和贮藏。同时，压制茶在成型干燥以后，在一定的环境中，由于水分和温度的作用，能增进茶味的醇厚，所以直到现在，各种茶类的再加工的压制茶，不仅在国内是兄弟民族日常生活的必需品，需要量多，即使在国外市场上也有一定的销售量。

此外，我国在制茶技术的发展过程中，突出地表现劳动人民为保存茶叶的滋味和香气所作的努力，不论是蒸汽杀青或锅炒杀青等，都是为形成特有的香气和滋味所用的技术。人们通过实践认识到，采取适当的加工措施，从不发酵、半发酵到全发酵一系列的不同发酵程度所引起的茶叶内物质的变化，就是形成绿茶、乌龙茶、红茶等多种茶类品质特性的根本所在，这也是明代以来制茶技术的发展和各茶类的形成所经历的道路。

现将有关各个茶类的历史记载分别介绍如下。

　　黑茶的名称，最早见于记载的，是在明代嘉靖三年（1524）御史陈讲的奏疏中。他说："商茶低伪，悉征黑茶，产地有限，乃第为上中二品，印烙篦上，书商名而考之。每十斤蒸晒一篦，送至茶司，官商对分，官茶易马，商茶给卖。"隆庆五年（1571）又规定："各商收买好茶，无分黑黄正附，一律运送洮州（治所在今甘肃临潭）茶司，贮库中马。"崇祯十五年（1642），太仆卿王家彦的疏中也说："数年来茶篦减黄增黑……敝茗羸驷，约略充数。"由此可以说明黑茶的制造始于明代中期。

　　关于乌龙茶，据清代陆廷灿《续茶经》引王草堂《茶说》说：

　　　　武夷茶……茶采后，以竹筐匀铺，架于风日中，名曰晒青，俟其青色渐收，然后再加炒焙。阳羡芥片，只蒸不炒，火焙以成，松萝龙井，皆炒而不焙，故其色纯。独武夷炒焙兼施，烹出之时，半青半红，青者乃炒色，红者乃焙色也。茶采而摊，摊而摵（lù，摇），香气发越即炒，过时不及皆不可。既炒既焙，复拣去其中老叶、枝蒂，使之一色。

　　上述的武夷茶的制法是：采摘后摊放，即晒青；摊而摵，即晒青后摇青；摇到散发出浓香，就炒、焙、拣。

　　《茶说》成书的时间在清代初年，则武夷茶这样的独特的工艺的形成，当远比这个时间为早，这就具体说明早在清初以前，已制成了"半发酵"的武夷岩茶。"半青半红"，已把武夷岩茶"绿叶红镶边"的特色形容出来了。直到现在，属于乌龙茶类的武夷岩茶的制法，还离不开上述的基本特点。后来，产制了武夷岩茶的福建崇安，又产制出工夫红茶和小种红茶（烟小种），这就为红茶的出现提供了一个线索。

至于红茶，除了明代刘基的《多能鄙事》曾有"红茶"的记载（由于《四库全书总目提要》认为该书系伪托，故不拟引以为据）外，在现在生产红茶的各省各县的地方志中，可以查到的最早记述红茶的有下列几县。遗憾的是，作为红茶发源地的福建省，在地方志中，尚未查到有关这一方面的史料，有的又与乌龙茶混淆不清。

（1）湖南《巴陵县志》（清同治十一年）载：

> 道光二十三年（1843）与外洋通商后，广人每挟重金来制红茶，土人颇享其利。日晒者色微红，故名红茶。

（2）湖南《安化县志》（清同治十年）载：

> 咸丰七年（1857）戊辰九月，知县陶燮咸厘定红茶章程。

（3）湖北《崇阳县志》（清同治五年）载：

> 道光季年（约1850），粤商买茶。其制，采细叶暴日中揉之，不用火焰（同炒），雨天用炭烘干……往外洋卖之，名红茶。

（4）江西《义宁州志》（清同治十年，义宁州治所在今江西修水）载：

> 道光间（1821—1850），宁茶名益著，种莳殆遍乡村，制法有青茶、红茶、乌龙、白毫、花香、茶砖各种。

但乌克斯《茶叶全书》的"茶叶年表"则把记述红茶的年代

提前了 100 多年：

> 1705 年，爱丁堡金匠刊登广告，绿茶（GREEN TEA）每磅售十六先令，红茶（BLACK TEA）三十先令。

又上书中的"茶叶年表"，在"1728 年"条下曾记载：

> 英传记家玛丽·迪蓝尼夫人记当时茶价为红茶（BOHEA）二十至三十先令，绿茶（GREEN TEA）自十二至三十先令。

上书中的《茶叶字典》"武夷（BOHEA）"条的注释为：

> 武夷（BOHEA），中国福建省武夷（WU-I）山所产的茶，通常用于最好的中国红茶（CHINA BLACK TEA），以后用于较次中国红茶，现在用于含梗的粗老爪哇茶（JAVA TEA），在十八世纪，此名也用于茶叶饮料（TEA DRINK）。发音 BO-HEE。

这一注释如属正确，那么就须把国外资料中 BOHEA 一词，全部译为红茶。笔者在编译《茶叶全书》时，曾把大部分译为红茶，有一部分则译为武夷，主要是因为原书往往同时出现 BOHEA 和 BLACK TEA 两词，不得不加以区别。从《茶叶全书》来说，则"武夷"的含义，除包括武夷（BOHEA）茶外，也包括红茶（BLACK TEA）。

如上所述，红茶的发源地是福建。但福建最早是没有茶的，它之有茶，可能是由广东通过泉州这个港口传入的。（详见《六之饮》之述评）传入之后，其在福建省内传播的主要路线，可能是由泉州传到同属晋江地区的安溪，再向北传到建阳地区的建瓯，最后又向北才传到同属建阳地区的崇安。至于福建红茶的向外传播，则可能是由崇安开始的，其传播的主要路线，可能是先由崇安传到江西铅山的河口镇，再由河口镇传到修水（过去义宁州的治所），后又传到景德镇（过去的浮梁县），后来又由景德镇传到安徽的东至（指现在东至县境内的原至德县境），最后才传到祁门。

上引的各个茶类的历史资料表明，我国在明代以后，已从单一的绿茶类逐步发展到现在的多种茶类，其中主要的是红茶、绿茶和乌龙茶类，也有人称为全发酵茶、不发酵茶和半发酵茶。但这仅是从大类来说的，实际上每一种茶类中，尚有数以十计的花色品种，其中包括通过对成品茶的再加工，按再加工方法分为窨制的花茶、压制的紧压茶和炼制的速溶茶。

茶叶作为饮料，是经过加工制造的。鲜叶原料通过各种不同的制茶工艺，便制成各类色、香、味、形品质特征不同的茶叶。各类茶叶品质的形成，除了外形取决于物理因素外，茶叶的内在品质，都是由组成茶类的各类化合物的含量及其配比关系所决定的。

在鲜叶加工过程中，叶内各种化学成分变化最大、与品质的形成关系最深的是多酚类化合物。同样鲜叶能够制成品质特征完全不同的各种茶类，主要是由于多酚类化合物在不同的加工工艺中的转化形式、转化深度和广度以及转化产物有所不同所形成的结果。

各类茶的多酚类化合物的氧化程度是有差异的。绿茶是一种不发酵的茶，多酚类化合物的氧化最少；相反，红茶是全发酵的茶，多酚类化合物的氧化最多；而乌龙茶属于半发酵的茶，多酚类化合物的氧化程度则介于绿茶和红茶之间。

在制茶工艺的发展过程中，一些茶类，在制造中不需要多酚类化合物的氧化过程；而另一些茶类，则需要多酚类化合物的氧化过程。由于制茶中的氧化过程是以酶为主导作用的，因此，抑制还是促进酶在制茶工艺中的主导作用，恰当地运用工艺条件，控制各项内在物质变化的速度和程度，是形成各种茶类品质特征截然不同的根本所在。

绿茶的制造，采用高温杀青，迅速破坏酶的活性，制止多酚类化合物的酶性氧化，保持了绿叶清汤的品质特征；黑茶的制造，在破坏酶活性的基础上，经过渥堆过程，缓慢地进行自动氧化，氧化程度较绿茶重，形成色泽黑褐、汤色黄褐的品质特征；乌龙茶的制造，先利用、后控制多酚氧化酶，氧化程度在酶性氧化茶中是最轻的，但与非酶性氧化程度最重的黑茶相比，仍稍重于黑茶，形成色青褐、汤金黄、绿叶红镶边的品质特征；红茶的制造，经过发酵过程，使多酚类化合物充分氧化，形成红叶红汤的品质特征。因此，多酚类化合物在不同制法的基础上的不同氧化程度，不论是酶促氧化还是非酶促氧化，都是形成各种茶类品质特征的物质基础。由此可以看出，各种茶类主要是从制造方法的演变而发展起来的。

各茶类的制造，从鲜叶通过各种制茶程序最后到干燥，虽各有特点，但不论是制法还是品质，在各个工艺阶段都是互相联系的，而这些联系是以一定的化学物质及其变化规律为基础的。在整个过程中，所采取的每个技术措施，都与茶叶生化密切相联。因此，必须研究具体茶类的化学和生物化学与制茶技术的关系，这样才能充分利用茶叶的生化变化规律，使技术措施具有科学根据，从而不断改进制茶技术，生产出为人们喜爱的优质茶叶。

四、现代主要茶类的制造工艺

我国是世界上茶类最齐全、产品花色最丰富的产茶国家，以制工精细、品质优异，而在国际茶叶市场享有盛誉。现将主要茶类的制造工艺的要点简述如下：

1．绿茶

绿茶是我国的主要茶类，产品多，质量好。绿茶生产以炒青、烘青两种为主。炒青绿茶因制成的毛茶外形不同，分为长炒青和圆炒青。长炒青经精制后称眉茶，圆炒青经精制后称珠茶，都是我国外销名茶。烘青则作为内销素茶和窨制花茶的茶坯。所以，炒青和烘青是供应出口和内销的大宗绿茶。在这些绿茶中，还包括有一定数量的著名的特种绿茶。

绿茶的制造工艺是：杀青 → 揉捻 → 干燥

杀青

杀青用高温破坏鲜叶中酶的活性，制止茶多酚类的酶促氧化，以保持绿茶"清汤绿叶"的特色。杀青是决定绿茶内质的基础工序，我国传统的锅炒杀青方法对形成香味鲜爽浓醇的品质起有决定性的作用。绿茶有不正常的滋味，如生青味、水闷味，以及叶底产生的红梗红叶，这些都是杀青掌握不好的缘故。

我国绿茶产区，在长期的生产实践中，就杀青技术积累了可贵的经验，即习惯上称为杀青三原则的"高温杀青，先高后低""透炒结合，先炒后透""嫩叶老杀，老叶嫩杀"，并要求"杀得透，杀得匀，杀得适度"。这是按照鲜叶老嫩和含水量掌握杀青技术中有关温度、时间、炒法和杀青减重率等方面的通用标准。

目前各绿茶产区，都已采用机械杀青。由于机械的型号和规格不同，所以在操作时，必须按照各杀青机的性能，对鲜叶的投叶量，杀青的时间、温度和失水率等很好地加以掌握，以保证杀青叶的质量。

揉捻

揉捻是为了卷叶成条，适度破坏叶细胞组织，以便于干燥定形或炒干做形。炒青外形的松、扁、碎，主要是揉捻不当所造成的，它与投叶的多少、加压的轻重、揉时的长短和复揉次数有关。所以在揉捻过程中，应根据叶质老嫩、匀度和杀青质量以及揉捻机的性能等，正确掌握揉捻方法，采用"嫩叶轻压短揉，老叶重压长揉"，"解块分筛、分次揉捻"，并掌握加压的"轻、重、轻"的原则，提高揉捻叶的质量，为形成炒青绿茶紧直匀整、浑圆有锋苗的外形打下基础。

一般烘青的揉捻程度，比炒青要适当轻一些。

干燥

干燥是固定茶叶外形和发展香气的重要工序。炒青外形的断碎、短秃、松扁、弯曲，以及香气低闷和有烟焦味，都与干燥工艺及其机具掌握不当密切相关。

绿茶因干燥方法的不同，分为炒青和烘青两种。

炒青的传统干燥方法是全炒，实行两次炒干。初炒叫毛焙；复炒叫足焙。目前，我国的炒青绿茶的干燥有半烘半炒即以烘代炒的，也有以滚（筒式机）代炒的，因采用机具不同，所以方法多样。炒青工艺以采取"烘、炒、滚"三段干燥技术为好，可使炒青绿茶具有香高、味醇、条索完整有锋苗的传统风格。

初炒要掌握好火温和投叶量。火温应先高后低，高温有利于排湿，低温便于做形。把握薄摊（投叶少）、快炒的原则，防止红变。

（1）复炒。火温宜低，应同样掌握先高后低的原则，炒至足干。

（2）烘青。干燥方法分为毛火烘焙和足火烘焙两个过程。

（3）毛烘。采用高温、薄摊、快速烘干法，烘至六七成干后，及时下烘进行摊凉。

（4）足烘。采用低温慢烘法，烘至足干。

炒青绿茶的精制，主要是通过筛分、切断、风选、拣剔等作业，分成各种大小、长短、粗细、轻重不同的筛号茶，再经过复火、车色、清风割末等工序，最后将各种筛号茶分别等级，匀堆拼配为成品茶。

　　烘青绿茶的精制，除了不需要经过车色以及筛分较为简单外，其他工序的操作方法，与炒青绿茶的情形相同。

　　目前，绿茶生产分为初制、精制两个阶段。在这两个阶段中，几经转手，又经过多次贮运，致使毛茶含水量增高而引起品质下降，这是一个不容忽视的问题。为了提高产品品质，必须控制毛茶含水量，改善其贮存条件，并实行初、精制联合，快制快运，以防止品质劣变。

　　为了发扬我国绿茶传统的优良品质风格，亦即发扬清汤绿叶，条索紧直、匀整，有锋苗（即"炒青看苗，烘青看毫"），香气清高持久，滋味浓醇，收敛性较强的这些品质特征，必须加强有关提高绿茶品质的科学研究，以便把绿茶品质推向一个新的水平。

2. 乌龙茶

　　乌龙茶以有浓烈的芬芳香味和"绿叶红镶边"而驰名国内外。它产于我国福建、台湾、广东三省，各产地在采制工艺和品质风格方面虽有所差异，但制法都是轻萎凋和轻发酵，酶性氧化也较轻。

　　形成乌龙茶优异品质特征的共同点，首先在鲜叶原料方面，重视选用优良品种的鲜叶和严格掌握独特的采摘标准。在制造工艺方面精工细作，别具一格。先经萎凋和摇青，促进酶活性；再用高温炒青，破坏酶活性；最后以烘干完成内质变化。

　　乌龙茶的采制工艺，在具体掌握上，不同产地也有其不同点。以鲜叶原料看，台湾乌龙茶要求细嫩，显白毫；而福建、广东则采成熟的嫩梢，即新梢形成驻芽，等到对夹开展，俗称"开面"后采摘。从发酵程度看，台湾乌龙茶发酵较重，汤色偏红成琥珀色；福建闽南乌龙茶如安溪铁观音发酵较轻，汤色金黄；而闽北的乌龙茶如武夷岩茶及广东的水仙，其发酵程度则介于两者之间。由于这些差异，各地乌龙茶形成了各自独特的品质风格。

乌龙茶的制造工艺是：萎凋→做青→炒青→揉捻→干燥

乌龙茶特有的优异品质，主要是通过萎凋、做青形成的。该作业包括晒青、摇青、晾青三个工序，这是奠定香气和滋味的基础。

晒青

晒青是通过光能、热能使鲜叶适度失水，促进酶的活化而引起叶内成分的转化，为摇青工序提供良好条件。晒青技术的掌握，关键在于：根据鲜叶品种、含水量、气候等条件，控制适当的晒青程度，使叶质均匀失水，叶缘不过早红变。

摇青

摇青是在机械能作用下，使叶缘细胞破损，改变其供氧条件，促其发生轻度氧化而使叶缘显现红边。在摇青时随着水分的蒸发，推动梗脉中的水分和水溶性物质，通过输导组织向叶面渗透、运转，水分从叶面蒸发，而水溶性物质则在叶片内积累起来，有利于香气滋味的发展。摇青技术的掌握一般采用转数由少到多，用力先轻后重，摇后摊叶先薄后厚，各次摇青间隔时间先短后长的方法。根据鲜叶品种和晒青程度的不同，摇青转数也相应有所不同。

晾青

晾青是使摇青后的叶子在摊晾过程中，通过水分的气化，使细胞液浓缩和氧化趋势加强，致叶内物质转化。青草气味逐渐消失，鲜爽的花香气味逐渐形成，叶片由坚硬转为柔软平伏，叶色由青转为黄绿色。这样，即为晾青适度。

在整个做青作业中，各工序间是相互联系、相互制约的。同一制茶原料，晒青程度重，则摇青转数就应少，晾青时间就应短；摇青转数取决于晒青程度，而晾青方法（摊叶厚度、间隔时间）又取决于摇青转数。由于摇青和晾青又是两个交替进行的过程，从而说明晒青与摇青、摇青与晾青是密切相关的。这是形成乌龙茶品质特征的关键作业。

从初制过程中叶内物质转化的程度来区分，乌龙茶是属于中等转化程度，即半发酵。从"绿叶红镶边"的标准来分析，"绿叶"是要求叶片由青绿转为淡绿色，这是叶内物质已起了不同转化程度的标志，具有轻微发酵的特征；"红镶边"是要求叶缘转为红色，表明酶促氧化程度的加深，又具有红茶的发酵特征。由此可见，在做青过程中，以水分的变化，控制叶内物质转化的程度，提供相应的酶促氧化所必需的环境条件，是十分重要的。

乌龙茶的做青技术复杂，影响它的因素很多，一般不易掌握，品质难以稳定。为改进现行做青工艺，福建省有关部门对做青新工艺做了大量的研究工作，并试制成兼有晒青、晾青、摇青三种作用的做青机。

炒青

乌龙茶的炒青，要掌握高温快速、少透多闷的原则，并采用先闷、中透、后闷的操作方法。

揉捻

揉捻采用热揉、快揉、短揉的方法，应掌握少量、重压和两炒两揉的原则。

干燥

干燥分初焙、复焙两次进行。初焙，采用薄摊、高温、快速的方法。经摊晾、簸拣，再复焙。复焙要求低温长烘，待烘至足干时，再低温慢焙，直到有火香为止。乌龙茶的传统工艺，很重视干燥工序，要求火候要足，它是形成乌龙茶特有风味——熟火香及不易变质等特点的主要措施。

乌龙茶的精制，以提高香味为主，拣剔、整形为副。成品茶通过复火补足火候，对贮藏是有利的。

3. 红茶

红茶是我国生产和出口的大宗茶类，而工夫红茶又是我国特有的传统产品，素以条索紧秀匀齐、锋苗好、色泽乌润、香味浓醇、制作精细、花工夫多而闻名。在较长的一段历史时期里，工夫红茶在国际茶叶市场上独树一帜，备受国外消费者的欢迎，并促使红茶成为世界茶叶消费数量最大的一种茶类。目前世界各茶叶生产国家的红细茶的制造技术，也都是在我国工夫红茶生产技术的基础上发展起来的。

红茶也是世界上生产量最多的一种茶类。红茶在初制过程中，由于揉捻（成条形）和揉切或锤击（成颗粒形）的作业方法不同，因而制成两种形状。成条形的为工夫红茶，成颗粒形的为红细茶。它们的初制原理基本相同，但因品质规格的要求不同，所以初制的技术措施也有较大区别。

（1）工夫红茶

工夫红茶的初制工艺是：萎凋 → 揉捻 → 发酵 → 干燥。

红茶属于全发酵茶类。红茶的初制过程是：鲜叶先经萎凋，促进酶活性；然后揉捻使酶与多酚类接触，开始进行氧化；再通过发酵控制多酚类的酶性氧化达到适当程度；最后干燥，用高温制止酶性氧化。由于各工序所起的作用及其相互间的有机联系，从而形成红茶特有的色、香、味。

萎凋

萎凋是使鲜叶均匀、适量地失水，引起内含物质变化，以达到适度的理化变化。萎凋需要有适宜的温度、湿度和通风条件，应按照鲜叶质地和摊放厚度等具体情况，采取适当的技术措施，要控制萎凋条件，掌握萎凋程度，使萎凋均匀一致、萎凋适度。

萎凋的方法，概括说来，有自然萎凋和萎凋槽萎凋两种。自然萎凋又有室内萎凋和室外萎凋两种。室外萎凋利用阳光的，叫日光萎凋。日光萎凋是我国茶农历来所采用的方法，这种方法，时间短，成本低，设备简单，但受天气限制，有一定的局限性。室内自然萎凋，一般是在专门萎凋室进行，在气候适宜的情况下，萎凋程度比较均匀，质量也易保持良好；但萎凋室占用面积大，设备多，操作也不方便，且易受气候影响，难以保证品质。因此，现在已多采用萎凋槽萎凋。

萎凋槽萎凋，使鲜叶在槽内处于低湿气流之中，缓慢地带走叶面水分，叶内水分也随之蒸发而使鲜叶萎软。低温时要适当加温。用萎凋槽进行萎凋，时间较短，质量好，对提高萎凋效率和克服阴雨天萎凋困难，都起到良好作用。

不论采用何种萎凋方法，都要求萎凋适度和均匀。鉴别萎凋是否适度，除测定萎凋叶的含水量外，还须结合感观观察，来掌握适宜的萎凋程度。

揉捻

揉捻是破坏叶的细胞组织，使茶汁流出粘附在叶的表面，促进发酵。红茶滋味的浓淡，在工艺上主要决定于揉捻叶的细胞破损程度。

揉捻作业，目前已普遍使用揉捻机具。揉捻的投叶量、时间、次数和加压技术等，应根据机种、鲜叶老嫩、萎凋叶含水量等情况灵活掌握。一般嫩叶揉时短，加压轻；老叶揉时长，加压重；气温高揉时短，气温低揉时长；轻萎凋的适当轻压，重萎凋的适当重压。为保证揉捻质量，分两次揉捻为宜。分次揉捻，可使不同嫩度的叶子都得到充分的揉捻，并经过解块筛分，筛底筛面分别发酵，这样，对品质有利。揉捻适度的叶子，从现象上说，应该是条形紧卷，茶汁捻出粘附叶间，局部泛现红色，并发出较浓的清香气。在整批揉捻叶中，应达到90% 以上的叶子卷成条形。

发酵

发酵，是控制多酚类物质进行适度的酶性氧化，以形成茶黄素和茶红素，并减少因转化而对品质不利的茶褐素。发酵是形成红茶品质的关键工序。

发酵一般在有温湿度调节设备的发酵室内进行。发酵的环境条件，要求气温在 24℃左右，相对湿度在 90% 以上，还要求空气新鲜，供氧充足。

摊叶厚度的掌握，一般是春茶稍厚，夏秋茶宜薄；嫩叶宜薄，老叶稍厚。

发酵时间的掌握，一般是温度高的发酵时间短，温度低的时间长；揉捻充分的发酵时间短，揉捻不足的发酵时间长；嫩叶时间短，老叶时间长。

发酵程度的掌握，一般从叶色的变化来鉴别，即由绿色转变为黄红色或红色；香气的变化则是青气消失，产生果香；还可从叶温的变化和开汤审评发酵叶来进行鉴别。为了准确地掌握发酵程度，应就上述各方面详细观察，予以鉴定。

干燥

干燥主要是利用高温迅速制止酶促氧化，停止发酵，把发酵适度的茶叶所形成的品质固定下来，进一步发展红茶所特有的香气。

干燥采用烘干机，分毛火、摊凉、足火三个步骤。毛火采用高温快烘，以减少不利于品质的变化；足火采用低温慢烘，促进香味的发展。烘干时间，一般毛火时间短，足火应适当延长。摊叶厚度，一般是毛火薄摊，足火厚摊；嫩叶薄摊，老叶厚摊；碎叶薄摊，条状粗叶厚摊。

　　干燥程度的掌握，毛火茶以手握茶略有刺手感觉，茶梗折而不断为适度；足火茶达到足干，茶梗一折即断，叶子手捻即成粉末为适度。为保持品质，必须提高毛茶干度，并严格控制毛茶水分含量在 6% 上下。还应改善包装、贮运条件，以严防茶叶受潮变质。

　　工夫红茶的精制，主要是通过筛分、切细、风选、拣剔、拼配、均堆、复火、装箱等作业。在整形过程中，红毛茶一般采用"四路"筛分的做法。通过筛分的作业机以及配置适当大小孔眼的筛网，把红毛茶分为本身、长身、圆身、轻身四种类型。再对这四种类型品质优次不同的茶叶分别进行加工，以达到分路取料的目的。本身茶是直接从毛茶筛分中筛下的茶叶；长身茶是提取过本身茶的毛茶头子，经过切断所筛出采的长形茶叶；圆身茶是经过两三次切后的粗大头子，再经反复切断筛分出的粗秃的茶叶；轻身茶是以上各种茶经风选机扇出的轻质茶。

　　通过筛分整形，划清品级规格，制成为各级工夫红茶。

（2）红细茶

　　目前世界各产茶国家，除我国还保持生产一定数量的工夫红茶外，基本上已都在制作红细茶。由于国外消费者饮用习惯的变化，要求食品饮料简单、速溶，便于冲泡，适合加奶、加糖饮用，而红细茶既能快速泡出汁液，又具有浓强鲜爽的滋味和红亮的汤色，正符合这种要求，因而成为当前国际市场销量最大、销路最广的世界性的商品茶。

我国红细茶的生产，以台湾省为最早。由于扩大出口的需要，1957年开始了在湖南用条形红毛茶进行轧制红细茶的试验，1964年又正式以鲜叶试制红细茶，1974年在确定了红细茶发展方针后，各省区经过努力，在产量、质量和工艺技术以及机具设备等方面，都取得了一定的成绩，并已建立起自己的红细茶的工艺和设备系统。

红细茶的初制与工夫红茶基本相同，但在各个工序的技术处理上有不同之处。

萎凋

萎凋方法与工夫红茶大体相同，但在萎凋程度的掌握上有所差别。根据我国各地的实践经验，以适度轻萎凋为好，这样能提高鲜强度。根据茶树品种和揉切机具的不同，萎凋程度也应有所不同。一般是大叶种萎凋轻些，小叶种以适度萎凋为好；采用转子机揉切法的，萎凋程度应掌握重些，用锤击机揉切法的，则萎凋程度要轻些。对不同制茶季节和鲜叶老嫩的萎凋程度的掌握是：春茶宜重，夏、秋茶宜轻；嫩叶宜重，老叶宜轻。萎凋时间不宜过短，萎凋温度不宜过高，高温快速的萎凋方法，不利于品质。

目前，我国红细茶采用L.T.P工艺技术的经验是：利用萎凋槽萎凋，适宜用薄摊自然萎凋和鼓冷风萎凋相结合的方式进行。萎凋叶含水分以70%±2%为宜，嫩度好的原料或阴雨天湿度大，可减至68%，反之可增至72%。萎凋时间（从鲜叶采摘离树起计算）控制在15小时左右（12—16小时，不超过20小时），但主要应以萎凋叶含水量的多少进行掌握。阴雨天湿度大，温度低，需加温萎凋时，风温不超过 30℃。

揉切

揉切是红细茶初制的重要工序。红细茶的外形，是颗粒紧结匀齐的碎茶，体型大小分明，内质具有强、浓、鲜、香的特点，所以，在揉切工序上高效、强烈、快速、细碎率高。使体型细小，是红细茶初制上的关键，这也是与工夫红茶初制有显著区别的一道工序。红细茶的揉切质量，取决于揉切机具。过去我国所用的盘式揉切机和转子机，主要缺点是搓揉力弱，揉切时间长，温度高，湿度低，氧气难以渗透，形成了长时间的闷揉切，使下一个工序的发酵条件趋于恶化。红细茶的揉切机具发展很快，后来采用新式 C.T.C 制法（Crushing 压碎，Tearing 撕裂，Curling 卷紧）和 L.T.P 制法（Lawrie Tea Processor 劳瑞茶叶加工机）。这两种揉切机具的优点是：高效、强烈、快速，叶组织揉切强度大，破碎充分，叶温低，通气性好。L.T.P 制法与 C.T.C 制法，都能强烈、快速、充分和均匀地破碎叶组织，使叶粒匀细，揉切全过程只需几分钟，时间短，效率高，有利于提高产量和质量。（见中国土畜产进口总公司 1982 年《红碎茶 L.T.P 工艺技术要点和机具配套的意见》）目前，我国已制成自己的锤切机，这就为发展优质红细茶的生产创造了条件。

发酵

要采用控温、控湿、控气（供给氧气，排走二氧化碳）和控时等设备，以满足茶叶发酵的生化要求，有利于形成更多的茶黄素，减少茶褐素，从而提高产品的鲜强浓度。萎凋叶经过揉切，多酚类和多酚氧化酶在氧气中接触，发酵即开始并猛烈吸氧，升温很快。应及时降温、增湿，使发酵叶处在适宜的温度环境中进行控制发酵。酶活性强的云南大叶种茶，发酵叶温控制在 20℃—22℃；酶活性弱的小叶种茶，叶温控制在 24℃—26℃。控制相对低温，使其缓慢发酵，有利于积累较多的茶黄素和茶红素。发酵时间的长短，应视发酵程度而定，以掌握适度偏轻为好，要防止发酵过度。

干燥

红细茶在干燥中，按理化变化的要求，干燥温度应掌握先高后低，先高温有利于迅速制止发酵，后低温能发挥茶叶香气。根据我国烘干机械的现状，目前在方法上有一次干燥的，也有二次干燥的。无论采用一次或二次干燥，都应在发酵达到要求时，采用高效率的干燥机，在高温充分排湿的情况下及时干燥，充分干燥，以保证质量。对烘干机，可在现有干燥机的基础上进行改装，烘箱部分采取分层进风结构，并与热输送带结合，改进红细茶的干燥质量。

红细茶的精制，也是通过筛、扇、切、飘、拣工序，分清粗细、轻重、整碎，并按体型大小定名，按内质定档，以同型归堆的原则，分为叶、碎、片、末四类规格。

为保持红细茶优良的新鲜品质，必须改革红细茶初精制分段加工的做法，要求一次完成初精制全部作业。我国现行的红细茶标准样的花色等级与国际通行的标准差别较大，要精简修改，还要着重提高内质。

　　红细茶水分含量的高低，对茶叶品质关系很大，要严格控制在 3%—5%。

　　我国红细茶的制茶工艺，正向高效、快速，温度、湿度可控的方向发展。通过加工机械和工艺改革的试验，各地红细茶在提高质量和降低成本方面，都取得了明显的经济成果。

五、茶叶品质审评

　　《六之饮》把"别"列为"九难"之一，并说"嚼味嗅香，非别也"。"别"，即鉴别。怎样鉴别，《三之造》回答了这一问题，但没有完整地回答这一问题，因为陆羽在这一章中虽然以大量文字阐述了"别"的方法，最后却说"茶之否臧，存于口诀"。

　　《茶经》作者所说的是唐代饼茶的鉴别方法，这个鉴别方法，亦即现在所说的品质审评法。要鉴别饼茶，首先要弄清饼茶是怎样的茶叶，饮茶者的要求是什么，否则就会造成脱离历史条件的错误。根据《茶经》各章的相关叙述，饼茶的品质规格和要求大致如下：

鲜叶原料	长四五寸的新梢（唐代的寸比现在的寸为短）
饼茶外形	圆形的或方形的或花形的饼状压制茶
制造方法	蒸汽杀青、热捣、人力模压、烘焙干燥
品质要求	"珍鲜馥烈"，即香味鲜爽而浓强；"啜苦咽甘"，即进口苦，回味甜；茶汤有雪白而浓厚的沫饽（泡沫）
饮用方法	碾碎，在沸水中煮沸，加盐

《茶经》所说的饼茶审评方法，是现在所说的干看，即以视觉鉴别外形。饼茶属于不分里、面的压制茶，应以外形评比其匀整、松紧、嫩度、色泽和净度。匀整看形态是否完整、模纹是否清晰、表面是否起壳脱落，松紧看厚薄大小是否一致，嫩度看梗叶老嫩程度，色泽看颜色是否鲜明油润，净度看筋梗、片、末含量以及有无杂物。

陆羽评饼茶外形，只评比其匀整和色泽，且匀整只看表面的纹理，即纹理的粗细、深浅、形态以及有否起壳等情况。《茶经》把饼茶分为八等，主要是按外形的匀整情况鉴别的。各等饼茶的表面状态如下：

胡靴	饼面有皱缩的（细）褶纹
犎牛臆	饼面有整齐的（粗）褶纹
浮云出山	饼面有卷曲的皱纹
轻飙拂水	饼面呈微波形
澄泥	饼面平滑
雨沟	饼面光滑有沟痕

以上六种，都是肥、嫩、色润的优质茶。

竹箨	饼面呈笋壳状，起壳或脱落（如筛子），含老梗
霜荷	饼面呈凋萎的荷叶状，色泽枯干

以上两种，都是瘦而老的茶。

从上述分等的情况看，主要是审评饼面的形态和色泽两项，从而鉴别其原料的嫩度、扣压的压力、捣烂的程度和叶汁的流失情况等，也就是通过外形来观察制造技术与内质的相互联系。这八个等级说明对饼茶品质的要求是以嫩为好，以老为差；以叶汁流失少的为好，流失多的为差；以蒸压适度为好，蒸压过度或不足为差。对饼面不要求平正光滑，而要求有一定的皱纹，纹理要细而浅，粗而深的则较差。饼面起壳或脱落，色枯而有老梗的茶是最差的。

但影响饼茶外形的原因很多，《茶经》作者认为不能抓住一点就评定其优劣，他有一段话说得很有道理，这段话把评茶技术分为三等：

把饼面光黑、平正的评为好的饼茶	最差的评茶技术
把饼面色黄、有皱纹、高低不平的评为好的饼茶	较次的评茶技术
能全面指出上述两种情况的优点和缺点，评出好和不好的饼茶	最好的评茶技术

这种说法看来不易理解，但经陆羽一分析，道理就清楚了。为什么这样说？因为：

（1）光是出膏的表现，饼茶的外形光滑，这是好的，但茶汁被压出了，滋味也淡了，这是不好的。

（2）皱是含膏的表现，外形溶皱，看起来不好，但茶汁流失少，茶味浓了，这是好的。

（3）黑色是隔夜制作的表现，黄色是当日制作的表现，当天制作比隔夜制作好，黄色比黑色的好。但黑色的汁多，黄色的汁少，黄色比黑色的差。

（4）饼面平正是蒸压得紧实的表现，饼面凹凸是蒸压得粗松的表现。饼面平正的比凹凸的好看，但蒸压得实，茶汁流失多，凹凸不平的，反比平正的好。

总的说明，外形与内质是不一致的。饼面光黑平正的饼茶，外形很好，但因蒸压过度，隔夜制造，内质很差。重外形而轻内质,这种评茶技术最差。饼面色黄凹凸不平的,外形不好,但蒸压适度,当天制造,内质很好。偏重内质,不顾外形,这种评茶技术也不好。评茶应重内质,兼顾外形,要外形内质兼评,这才是最好的评茶技术。不能只看到外形、内质上的一两个因子,就轻下评语。

怎样审评饼茶的内质,《茶经》没有明说,只说"茶之否臧,存于口诀"。在这一点上,陆羽虽说得不够,但从唐宋以来的茶书来看,对评茶技术也讲得不多,或讲得很玄,还不如《茶经》说得那样具体。

宋代制茶方法已有改变,对茶叶品质的要求也不相同,兹将蔡襄《茶录》和赵佶《大观茶论》中关于评茶的内容摘录如下:

书名 内容	《茶录》	《大观茶论》
色	茶色贵白,以青白胜黄白	以纯白为上,真青白为次,灰白次之,黄白又次之
香	茶有真香	茶有真香
味	茶味主于甘滑	茶以味为上,香甘重滑,为味之全

以上所说的是指当时的贡茶(即北苑所贡饼茶)。关于茶的色泽,最好的是纯白色,因采摘嫩度较高,茸毫较多,白正是嫩的标志。因"饼茶多以珍膏油其面,故有青、黄、紫、黑之异",并因"黄白者受水昏重,青白者受水详明",所以"青白胜黄白"。(均见《茶录》)《大观茶论》则认为:"天时得于上,人力尽于下,茶必纯白。天时暴暄,芽萌狂长,采造留

积，虽白而黄矣。青白者蒸压微生，灰白者蒸压过熟，压膏不尽，则色青暗，焙火太烈，则色昏赤。"两者比较，《大观茶论》就讲得比较清楚合理。

关于茶的香气，两书都说是"茶有真香"。

至于茶味，两书都认为味要甘滑，但《茶录》认为"色味皆重"的并不好，《大观茶论》则认为"味醇而乏风骨"的（醇而味薄），"初甘重而终微涩"的（进口甜，后味涩），"初虽留舌而饮彻反甘"的（进口苦，后味甜），茶味都不好，因而主张"香甘重滑，为味之全"，"真香灵味，自然不同"。

自宋以后，茶叶的感官审评技术并无多大进展，直到18世纪，茶叶成为国际性的商品以后，为了便于进行交易，逐步采用了各种定型的审评用具，并有表达一定品质特点或优缺点的审评术语。感官审评法之所以能长期沿用不废，固然由于科学技术的限制，但感官审评确实具有不少优点，则是一个重要原因。茶叶是供人类饮用的，品质的最后鉴定是消费者，消费者对茶叶品质是通过嗅觉、味觉、视觉、触觉来鉴别的。

不论用何种手段来鉴别品质，必须适应消费者的需要，茶叶的色、香、味等由数以百计的化学成分所组成，即使在今天已可以应用科学仪器来测定茶叶的各种成分，但茶叶品质的优次，并不和它的化学成分含量的多少简单地呈正相关或负相关，因此，必须通过大量的实践，探索出一个合理而适用并为广大消费者所接受的方法来。感官审评具有简单、快速、合用的优点，也有着不能提供具体数据的缺点。感官审评在进行茶叶交易中，虽然是一种比较适用的方法，但对指导生产、解决贸易中品质纠纷，则缺乏有力而可靠的依据。近年来，茶叶科学工作者对茶叶品质鉴定技术进行了大量的研究，已获得了一定的成果。主要有：

在物理检定方面，容重或比容的方法已被采用，这种方法特别适用于袋泡红细茶，它根据干茶的外部形态与茶叶品质的相关性，对一定容量内茶叶的重量或一定重量的茶叶所占容积的大小加以测定，计算容重或比容。还有根据茶汤沉淀物质总量与茶叶老嫩的相关性，用比沉方法测定嫩度的；又有以茶汤消光度来测定茶汤色泽的；还有以茶汤的导电度来测定茶汤浓度的。这些物理检定方法，一般只能用于单项品质因子的测定。

在化学检定方面，现已趋向于仪器检定，即应用各种科学仪器，如紫外线分光光度计、气（液）相色谱仪、质谱仪等，以测定茶汤中有效物质的含量和芳香物质的香型，并通过电子计算机按预定的各种程序进行统计分析。仪器检定方法现已应用于红细茶的茶黄素、茶红素及其比值的测定，根据汤味鲜度、浓强度与这些物质的相关性，计算出茶汤品质的总分来。仪器检定方法还应用于红茶香气的测定和绿茶中水浸出物、儿茶素、氨基酸、咖啡碱的测定，用以鉴定茶香的等级和绿茶的滋味。但仪器检定基本上尚在科学实验阶段，由于茶叶的成分很多，各种成分与滋味的关系极为复杂，只有经过大量的实验才能得出合理的计算方法。不过，用仪器检定代替感官审评已是茶叶品质鉴定的方向，这是毫无疑问的。

第四章 | 煮茶的器皿
——《茶经·四之器》述评

  《四之器》的写作方法，同《二之具》一样，开列了一张饮茶用具的清单，并在每一件用具之下，写明了制作原料、制作方法、规格及其用途。在这一张"清单"中，不仅可以看到一只较大的都篮和其中所放置的全部用具，还可以看到唐代饮茶的习俗，特别是《茶经》作者陆羽所提倡的一整套饮茶方法。弄清这一章的内容，对进一步研究下面的《五之煮》和《六之饮》是很有帮助的，而且是必要的。

  《四之器》中所详列的 28 种煮茶和饮茶用具，可以分为 8 类：

  （1）生火用具：包括风炉、灰承、筥、炭树和火筴等 5 种。

  （2）煮茶用具：包括镀、交床和竹夹等 3 种。

  （3）烤茶、碾茶和量茶用具：包括夹、纸囊、碾、拂末、罗合（由罗和合组成）和则等 6 种。

  （4）盛水、滤水和取水用具：包括水方、漉水囊（包括绿油囊）、瓢和熟盂等 4 种。

  （5）盛盐、取盐用具：包括鹾簋和揭两种。

  （6）饮茶用具：包括碗和札两种。

（7）盛器和摆设用具：包括畚、具列和都篮等3种。

（8）清洁用具：包括涤方、滓方和巾等3种。

这些用具，看来似属平常，但从这里却可看出陆羽对饮茶的实用性和艺术性是并重的。他对饮茶器皿，一方面力求有益于茶的汤质，一方面力求古雅和美观，所有这些器皿，都是围绕这两个目标而精心设计的。诸如他不主张用银、瓷、石作为制作镀的原材料，而主张用铁；他一再强调饮茶瓷碗的色泽，并把风炉设计得古色古香，都是对这两方面并重的表现。

一、"伊公羹"和"陆氏茶"

煮茶烧水，首先要用炉。《茶经》把风炉、灰承放在第一条，并接着将有关燃烧的器具——盛炭用的筥、敲炭用的炭树和夹炭用的火筴列在一起。这里没有提到炭，因为它不属于器皿，而是燃料，即所谓"火"，所以放在以后的《五之煮》里。

陆羽所说的风炉，造型特殊，基本上和古代的鼎的形状相似，有三足两耳，用铜、铁铸造，但远较古鼎轻巧，可以放在桌上。炉内有六分厚的泥壁，用以提高炉温。炉中安装炉床，置放炭火。炉身开窗洞通风，上有三个支架（格），放煮茶的镀，下有铁盘盛灰（灰承），设想得十分周到。

风炉设计的另一特点是它的艺术性。炉脚上铸着二十一个古文字，即"坎上巽下离于中""体均五行去百疾"和"圣唐灭胡明年铸"。鼎是《周易》中六十四卦之一，巽下离上。据《周易·鼎》说："象曰：木上有火，鼎。"又《杂卦》说："鼎，取新也。"因为鼎是烹调饮食品的热源，所以有取新之意，所谓"鼎革"，也就是"革故鼎新"。按照卦的含义，巽主风，离主火，"巽下，离上"就是风在下以兴火、火在上以烹饪的意思。炉上用"坎上巽下离于中"一句，因为按照卦的含义，坎主水，意思是煮茶

风　炉

的水放在上面，风从下面吹入，火在中间燃烧。这句是说煮茶水的基本原理。此外还在支架镀的三个"格"上，也分别铸上"巽""离""坎"的卦的符号和象征风兽的"彪"、象征火禽的"翟"和象征水虫的"鱼"，这些都是根据《周易》的卦义设计的。

在另一只炉脚上所铸的"体均五行去百疾"七字，意思是五脏调和，百病不生。古代中医学根据木、火、土、金、水五行的属性，联系人体的脏腑器官，并通过五脏为中心，运用生克乘侮的理论，来说明脏腑之间的生理现象和病理变化，从而指导临床治疗。这句是说茶的药理功能。

在第三只炉脚上所铸的"圣唐灭胡明年铸"七字，具体说明了铸造风炉的时间。一般认为"圣唐灭胡"，指的是唐代宗在广德元年（763）讨灭"安史之乱"的最后一股势力史朝义的时候，因此这个风炉可能在这一年的第二年，即公元764年所铸造。

在炉壁的三个小洞口上方，分别铸刻了"伊公""羹陆"和"氏茶"各两个古文字，连起来读成"伊公羹""陆氏茶"。伊公就是商朝初年的伊尹，是史籍中所说的著名贤相，有"伊

尹……负鼎操俎调五味而立为相"（见《辞海》引《韩诗外传》）
的记载，这是用鼎作为烹饪器具的最早记录。古代的鼎是传国
重器，也用于祭祀，有的还在鼎上刻字歌功颂德，后来才用于
炼丹、焚香、煎药、煮茶。伊尹用鼎煮羹，陆羽则用鼎煮茶，
两人都属首创。在我国历史上，"伊尹相汤"和"周公辅成王"
都有很大功绩，后人往往祀之以圣贤之礼。陆羽著《茶经》以
后，"天下益知饮茶"，后人也有以"茶神"祀奉他的（一般多为
经营茶叶的商人）。如果这种风炉是陆羽以后的人设计铸造的，
那就不足为奇了，而这种风炉却出于陆羽之手，从这一点上，
也可以看出《茶经》的写作思想。以"伊公羹"和"陆氏茶"为
题，就是为了说明陆羽在《茶经》的写作中是怎样看待自己的。

对于陆羽所设计的鼎形风炉，唐代诗人皮日休和陆龟蒙曾
作有《茶鼎》诗，僧皎然、刘禹锡、李德裕等也有诗记述。但
鼎形风炉有否在民间广泛流行，则无史料可查。从《茶经》所
说的"或运泥为之"来看，民间也有采用的条件，当然，泥制
的风炉不可能达到《茶经》作者所设计的要求，更不能那么精
致古雅。

鼎形风炉的生命周期并不太短，至宋代改用"点茶"（即
用水冲泡）时，还有使用鼎形风炉的，如黄庭坚《以潞公所惠
拣芽送公择》诗中有"风炉小鼎不须催，鱼眼长随蟹眼来"之
句。也有用石制作的，如黄裳《茶苑》诗中说："旋烧石鼎供吟
啸，容照岩中日未西。"但在宋代时，已开始用石灶、竹炉，
如朱熹《茶灶》诗说"仙翁遗石灶，宛在水中央"（朱熹曾在福
建武夷山居住过，山中的九曲溪也有茶灶，传为朱熹所置）；
如罗大经《煎茶》诗，则说"松风桧雨到来初，急引铜瓶离竹

炉"。至元代，石灶之外，又有了竹灶，袁枢《武夷茶》诗"旋然石上灶，轻泛瓯中雪"，说的是石灶；又如蓝仁（号静之）《谢人惠白露茶》诗"竹灶烟轻香不变，石泉火活味逾新"，所说的是竹灶。

至明代，烹煮茶水的炉种类更多，既有竹炉，还有瓦炉（见罗廪《茶解》），又有地炉（见文徵明《试宜兴吴大本所寄茶》诗）。在徐熥的《试鼓山寺僧惠新茶》诗中则还说"火候已周开鼎器"，这说明在"煎茶只煎水"以后，鼎形风炉还流行了一段很长的时间。《茶经》对后世饮茶风习的影响是很大的。

二、从镜到瓶

煮水和茶的镜，形似一般的釜式大口锅，不同处在于方形的耳、宽阔的边和底部中心部分的所谓脐。这样的镜，也是陆羽所精心设计的，造型与风炉配合，混成一体。耳方便于移动，边阔便于摆稳，脐长则可使受热面扩大（脐是指锅底中心的突起部分，脐长是说自脐至锅身的距离要长，即锅底的弧度要大，就是说尖底锅不适宜于煮水）。

在《茶经》以前，镜字很少用。据《辞海》引《方言》第五说："釜，自关而西或谓之釜，或谓之镜"；又据同书引《汉书·匈奴传下》说："多赍鬴镜薪炭，重不可胜。"颜师古注说："鬴，古釜字也。镜，釜之大口者也。"《茶经》作者选用了这个镜字，又对镜的造型加以特殊的设计，可以想见他对煮茶器具的重视。镜的规格怎样，容量多少，《茶经》中没有说明，但从下列材料中可以得到一个大致的概念：

>碗："受半升已下"。
>
>畚："可贮碗十枚"。
>
>水方："受一斗"。
>
>竹夹："长一尺"。

这些材料提供了两个数据：深度在一尺以下（小于竹夹的长度），容量五升（0.5升×10）至一斗（水方的容量）。用竹夹搅茶汤，总要留出几寸，镀的深度最多不过六七寸；注入每碗的茶，实际只有五分之一升（"凡煮水一升，酌分五碗"，见《五之煮》），十人之饮，用水不过二升，镀的容量，不会有一斗之多，四五升甚至三四升已经足够了。所以，这种镀的体积很小，前述鼎形的风炉也很小。同时，二十多种器皿可以放在一只竹篮里携带，分量也不会太重。

镀是没有盖的，这可能是为便于以视觉来辨别水或茶汤的沸腾情况和孕育沫饽的形成，但这对清洁卫生、热能和茶汤香气都会产生不利的影响，这不能不说是一种设计上的缺陷。

到了宋代，烹煮茶水已很少用镀，宋初陶穀在《清异录》中说：

>当以银銚（diào，俗称吊子，即有柄有嘴的烹器。）煮之，佳甚，铜銚煮水，锡壶注茶次之。

蔡襄在《茶录》中，则称之为"瓶"，他说：

>瓶，要小者，易候汤，又点茶、注汤有准，黄金为上，人间以银、铁或瓷、石为之。

宋徽宗赵佶的《大观茶论》也说：

> 瓶宜金银，小大之制惟所裁给，注汤害利，独瓶之口
> 嘴而已。嘴之口，差大而宛直，则注汤力紧而不散。嘴之
> 末，欲圆小而峻削，则用汤有节，而不滴沥。盖汤力紧，
> 则发速有节，不滴沥则茶面不破。

说的都是用金属（黄金的，当然是宫庭中的用品）或瓷、石做
的瓶。

在南宋罗大经《煎茶》诗中，又有"瓦瓶旋汲三泉水，纱
帽笼头手自煎"之句。瓦瓶是一种陶土制品，则是平常人所能
用的器皿了。

"茶至明代，不复碾屑和香药制团饼，已远过古人。近百
年中，壶黜银、锡及闽豫瓷，而尚宜兴陶，此又远过前人处
也。"（见周高起《阳羡茗壶系》）又高濂在《遵生八笺》中说：
"茶铫、茶瓶，磁砂为上，铜锡次之，磁壶注茶，砂铫煮水为
上。"可见明代用陶瓷茶具煮水注茶，已很普遍。

清代的煮水用具，据陆廷灿《续茶经》引《随见录》说：
"洋铜茶吊，来自海外，红铜荡锡，薄而轻，精而雅，烹茶最
宜。"在清代初年，来自国外的铜吊竟已受到如此的推崇！

三、饼茶的特殊用器——碾

饼茶在煮饮前，有两道前处理过程，先是炙，后是末，把
饼茶变为末状。炙就是烤茶，末就是碾茶。烤茶的用具是夹

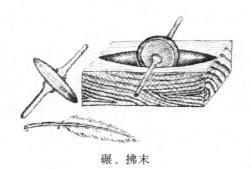

碾、拂末

和纸囊；碾茶的用具是碾（包括堕）和拂末，其中主要的用具
是碾。

碾茶的碾和堕，可以说是现在中药店所用的药碾的雏型，
原理完全一样，造型基本相同，仅所用的材料不同（药碾是金
属制的，而茶碾是木制品，规格也小一些）。宋代的蔡襄已认
为应该用银或铁来制造（见《茶录》），《大观茶论》则说得更为
具体：

> 碾以银为上，熟铁次之，生铁者非掏拣捶磨所成，间
> 有黑屑藏于隙穴，害茶之色尤甚。凡碾为制，槽欲深而峻，
> 轮欲锐而薄。槽深而峻，则底有准而茶常聚；轮锐而薄，
> 则运边中而槽不戛。

可见赵佶和蔡襄都是主张用银或熟铁制作茶碾的。在宋
代的诗文中，还提到用黄金和石料制的茶碾，范仲淹的《斗茶
歌》中就说"黄金碾畔绿云飞，碧玉瓯中翠涛起"，梅尧臣的
《寄凤茶》诗中则有"石碾破微绿，山泉贮寒洞"之句。这说明
人们从实践中已逐步认识到木类不适宜于制作茶碾了。

饼茶在碾以前要炙，在碾以后则要罗（筛），经过罗，方能使茶末不致过粗。罗下的末，落在合里，罗合就是一面筛子和一只底盘的组合，犹如现在的标准筛。筛框是竹制的，筛网用纱或绢，底盘则以竹节做成。这是一种很小的筛，口径仅四寸（口径是直径，不是周长）。现在还不清楚的是纱或绢的孔眼有多大。根据《六之饮》中的要求，"碧粉缥尘，非末也"，又如《五之煮》中所说"末之上者，其屑如细米"，末不是粉，所以，饼茶碾成的末，不像日本的粉茶，倒是像红细茶的末茶。纱、绢经纬间的孔眼是相当大的。宋代的蔡襄说："茶罗以绝细为佳，罗底用蜀东川鹅溪画绢之密者。"（见《茶录》）赵佶也说："罗欲细而面紧，则绢不泥而常透。"（见《大观茶论》）很明显，这里的细字，不是说孔眼细，而是说绢的质地细，即绢的经纬线要细。

　　茶末要通过绢的孔眼，不是一件容易的事，关键在于要把饼茶烤得适度，既不能烤焦，又要把水分大量去掉，烤后的饼茶要用纸囊包起，就是要避免其吸收空气中的水分。

　　则，是一种量具，本来与碾茶无关。《茶经》说"则"是放在"合"里的，这是为了便于取用。在陆羽时，主要用贝壳作"则"，或以铜、铁、竹制作。贝壳可能是最合适的东西，因为使用这种量具，并不要求十分精确。对一个有饮茶习惯的人来说，一升水要用多少茶，随手取来，大致十不离九，现在的评茶技师，都有这种经验。所以，对于《茶经》所说的"则"，不能以量具来看待。则，不过是一种取茶末的工具。陆羽用了

罗、合、则

"则"的名称，又加上"则者，量也，准也，度也"的说明，可见"则"并非当时所习用的名称。

四、煮茶器皿与茶汤品质的关系

煮茶用具与茶汤汤质有着密切的关系。先以漉水囊为例，这是在二十八种煮茶和饮茶的用具中，常被人们所忽视的用具。《茶经》作者很重视水质，而且善于辨别水质。在煮水以前，要用漉水囊过滤，这可能有多种原因，如所用的水不是就地取用的（在《九之略》中，有"若瞰泉临涧，则……漉水囊废"之句），盛水的水方是没有盖的，这样，水中就可能落入一些杂质，有必要在煮水前加以过滤。

漉水囊是唐时"禅家六物"之一。唐代僧人皎然《春夜赋得漉水囊歌送郑明府》一诗（见《昼上人集》卷七，四部丛刊本）中说：

> 吴缣楚练何白皙，居士持来遗禅客。
> 禅客能裁漉水囊，不用衣工秉刀尺。
> 先师遗我或无缺，一滤一翻心敢赊。
> 夕望东峰思漱盥，昽昽斜月悬灯纱。

这说明漉水囊早就是禅家滤水的用具了。贮放漉水囊的绿油囊也是禅家用品，皎然在《因游支硎寺奇邢端公》（见《昼上人集》卷二）诗中有"诗题白羽扇，酒挈绿油囊"之句。绿油囊是可以盛水不会漏水的袋子，是一种与饮茶卫生有关的用具。

陆羽与禅家往来很密，他深知漉水囊和绿油囊的用途，所以他用漉水囊来过滤煮茶的水，就不是偶然的事了。但漉水囊并没有受到后人的重视，因而在以后的茶书中，以及诗人的笔下，都没有出现过漉水囊这一种禅家所常用的滤水用具。

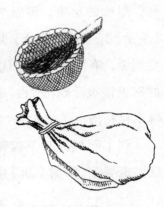

漉水囊、绿油囊

其次是茶具与茶汤的色泽有关。现代评茶，都要用白色的瓷杯瓷碗，但陆羽却要求用青色的瓷杯，说"青则益茶"。邢窑在唐时是很有名的，李肇《国史补》曾述及"邢白瓷瓯……天下无贵贱通用之"。陆羽则说越窑比邢窑好，《茶经》里作了这样的比较：

> 邢瓷类银，越瓷类玉；
>
> 邢瓷类雪，则越瓷类冰；
>
> 邢瓷白而茶色丹，越瓷青而茶色绿。

结论是，"以邢州处（在）越州（之）上，殊为不然"。凡是白色、黄色、褐色的瓷，会使茶汤分别呈现红色、紫色、黑色，所以"悉不宜茶"；而青色的瓷，可使茶汤呈现绿色，所以有益于茶。

当时，饼茶的汤色是淡红色的（"茶作白红之色"），《茶经》作者从艺术欣赏的角度出发，认为绿色胜于红色，因而选用青色的越瓷。由于陆羽的提倡，唐代诗人也纷纷作诗赞美越瓷。根据出土文物考证，唐时的碗（即盏）是一种敞口瘦底、碗身斜直的碗。到了宋代，饮茶多用茶盏，也是一种敞口小底、厚壁的小碗，但因"茶色白"，所以"宜黑盏"了（见蔡襄《茶录》），《大观茶论》也说"盏色贵青黑"。茶碗的色泽从青变到黑，有的认为与宋代的斗茶有关，但白色的茶汤盛在青色的碗里很难反映出"白"的特色来，需要有浓重色彩的青釉瓷碗来衬托汤色，这才是"盏色贵青黑"的根本原因。

到了明代，对茶碗瓷色的要求，又出现了一个很大的转变。据屠隆《考槃余事》中记载：

> 宣庙时有茶盏，料精式雅，质厚难冷，莹白如玉，可试茶色，最为要用。蔡君谟取建盏，其色绀黑，似不宜用。

许次纾《茶疏》记有："其在今日，纯白为佳。"张源《茶录》也记有"茶盏以雪白者为上，蓝白者不损茶色，次之"的话。其原因是："欲试茶色黄白，岂容青花乱之。"（见高濂《遵生八笺》）这种转变也是茶"色白"转变为茶"色黄白"的结果。因为明代普遍饮用与现在的炒青绿茶相似的芽茶，汤色"黄白"，已不同于宋代汤色发白的用饼茶碾成的茶末。

在明代中期以后，逐渐形成用瓷茶壶或紫砂壶冲泡茶叶的风尚。据冯可宾《岕茶笺》记载：

> 茶壶，窑器为上，锡次之。……茶壶以小为贵，每一客，壶一把，任其自斟自饮，方为得趣。何也？壶小则香不涣散，味不耽阁（耽阁，耽误的意思）。

饮茶由直接冲泡法转变为间接冲泡法（先在茶壶内冲泡，再将茶汤倒入茶杯），这不能不说是一种进步，因为后一种冲泡法有益于茶汤的香味。茶壶的色与茶汤的色没有对比的关系，是为了调和茶壶和茶杯的色泽，也为的是获得所谓"雅趣"。后来，茶杯的色也随着茶壶而改变，逐渐地形成了现在多种多样色彩的茶壶和茶杯。

如上所述，饮茶用具的设计与茶汤的色、香、味是有很大关系的。就全部茶器来说，主要还在于制成茶器的材料。茶器原材料的选择，除了要求坚而耐用、雅而不侈以外，还要求有益于茶汤色、香、味，至少要不损坏茶质。《茶经》对这一方面是非常重视的。夹用小青竹制，是"假其香洁以益茶味"；纸囊用剡藤纸，为了"不泄其香"；漉水囊的格用生铜制，因"无有苔秽腥涩意"。至于碾主要用橘木，镀用"急铁"，水方用稠木板或槐木板等，瓢用梨木，以及鹾簋、熟盂、碗等用瓷器，都是为了不损害茶质。虽然，现代的饮茶用具已不存在这一问题，但由于茶叶的吸附性较强，在制造过程中和包装材料上还应十分重视防潮和防污染的措施，这是不待言的。

附南宋审安老人《茶具图》12 幅：

韦鸿胪

木待制

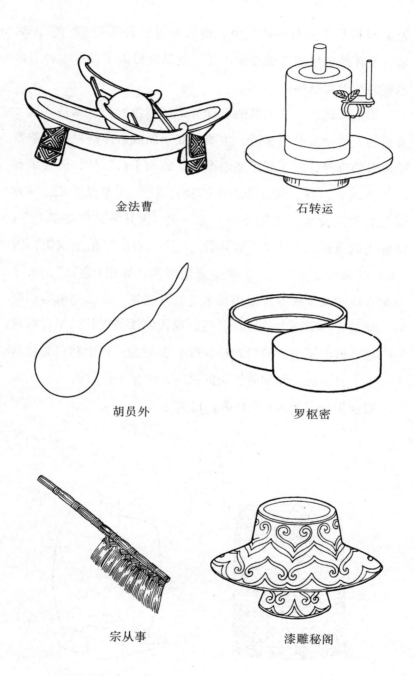

金法曹　　　　　　　　　石转运

胡员外　　　　　　　　　罗枢密

宗从事　　　　　　　　　漆雕秘阁

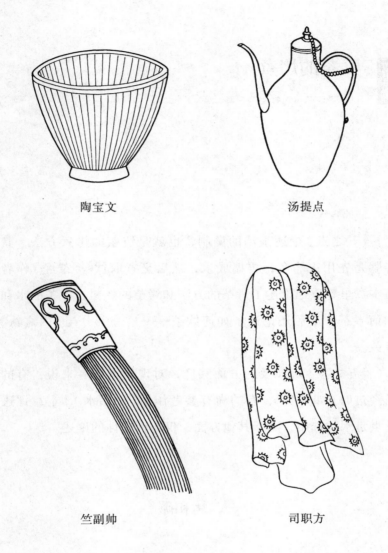

陶宝文　　　　　　　　　汤提点

竺副帅　　　　　　　　　司职方

第五章

茶的烤煮

——《茶经·五之煮》述评

《五之煮》论述茶汤的调制，也就是饼茶的烤煮方法，其步骤是先用火烤炙，再捣成末，然后烹煮取饮。《茶经》作者在本章里着重地论述了烤茶的方法和烤茶的燃料，煮茶的水和如何煮茶，最后还论述了如何饮茶——这一部分与《六之饮》有关。

《五之煮》所涉及的方面甚广，对现代饮茶者来说，有的已经过时（如烤炙），有的尚有参考作用（如用水），本章评述重点是水的选用，对于其他方面，仅作历史性的论述。

一、烤和碾

《茶经》写作时代的饼茶，按现在的茶叶分类，属于不发酵的蒸压茶类。这类茶叶经蒸压成型后加以人工干燥（烘干）或自然干燥（晒干），其成品含水量一般较叶、片、碎、末茶为高。在唐代的干燥技术与贮藏、包装条件下，饼茶的含水量都是很高的。因此，在饮用之前，如果没有一道烤茶的手续，就很难将饼茶碾碎成末，也很难保持茶的香味。《茶经》作者之所以十分重视烤茶，其原因也在这里。

陆羽对烤茶的技术，很有研究。在《五之煮》中，一开始就提出了火候（温度与时间）问题。烤茶的温度要高一些（"持以逼火"），但要经常翻动，使受热均匀（"屡其翻正"），否则就会"炎凉不均"；烤茶的时间，初烤以饼茶表面的变化（"状虾蟆背"）而定，复烤则应视饼茶的干燥方法（烘干或日晒）分别以气化（"以气熟止"）或柔软（"以柔止"）程度而定；在两次烤茶之间，有一定的冷却时间，并有检验的标准（"卷而舒"），这样才能避免"外熟内生"（见《六之饮》"茶有九难"之六），才能具有合乎理想的香气（"精华之气"）。

《茶经》还形象地说明了嫩梢（芽、笋）烤后变软的"道理"。可是这段话说得不很清楚。文中说的"牙笋存焉"的牙笋，如联系后文"其节若倪倪如婴儿之臂耳"的节和臂，则牙笋不应是嫩芽，而应是带梗的嫩梢，因为梗子是不易捣烂的。

关于"末"，《五之煮》中只简单地说了一句"候寒末之"，又加了"末之上者，其屑如细米；末之下者，其屑如菱角"这二句注解。从这个注解中可以了解到末的要求，这和《六之饮》中所说的"碧粉缥尘，非末也"的要求是一致的，即末要碾成颗粒状，不能碾成片状或粉状。

宋代蔡襄的《茶录》，有"碾茶"一节，说："碾茶先以净纸密裹，捶碎，然后熟碾，其大要，旋碾则色白，或经宿则色已昏矣。"大意是：碾末前要捶碎，然后趁热碾，立即碾，则茶色白，隔夜就色变灰暗。这是因为隔宿则含水量增加，茶叶陈化，茶色自然就发暗了。同时宋代的制茶工艺已经有所改变，唐代"捣"的工序已改为"榨、研",又"上模"和"烘焙"的工序也有了改进和提高,这在《三之造》之述评中已予述及。由于宋代在制茶过程中已把茶叶研熟研透,制成的饼茶就比较容易碾碎,饮用时也就没有必要再烤了。因此,《茶录》中所说的"炙茶",只限于隔年的陈茶,"当年新茶则不用此说"了。

自宋代以后,叶茶逐步代替了饼茶,在饮用前,就不需要加以火烤和碾碎,甚至对蒸压茶也不再补烤,但在一些气候潮湿的地区,或含水量较多的中、上级茶叶,也还有在饮用前将茶叶先用盆锅火烤的习惯。

二、火——燃料的选择

《茶经》对烤茶和煮茶的燃料说得很具体:最好用木炭,其次用硬柴。沾染了膻腻的和含有油脂较多的柴薪,以及朽坏的木料都不能用。还引用了"劳薪之味"的典故,这说的是晋代荀勖与皇帝一起吃饭,荀勖说这饭是用"劳薪"烧的,皇帝就问做饭的人,果然是用陈旧的车脚烧的。(见《晋书·荀勖传》)《六之饮》中也说"膏薪庖炭,非火也",且列为"茶有九难"之一。

《茶经》中对燃料的选择要求得如此严格,道理在于陆羽所要求的火,简括地说是"活火"。唐代李约对陆羽的活火非常赞赏,他说:

> 茶须缓火炙,活火煎。活火谓炭火之有焰者。当使汤

无妄沸，庶可养茶。始则鱼目散布，微微有声；中则四边泉涌，累累连珠；终则腾波鼓浪，水气全消，谓之老汤。三沸之法，非活火不能成也。（见唐代温庭筠《采茶录》）

继李约之后，还有宋代的苏轼在《试院煎茶》诗中说："君不见，昔时李生好客手自煎，贵从活火发新泉。"又在《汲江煎茶》诗中指出："活水还须活火烹。"可见活火、活水在唐宋间是很受重视的。

要把茶汤调煮得好，在于使用活火，而活火的关键又在于所用的燃料。唐代苏廙在所写的《十六汤品》中，认为茶汤（水）是最终表现茶品优劣的，如果名茶的汤（水）调制得不好，那就和一般普通的茶没有区别。还认为煮水的老嫩，点注（冲泡）的缓急，茶具和燃料的优劣，都可以对茶汤发生好或坏的影响。他归纳为十六个汤品，其中因使用燃料不同以致影响茶汤好坏的计有五品，即：

第十二，法律汤：凡木可以煮汤，不独炭也。惟沃茶之汤非炭不可。在茶家亦有法律，水忌停，薪忌薰。犯律逾法，汤乖，则茶殆矣。

第十三，一面汤：或柴中之麸火，或焚余之虚炭，木体虽尽，而性且浮。性浮，则汤有终嫩之嫌。炭则不然，实汤之友。

第十四，宵人汤：茶本灵草，触之则败。粪火虽热，恶性未尽，作汤泛茶，减耗香味。

第十五，贼汤，一名贱汤：竹篠树梢，风日干之，燃鼎附瓶，颇甚快意，然体性虚薄，无中和之气，为茶之残贼也。

第十六，魔汤：调茶在汤之淑慝，而汤最恶烟。燃柴一枝，浓烟蔽室，又安有汤耶；苟用此汤，又安有茶耶。所以为大魔。

这五条说的是煮茶的燃料，非炭不可，不能用"竹篠树梢"和烟柴，等等。

关于燃料的选用和茶汤的调煮，明代许次纾在《茶疏》中有进一步的发挥，他说：

火，必以坚木炭为上，然木性未尽，尚有余烟，烟气入汤，汤必无用。故先烧令红，去其烟焰。兼取性力猛炽，水乃易沸。既红之后，乃授水器，仍急扇之，愈速愈妙，毋令停手。停过之汤，宁弃而再烹。

又说：

沸速，则鲜嫩风逸；沸迟，则老熟昏钝，兼有汤气，慎之慎之。茶滋于水，水借乎器，汤成于火，四者相须，缺一则废。

在许次纾之前，田艺蘅在《煮泉小品》中说：

有水有茶，不可以无火。非无火也，失所宜也……余则以为山中不常得炭，且死火耳，不若枯松枝为妙。遇寒月多拾松实房，蓄为煮茶之具，更雅。人但知汤候，而不知火候。火然，则水干，是试火当先于试水也。

他认为松枝、松实不但可用，而且更好。明代屠本畯在《茗笺》中评论说："田子艺（即田艺蘅）以松实、松枝为雅者，乃一时兴到之言，不知大谬茶理。"

古人对煮茶或烧水的燃料虽然说得很多，但归纳起来不过两条：一条是燃烧性能要好，火力不可太低，也不可时强时弱；一条是燃料不能有异味，但燃料的气味（如松木香味）则因饮用者的爱好不同而有所选择。这两条，对现代的饮茶者还是有用的。

三、煮茶用水

茶叶是饮料，它的品质好坏，即溶解在茶汤中对人体有益物质的含量多少和茶汤的滋味、香气、色泽是否适合消费者的需要，必须通过用水冲泡或煮渍后来品尝、鉴定，因此，水之于茶，关系至为密切。明代许次纾在《茶疏》中说："精茗蕴香，借水而发，无水不可与论茶也。"水质能直接影响到茶质，如泡（煮）茶的水质不好，就不能正确反映出茶叶的色、香、味，尤其是对滋味的影响更大。明代张大复在《梅花草堂笔谈》中说："茶性必发于水，八分之茶，遇十分之水，茶亦十分矣；八分之水，试十分之茶，茶只八分耳。"这就可见煮茶是应当选择用水的。

据化学分析，水中通常都含有处于电离状态下的钙和镁的碳酸氢盐、硫酸盐和氯化物。工业上根据水中所含钙、镁离子的多少，把天然水分为硬水和软水两种，即把溶有比较多量的钙、镁离子的水叫作硬水，把只溶有少量或不溶有钙、镁离子的水叫作软水。如果水的硬性是由含有碳酸氢钙或碳酸氢镁引起的,这种水叫作暂时硬水。暂时硬水经过煮沸以后,所含的碳酸氢盐就分解生成不溶性的碳酸盐而大部分析出,也就是说,水的硬性就可以去掉,成为软水。如果水的硬性是由含有钙和镁的硫酸盐或氯化物引起的,这种水的硬性就不能用加热的方法去掉,这种水叫作永久硬水。在日常生活里需要使用硬性不大的水,特别是饮茶用水,应以软水为好。软水泡茶,茶汤明亮,香味鲜爽;用硬水泡茶则相反,会使茶汤发暗,滋味发涩。如果水质含有较大的碱性或是含有铁质的水,就会促使茶叶中多酚类化合物的氧化缩合,导致茶汤变黑,滋味苦涩,而失去饮用价值。

《茶经》作者是深知水的重要性的。在《六羡歌》中,从他对故乡的西江水的眷恋中,也可看出他对煮茶用水的重视:"不羡黄金罍,不羡白玉杯,不羡朝入省,不羡暮入台,千羡万羡西江水,曾向竟陵城下来。"因此,他把煮茶用的水,视为"茶有九难"之一,并在《五之煮》中,作出了概括的结论——"其水,用山水上,江水中,井水下",指出了选用山水、江水、井水的方法。

我国古代研究水的专著很多,唐代有张又新的《煎茶水记》,宋代有欧阳修的《大明水记》和叶清臣的《述煮茶小品》,明代有徐献忠的《水品》和田艺蘅的《煮泉小品》,清代有汤蠹仙的《泉谱》等书。另外,还有在茶书中论茶兼论水的。在上述的专著和论述里,除了记载有关品第各地名泉的水味等内容外,其论点大致有:一是说水要甘、洁。如:"水泉不甘,能损茶味。"(见宋代蔡襄《茶录》)"水以清轻甘洁为美。"(见宋代赵佶《大观茶论》）"烹茶须甘泉，次梅水。"（见明代罗廪《茶解》）二是说水要活要清。如："水不问江井，要之贵活。"（见宋代唐庚《斗茶记》）"山顶泉清而轻，山下泉清而重，石中泉清而甘，砂中泉清而冽，土中泉淡而白。流于黄石为佳，泻出青石无用。流动者愈于安静，负阴者胜于向阳。真源无味，真水无香。"（见明代张源《茶录》）三是说水要注意贮存方法。如："养水，须置石子于瓮。"（见明代熊明遇《罗岕茶记》）"甘泉旋汲，用之则良，丙舍在城，夫岂易得，理宜多汲，贮大瓮中，但忌新器……水性忌木，松杉为甚，木桶贮水，其害滋甚，洁瓶为佳耳。"（见明代许次纾《茶疏》）"大瓮满贮，投伏龙肝一块，即灶中心干土也，乘热投之。贮水瓮须置于阴庭，覆以纱帛，使昼挹天光，夜承星露，则英华不散，灵气常存。假令压以木石，封以纸箬，暴于日中，则内闭其气，外耗其精，水神敝矣，水味败矣"。（见明代罗廪《茶解》）"家居，苦泉水难得，自以意取寻常水，煮滚入大磁缸，置庭中，避日色。俟夜，天色皎洁，开缸受露，凡三夕。其清澈底，积垢二三寸，亟取出以坛盛之，烹茶，与惠泉无异。"（见清代陆廷灿《续茶经·五之煮》引）这些说法大体上与《茶经》一致，但有的谈到了水的贮存方法，则是前进了一步。

归纳前人辨水的经验，大体可分为三类；第一，以陆羽为代表的以水源分别优次，即"山水上，江水中，井水下"。第二，以味觉、视觉鉴别，认为味甘、色清（包括洁）的水好，反之则差。主张以上两类的人较多。第三，以清乾隆帝为代表的以水的轻重来鉴别，认为轻的比重的为好。据说，他曾下令特制了一种小银斗，秤量过一些名泉水的重量，结果是：北京玉泉重一两，塞上伊逊泉一两，济南珍珠泉一两零二厘，扬子金山泉一两零三厘，惠山泉一两零四厘，平山泉一两零六厘，清凉山、白沙、虎丘、碧云寺的泉水各重一两一分，所以把北京的玉泉评为第一。这三类辨水经验都有一定的科学道理，但也都有其片面性。

水是一种很好的溶剂，天然水（地表水和地下水）跟土壤或矿物相接触，水中就溶解了许多可溶性的杂质，有时还悬浮有固体的杂质，如污泥、砂粒、动植物的残渣以及某些病原菌等，所以天然水中的江水、河水、井水和泉水等淡水，实际上都是好多种物质的溶液，因此，天然水一般都是不纯净的。

泉水

在天然水中，泉水一般比较洁净清爽，悬浮杂质少，水的透明度高，污染少，水质比较稳定。但是在地层（岩石、溶洞）的渗透过程中溶入了较多的矿物质，由于水源和流经途径及其溶解物质等等的不同，它的含盐量和硬度等就有很大的差异，因此，不是所有的"山水"都是上等的。有的泉水甚至不能饮用（如硫磺矿泉水等）。

《茶经》作者指出："其山水，拣乳泉、石池漫流者上。"这就是说，从岩洞上石钟乳滴下的、在石池里经过砂石过滤的而且是漾溢漫流出来的泉水为最好。

石钟乳是石灰岩的沉淀产物。石灰岩的主要成分是碳酸钙，它很容易被含有二氧化碳的水所溶解，生成碳酸氢钙被水带走。石灰岩表面有许多微小的裂缝，无孔不入的水从岩洞洞顶的裂缝渗下来，一渗出裂缝，由于温度和压力的变化，水中含有的二氧化碳很容易散逸，就使碳酸钙沉淀出来，附着在洞顶上，天长日久，越积越多，因而形成像冰锥一样的石钟乳。乳泉是含有二氧化碳的泉水，喝起来有清新爽口的感觉，所以最适宜煮茶。不少游记或地方志中所介绍的特优的泉水，大都是含有二氧化碳的泉水。

泉水也含有各种杂质。流进石池里的泉水，在沉淀与澄清过程中，水中悬浮物借助于自重而下沉。沉降速度除了与颗粒比重、大小有关外，还与水的流速有关。如果水流速度大，池中悬浮物在水流的挟带下就很快被冲走，使池水得不到沉淀与澄清。"漫流"是水在石池中缓慢流动，由于"漫流"的水流稳定，既保证泉水在石池里有足够的停留时间，又不会破坏水中悬浮状的颗粒以垂直沉淀速度下沉，因而池水得到了澄清。所以，"漫流者上"是符合科学道理的。

但"山水……其瀑涌湍漱，勿食之，久食令人有颈疾"和"飞湍壅潦，非水也"（见《六之饮》）的说法是令人费解的（壅潦是死水，不在此内）。瀑布的水源多为地下潜流，与泉水相同，久食之后为什么会引起颈疾，这只能理解是个别现象。颈疾一般是指粗脖子（即甲状腺肿），这是人体内缺少碘质所引起的疾病，与瀑涌湍漱、飞湍并没有直接关系。

江水

江水是地面水，江水溶解的矿物质不多，硬度也较小。但由于流动和冲洗的结果，往往含有较多的泥砂悬浮物和动植物腐败后生成的有机物等不溶性杂质，因而水的浑浊度较大，而且水质受季节变化和环境污染的影响也大，所以江水一般不是理想的泡茶用水。但《茶经》所说的"其江水，取去人远者"，也就是在污染少、远离人烟的地方去汲取江水，用这样的江水来泡茶还是适宜的。

井水

井水是地下水，悬浮物含量低，水的透明度高，由于在地层的渗透过程中溶入了较多的矿物质的盐类，因而含盐量和硬度都比较大。地下水水质一般是比较稳定的，受季节变化的影响小，但井水是浅层地下水，水源易发生污染，水质自易受到影响，所以，井水次于江水。"井，取汲多者"，"汲多则水活"，在水源清洁、经常使用的活水井中去汲水泡茶，还是差强人意的。

在自然水中，除了地表水（江河、湖泊、冰川和海洋）和地下水外，还有逸入空中，即进入大气圈的大气水，如雨、雪、雾、露等等。雨水和雪是比较纯洁的，虽然而水在降落过程中会溶入氮、氧、二氧化碳和尘埃、细菌等，但其含盐量很小，一般不超过50毫克／升，硬度也比较小，一般在0.1毫克当量／升左右。

雨水和雪水，被古人誉为"天泉"，很久以来就被用来煮茶，特别是雪水，过去更受到饮茶爱好者的重视。如白居易《晚起》诗中的"融雪煎香茗"，辛弃疾《六幺令》词中的"细写茶经煮香雪"，就都说用的是雪。曹雪芹《红楼梦》所说的妙玉对用雨水和雪水泡茶的评价，给人们留下更为深刻的印象。《红楼梦》"贾宝玉品茶栊翠庵"一回中说：当妙玉约宝钗、黛玉去吃"体己茶"时，黛玉问妙玉："这也是旧年的雨水？"妙玉回答："这是……收的梅花上的雪……隔年蠲的雨水，那有这样清淳？"雪水之所以被视为良好的煮茶用水，除了比较洁净外，还在于实践所表明的：用雪水来喂养家禽牲畜和灌溉田地，能够获得显著的增产。这是因为雪水里重水含量要比普通水里少得多的缘故，而重水对所有生物的生长过程都有抑制作用。

《茶经》作者以水源分别优次，把山水、江水、井水分别列为上、中、下，以及后来用味觉、视觉来鉴别水的味、色，对后人的饮茶用水的影响是深远的。但从现代科学角度来看，要评价和衡量水的好坏，必须采用一系列的水质指标。水质指标既要反映水质的特点，还要反映某一种成分的含量。

用感官来鉴别水质，在尚未应用科学仪器加以分析的年代，是人们经常采用的简便方法。由于水中所含杂质有悬浮物质和胶体物质，它以 10^{-4} 毫米左右的颗粒悬浮于水中，因而构成了自然水的浑浊度和色度。古人所要求的清和洁，就是用视觉来鉴别水的浑浊度和色度；其次，是用嗅觉、味觉来鉴别水的气味。现代饮用水则既规定要无色、透明、无沉淀，不得含有肉眼可见到的水生生物及令人厌恶的有害物质，并规定浑浊度的高限，同时还规定水质在原水或煮沸后应用时，都须保证无异嗅和异味。但真正无味的水（如蒸馏水）却不是最好的泡茶或煮茶用水。上海有几位评茶专家曾以杭州虎跑泉水（隔日的）、上海的深井水、自来水和蒸馏水四种煮沸后试评水质，结果是虎跑泉水最好，深井水第二，蒸馏水第三，自来水最差。用这四种水冲泡茶叶后试评，结果与上述次序一样。杭州有几位评茶专家用虎跑泉水、雨水、西湖水、自来水、井水冲泡多种茶叶，茶汤的色、香、味均以虎跑泉水最好，雨水第二，西湖水第三，井水最差。自来水有氯的气味，影响了香气和滋味，因缺可比性，未列入等级。

在以上两次感官评水中，对井水，一次评的结果是最差，另一次评则为第二，这是水中所含物质不同及其溶解度也不相同的缘故。但怎样不同呢？感官审评是无法作确切回答的。水中溶解的物质主要是气体和矿物质的盐类，它们都以分子或离子状态存在于水中。天然水中溶解的盐类主要是钠、钾、钙、镁的重碳酸盐、氯化物和硫酸盐。这些成分的含量，必须通过化学分析方法进行检测，才能确认。

根据水的轻重来鉴别水质，也有其片面性。水重是水中所含的矿物质多，矿物质含量多的水，当然不是好的饮水。但用这种方法去鉴别水质是有条件的，就是水溶物必须相同，因为水溶性的物质很多，有的有益于水质，有的则有损于水质，浅井水和泉水的单位容积的重量可能相同，但因水溶物及溶解度的不同而大有区别。

因此，上述的三类辨水经验，都不能说明水质优劣的原因。只有通过测定饮用水的物理性质和化学成分，才能鉴定水质。

鉴定水质常用的主要的水质指标包括：

（1）悬浮物，是指经过滤后分离出来的不溶于水的固体混合物的含量。

（2）溶解固形物，是水中溶解的全部盐类的总含量。

（3）硬度，通常看成是天然水中最常见的金属离子钙、镁离子的总含量。

（4）碱度，指水中含有能接受氢离子的物质的量。

（5）pH，是表示溶液酸碱性的一种方法。

由于水的用途不同，对水质的要求也不同，饮茶用水应以悬浮物含量低，不含有肉眼所能见到的悬浮微粒，总硬度不超过 5 度，pH 小于 5 以及非盐碱地区的地表水为好。目前，城镇已普遍饮用自来水，它经过消毒与过滤，用于冲泡茶叶是好的。至于好的泉水，像杭州的虎跑泉水、福州的鼓山喝水岩泉水，用来泡茶，如果泡的是名茶，确是真香真味，更耐人品啜，这对住在大城市的饮茶爱好者来说，无疑是令人神往的。

《茶经》说：水初沸时，按水的多少放入适量的盐调味。至于加盐有什么好处，陆羽则并未加以说明。现在的少数地区，也还有在茶汤中加入少许盐的习惯。但实验证明，在茶汤中加入氯化钠 16 毫克 / 千克，就会使茶味淡薄，也有损于茶的香味。同时，在唐代就已有人提出"盐损添常诫"（盐有损茶味，不宜加得多）的意见。（见薛能《蜀州郑使君寄鸟嘴茶因以赠答八韵》）因此，《茶经》所说的"调之以盐味"，可能与水质有关，也可能是陆羽的饮用习惯。

陆羽对水质有丰富的鉴别经验，他死后不久，在张又新的《煎茶水记》中，记有这样一个被广为传诵的故事：

代宗朝（762—779），李季卿刺湖州（即任湖州刺史），至维扬，逢陆处士鸿渐。李素熟陆名，有倾盖之欢，因之赴郡。抵扬子驿，将食，李曰：陆君善于茶，盖天下闻名矣！况扬子南零水又殊绝，今者二妙千载一遇，何旷之乎？命军士谨信者，挈瓶操舟，深诣南零。陆利器（准备好煮茶器具的意思）以俟之。俄水至，陆以杓扬其水，曰：江则江矣，非南零者，似临岸之水。使曰：某櫂舟深入，见者累百，敢虚绐乎？陆不言。既而倾诸盆，至半，陆遽止之，又以杓扬之，曰：自此南零者矣。使蹶然大骇伏罪，曰：某自南零赍至岸，舟荡，覆半，惧其鲜，挹岸水增之，处士之鉴，神鉴也！其敢隐焉。

这段故事把陆羽鉴别水质的本领夸大了，但由此却引起了我国历史上第一次关于水质鉴别的学术争论。

《煎茶水记》说陆羽曾把天下水味品第为二十等：

庐山康王谷水帘水第一；无锡县惠山寺石泉水第二；蕲州兰溪石下水第三；峡州扇子山下有石突然，泄水独清冷，状如龟形，俗云虾蟆口水，第四；苏州虎丘寺石泉水第五；庐山招贤寺下方桥潭水第六；扬子江南零水第七；洪州西山西东瀑布泉第八；唐州柏岩县淮水源第九；庐州龙池山岭水第十；丹阳县观音寺水第十一；扬州大明寺水第十二；汉江金州上游中零水第十三；归州玉虚洞下香溪水第十四；商州武关西洛水第十五；吴淞江水第十六；天台山西南峰千丈瀑布水第十七；柳州圆泉水第十八；桐庐严陵滩水第十九；雪水第二十。

这段记载与《茶经》中论水的几句话是有矛盾的。因此，宋代欧阳修在《大明水记》中说：

如虾蟆口水（即第四等水）、西山瀑布（即第八等水）、天台山千丈瀑布（即第十七等水），皆羽戒人勿食，食而生

颈疾。其余江水居山水上（扬子江南零水居第七），井水居
江水上（观音寺水、大明寺水分另居第十一、十二），皆与
《茶经》相反，疑羽不当二说以自异……得非又新妄附益之
耶……水味有美恶而已，欲举天下之水一一而次第之者，
妄说也。

欧阳修在品尝了浮槎山水（浮槎山在宋代的庐州境内，庐州
相当今安徽合肥及六安、霍山、庐江、巢县等地）之后，又说：

> 余尝读《茶经》，爱陆羽善言水……及得浮槎山水，然
> 后益知羽为知水者。浮槎山与龙池山皆在庐州界中，较其
> 水味不及浮槎远甚，而又新所记以龙池为第十。浮槎之水，
> 弃而不录，以此知其所失多矣。羽则不然，其说曰：山水
> 上，江次之，井为下；山水，乳泉、石池漫流者上。其言
> 虽简，而于论水尽矣。

明代徐献忠的《水品》认为陆羽能辨别南零水质，并非张
又新妄述。书中说：

> 陆处士能辨近岸水非南零，非无旨也。南零洄洑渊渟，
> 清澈重厚，临岸故常流水耳，且混浊迥异，尝以二器贮之
> 自见。昔人且能辨建业城下水，况零、岸固清浊易辨，此
> 非诞也。欧阳修《大明水记》直病之，不甚详悟尔。

清代《泉谱》作者汤蠹仙在《自序》中也评论欧阳修《大明水
记》中的说法：

> 此言似近，然予以为既有美恶，即有次第。求天下之

水，则不能；食而能辨之，因而次第之，亦未为不可。不见今之嗜茶者，食天泉，或一二年，或四三年，或荷露、梅露、雪水，皆能辨之，其理可类推也。凡嗜好，思不专不精，专精未有不能辨者也。欧阳子或不嗜茶，而但以常理度之，则过矣。

这一场争论，自唐至清，延续了千年之久，争论虽无结果，但以同意陆羽具有鉴别水质的技术者为多。

要把各地的水一一加以品评，除了要有丰富的技术知识和评水经验外，还必须具备良好的评水的外界条件，如评水的环境和设备规格的一致以及对比因子的划一等等，以尽量减少客观上的误差，这在陆羽那个时代要同时鉴别各地名山名川的二十种水，以一个人的力量是不可能做到的。而且即使同是一个人、一位经验丰富的人，在不同环境和不同条件下，对二十种水的鉴别，其结果也会有出入，也会排出不尽相同的次序来，这是因为感官鉴定具有一定的主观性和片面性，而客观因素必将导致误差的形成。

水质的好坏是有客观标准的，它只能由实践来检验。不论陆羽评水的结论是否完全正确，但他用调查研究的方法来鉴别水质是值得后人学习的。

水是重要的溶剂，"南零水"和"近岸水"都是液体，它们只能相互溶解，而水分子总是处于不断运动的状态中，依靠分子的运动，单个分子就均匀地扩散在整个液体里，成为溶液。水溶液的各个部位，都是十分均匀的，因此，同一只船里装的水不存在一半是"近岸水"，另一半是"南零水"的差别。前人用夸张的笔法，记述了陆羽鉴别南零水的故事，无非是赞扬他的评水技术高明罢了。

今将唐代以后研究水的专著，择要介绍如下：

（1）唐代张又新《煎茶水记》（825 年前后）

张又新字孔昭，深州深泽（今河北深州）人，宪宗元和九年（814）进士第一名，曾任右补阙、江州刺史、左司郎中等职，长于文辞。《新唐书》有传。

此文全篇约 950 字。前列刘伯刍所品七水，次列陆羽所品二十水。这所品的二十水，据张又新说是元和九年初成名时，在荐福寺得于楚僧所藏的《煮茶记》一文，文中说是代宗时李季卿得于陆羽口授的。由此文而引起的对陆羽鉴别水质的技术的争论，已见前。

（2）宋代叶清臣《述煮茶小品》（1040 年前后）

叶清臣字道卿，苏州长洲（今江苏苏州）人。仁宗天圣二年（1024）进士，曾任两浙转运副使、翰林学士、权三司使等职。长于为文。《宋史》有传。

这是一篇 510 字的论述煮茶用水的短文，没多大意义。

（3）明代田艺蘅《煮泉小品》一卷（1554）

田艺蘅字子艺，钱塘人（今浙江杭州），所作诗为时人所称。

全书约 5000 字，分为源泉、石流、清寒、甘香、宜茶、灵水、异泉、江水、井水、绪谈等十目。此书议论夹杂考据，有说得合理处，但主要是文人的游戏笔墨。

（4）明代徐献忠《水品》二卷（1554）

徐献忠字伯臣，华亭（今上海松江）人，嘉靖举人，曾官奉化知县。

此书分上下两卷，全书共约 6000 字。上卷总论，分源、清、流、甘、寒、品、杂说等七目；下卷论述诸水，自上池水至金山寒穴泉共三十七目，都是品评宜于烹茶之水的。《四库全书总目提要》评论此书说：有些说法，"亦自有见，然时有自相矛盾者……恐亦一时兴到之言，不必尽为典要也"。（以上见万国鼎《茶书总目提要》）

四、煮和酌

《五之煮》中所说的煮茶，包括烧水和煮茶两道手序。先把水放在"鍑"中烧开，这时，"沸如鱼目，微有声"，叫作第一沸；随即加入适量的盐，烧至"缘边如涌泉连珠"，叫作第二沸；用"竹夹"在水中转动，出现一个水涡，就用"则"量茶末，放入水涡里，再烧一会，茶汤"腾波鼓浪"，这是第三沸。前两沸是烧水，后一沸是煮茶。在第二沸时，要舀出一瓢水，以后在茶汤出现"势若奔涛溅沫"的现象的时候，将这一瓢水倒进去，使沸水稍冷，停止沸腾，以孕育沫饽。这就是煮茶的全过程。

煮好后就是酌茶（即用瓢舀茶）。酌茶的手续也很繁琐。当第一煮水沸时，水面上出现一层色如黑云母的水膜，这层膜有碍茶味，要取出倒掉。酌茶时，舀出的第一瓢是"隽永"，要留存在"熟盂"内，备作孕育沫饽、抑止沸腾之用，以后才一瓢一瓢地酌到茶碗里。一升水，只酌五碗，趁热喝完，这样才不致"精英随气而竭"。在酌茶时，要使各碗的沫饽均匀，因为沫饽是茶汤的精华，否则，五碗茶汤的滋味就不一样了。《茶经》对沫饽作了详细的形象化的描述，并按薄、厚、细轻分为沫、饽和花三类。所谓沫饽，据《茶经》所述，是一层在茶汤面上的浮沫。

这种煮酌方式和方法，具有四个特点：

（1）先把水烧开，加入盐后，再放入茶末，也就是在同一只镀内先烧水，后煮茶，这是加盐的茶。

（2）水分为三沸，是以水的气化现象，即以"鱼目""连珠""鼓浪"来分的，也就是明代张源《茶录》中所说的"形辨"。因为镀是没有盖的，这样才能"形辨"。

（3）十分注意沫饽的孕育和每碗沫饽的均匀，在第二沸时酌出一瓢水，在第三沸时酌出一瓢"隽永"，都是为达到这一目的而服务的。

（4）酌茶是在茶汤沸腾的时候进行的，茶滓随着沸水翻腾，舀入碗中的茶，有沫饽，有茶汤，也有茶滓。所以，这与现在的茶汤大不一样，而可能是一种类似晋代那个蜀妪在市上出卖的"茶粥"那样的带有茶末的茶。（见《七之事》"傅咸司隶教"条）

这种煮茶方法深受当时诗人元稹、白居易、陆龟蒙、皮日休等的赞赏，专门写了煮茶的诗。在日本的茶道里，现在还可以看到某些方面（不是全部）有着类似（不是相同）之处。（关于日本的茶道见第六章）但随着制茶方法的改变和叶茶的兴起，到了宋代，烧水的镀已改用了瓶（铜瓶），难以看到水的沸腾情况，已无法"形辨"；而且，把唐代"以末就茶镀

（音 huò，意义同镬）"的煮茶方法也改变为"以今汤（水）就茶
瓯（茶瓯）瀹之"的泡茶方法，水沸的情况只能以声音来辨别
了（称做"声辨"）。"松风桂雨到来初，急引铜瓶离竹炉，待
得声闻俱寂后，一团春雪胜醍醐。"这首诗就是描述声辨的。
当水沸的声象"松风桂雨"的时候，就把炉上的铜瓶拿开，等
到没有声音了，将沸水冲入茶碗，茶汤上就浮起了一层白似春
雪的沫饽。（见宋代罗大经《鹤林玉露》）

　　古人对煮水过程的观察是十分细致的。明代张源的《茶
录》作了概括性的论述：

　　　　汤有三大辨，十五小辨。一曰形辨，二曰声辨，三曰
　　气辨。形为内辨，声为外辨，气为捷辨。如虾眼、蟹眼、
　　鱼眼、连珠，皆为萌汤；直至涌沸如腾波鼓浪，水气全消，
　　方是纯熟。如初声、转声、振声、骤声，皆为萌汤；直至
　　无声，方是纯熟。如气浮一缕、二缕、三四缕，及缕乱不
　　分，氤氲乱绕，皆为萌汤；直至气直冲贯，方是纯熟。

上述"汤有三大辨，十五小辨"，是古人对煮水全过程的惟妙
惟肖的写照。

　　在烧开水的过程中，水被加热后，先是在容器壁和底部出
现一些小汽泡，这种小汽泡是由吸附在容器壁和溶在水中的空
气形成的。汽泡中除了一定量的空气外，还有因受热而产生的
饱和水汽。当温度升高的时候，小汽泡膨胀，在浮力作用下由
底部上升，当汽泡上升到了温度较低的部位，汽泡内大部分水
汽又凝结成水，外部压强就比汽泡内的压强大，这时候汽泡体
积就缩小。当继续加热使温度升高的时候，汽泡的膨胀则更加

厉害，但是上升到温度较低的部位时，汽泡中的水汽又要凝成水，体积又缩小。所以，在加热烧水过程中，随着温度的不断升高，汽泡的体积就一会儿膨胀、一会儿缩小（如"虾眼、蟹眼、鱼眼、连珠"），发生振动。当这种振动频率与烧水容器的频率相同时，就产生共振现象，这时我们就会听到水响（"如初声、转声、振声、骤声"），这是水还没有达到沸点的情况下的现象（"皆为萌汤"）。水在加热过程中，大约有90%的溶解气体是以小汽泡形式放出来的（"如气浮一缕、二缕、三四缕，及缕乱不分，氤氲乱绕"）。当水温达到足够的高度，汽泡内水汽饱和，气压逐渐增大，这时，汽泡在上升过程中体积不仅不再变小，而且继续增大。这样，汽泡浮力也变大，就由底部向上升，升到水面才破裂，放出蒸汽（"气直冲贯"），于是水就沸腾了（"方是纯熟"）。水在沸腾后，汽泡与容器的共振现象不存在了，所以水不响了（"直至无声"）。

对水沸程度的辨明，不论是形辨、声辨或气辨，其目的都是为了防止水的"嫩"或"老"。"老与嫩，皆非也"（见明代屠隆《考槃余事》），这在现代人也是这样的。所谓嫩，就是水还没有完全烧开；所谓老，就是水开过了头。没有烧开的水不好喝，也不能将茶的水溶物充分地浸泡出来，影响茶的香气和滋味；开过了头的水，随着沸腾时间的持续，不断排除溶解于水中的气体，使水变为无刺激性，用这种开水泡茶，常有滞钝的感觉，也不利于茶味。特别是有些河水、井水都含一些亚硝酸盐，这样的水在锅里煮沸的时间长了，水分蒸发很多，剩下来的水，里面亚硝酸盐的含量就高了。同时，水中一部分硝酸盐也因为受热被还原成亚硝酸盐，这样，亚硝酸盐的含量就更高了。亚硝酸盐是一种有害的物质，喝下有害物质含量高的水，当然是不好的，有时甚至容易中毒。"水老不可食也"，是有道理的。

《茶经》中所述的酌茶方式，归根结底，要求达到一个"匀"字，要把沫饽、茶汤均匀地分盛五碗。沫饽总称为"华"。沫、饽、华三者究以何者为上，《茶经》没有说明，从顺序看，以沫为最好；从描述的内容看，则以饽为最好。有好有次，所以要求三者均匀。但为什么说沫饽是茶汤的精华，这对现代的人来说，无论在实践上或理论上都是无法理解的。这是否是唐代饼茶的特征，或是《茶经》作者的特殊爱好，尚待进一步研究。

《茶经》说的"茶性俭，不宜广"，后人多理解为"饮茶以客少为贵，客众则喧，喧则雅趣乏矣"（见明代张源《茶录》）。但这种说法不全面。首先，"茶性俭"的俭，有贫乏、不丰足的意思，"茶性俭"，用现代的话来说，就是茶汤的水浸出物中有效成分的含量不多。因此，水不宜多，水多了滋味淡薄。其次，在《六之饮》中，曾说"坐客数至五……至七"，并没有张源那种"以客少为贵"的意思。至于《五之煮》中所说的"第四、第五碗外，非渴甚莫之饮"，那是茶质问题，与人数并无关系。当然，这并不是说陆羽主张过坐客要多，而只是说陆羽非常重视茶汤的质，并不重视茶汤的量，煮水一升，酌分五碗，每碗所盛茶汤不过碗的容量的五分之二（碗，即瓯，越州瓯，受水半升以下，见《四之器》），就是很好的说明。

《五之煮》最后谈到了茶的色、香、味。"其色缃也"，即汤色浅黄，这不是沫饽的色，因为沫饽的色是白的。"其馨致也"，即是说香气至美，这与《大观茶论》所说的"茶有真香"一样，没有说出是什么样的香气来。要描述茶香是一件困难的事，茶中的芳香物质，按有机化学分类，现已分析出三百数十种，即使在一种茶叶中没有那么多种，但每种茶叶有各自的香气特点，还是可以用形象化的词句来描述的。关于味，《茶经》说："其味甘，槚也；不甘而苦，荈也；啜苦咽甘，茶也。"但另一版本说："其味苦而不甘，槚也；甘而不苦，荈也。"根据《尔雅·释木》所说的"槚，苦荼"，则另一版本之说较为合理。槚、荈、茶都是茶（见第一章），甘而不苦的茶是没有的，这是无须解释的常识。《大观茶论》说："夫茶，以味为上，香、甘、重、滑，为味之全。"说的是味的四个要点，即香、甜、浓、爽，没有直接指出苦来。一般地说："啜苦咽甘"，即先苦后甜，是好茶的特征。甜不是糖一类的甜味，指的是一种醇而爽的感觉。陆羽在这里插上的这一段话，以及上面所说的酽茶，都属于饮的含义，写在《五之煮》里，是令人费解的。

第六章

茶的饮用

——《茶经·六之饮》述评

　　《六之饮》论述了饮茶的现实意义、饮茶的沿革和饮茶的方式方法。《茶经》作者在这一章里再三强调饮茶的特殊意义，把前已论述过的造、器、煮三方面的主要问题和饮用问题列为"九难"，并提出了他所提倡的饮茶的方式、方法。

　　陆羽认为，茶不是一般的止渴饮料，也不同于酒精饮料，而是一种"荡昏昧"，也就是可以起着生理和药理作用的消睡提神的饮料。但从陆羽在《一之源》里的论述来看，他对茶是极其推崇的，他既说茶是"嘉木"，更把选用茶叶的困难和选用人参相比，所以他在这一章里特别强调一个"精"字，所谓"茶有九难"，意即从采造到煮饮，都应力求其精。也就由此，他一方面把民间煮成的"痷茶"，以及加用配料、煮得沸透的茶看成是沟渠里的废水，并对当时惯于用这样的方法调制茶汤（"习俗不已"）表示感叹；另一方面，他自己对茶味则要求"珍鲜馥烈"（意即香味鲜爽浓强），要求"隽永"（意即滋味深长），同时还要求一则茶末最好只煮成三碗，至多也不能超过五碗，这都表明他饮茶的目的主要是在于"品"茶。因此，在理解"荡昏寐"的作用时，就不能单纯理解它在生理和药理方面所起的作用，还应理解它在精神生活上所起的作用。也就是说，《茶经》作者侧重的是把饮茶看作是精神生活的享受。

《六之饮》是《茶经》十章中的重要章节之一，原文涉及面甚广，有关造、具、器、煮各方面的问题已在有关章节中分别加以评述，本章着重论述饮茶风尚的传播（包括茶的流通）和饮茶的习俗两个方面。不过，陆羽在论述饮茶风尚的传播时所引用的自神农氏迄唐代以前的史料，与《七之事》完全重复，为了尊重《茶经》原文的内容，现仍就《六之饮》所述的史料加以评述。

一、饮茶风尚的传播

在论述饮茶风尚的传播时，有必要先阐述一下我国产茶地区扩展的历史，亦即我国产茶区是如何从茶树原产地的西南地区扩展成后来的多达十几个省区的。

从茶区扩展的整个历史过程来看，我国的产茶地区，是从茶树原产地的西南地区先后由水路和陆路逐步向其他地区扩展的，其中特别是沿着除黄河以外的几个大小水系向各地扩展，这是茶区扩展的主要途径。当然，当时无论由水路还是陆路向各地扩展，之所以不扩向气候比较寒冷的北方地区，自然是受着自然条件制约的缘故。

陆羽在《八之出》中，列举了唐代的茶产地（他所列举的是并不完整的，这将在本书第八章中加以评述），而未涉及茶产地的扩展情况，这是有其主客观原因的。主要的是，陆羽没

有也不可能注意到茶叶方面这个根本问题；其次是，他由于安
史之乱，由原籍湖北避难到江苏，多年以来，足迹所至，大抵
在长江下游的苏、浙、赣三省，他既未到过茶树原产地的包
括四川、贵州、云南三省的西南地区，根据史料记载，甚至在
西汉时代即早已有饮茶风习的其原籍邻省湖南，也未能涉足。
因此，他在《茶经》中没有谈到茶区的扩展途径就是不足为怪
的了。

　　茶区的扩展，最初是和战争或其他原因造成的人口大量迁
徙流动相关的。公元前334年以后，楚威王曾命庄跻由楚国
（春秋时，楚国疆域西北到今陕西商县东的武关，东南到今安
徽含山北的昭关，北到今河南南阳，南到洞庭湖以南；战国时
疆域又有扩大，东北到今山东南部，以后又扩大到今江苏和浙
江）率兵入滇（今云南），以滇池为中心，扩地数千里。公元前
316年，秦惠王曾命司马错由陕西率兵灭蜀国（都城在今四川
成都）。《史记·秦本纪》说：秦惠王后元九年，即公元前316
年，"司马错伐蜀，灭之"。灭蜀后徙秦民一万户到蜀地，后又
灭巴国和苴国。巴国都城在今四川重庆。苴国是蜀王封其弟葭
萌为苴侯所建立的国，在今陕西汉中。苴国被秦所灭事，见
《七之事》之述评。《史记·秦始皇本纪》说：公元前247年，
秦"庄襄王死，政代立为秦王。当是之时，秦地已并巴、蜀、
汉中……矣"。"政"即秦始皇。公元前308年，司马错又率巴
蜀十万之众，浮江伐楚。公元前280年，秦夺楚黔中郡（郡治
在今湖南沅陵），庄跻归路阻绝，在滇建国，自称滇王。秦代
的黔中郡，辖有今湖北、湖南、四川、贵州四省的各一部分，
秦兵攻夺楚国的这个郡，当是经由它所攻灭的巴蜀两国的领土

攻入的。秦始皇初灭六国，除迁徙天下豪富十二万户到咸阳，一部分散到巴蜀等地外，后来又于公元前214年征发曾犯逃亡罪者，赘婿（秦代的赘婿，与奴婢无甚差别）及小商贾为兵，取南方桂林（治所在今广西桂平西南）、南海（治所在今广东广州）等郡，更发大军50万人守五岭，与土著杂居。（上述史实，见范文澜《中国通史》第一册第五章、第二册第一章和晋代常璩《华阳国志·蜀志》）在这样的多次战争和战争以外的原因导致的人口大量迁徙流动的情况下，把茶树从原产地西南地区传播到后来产茶的其他各地，从而逐渐扩展为各个茶区，是很自然的。

如上所述，茶区的扩展途径，既有水路，也有陆路。从水路来说，四川是使茶区扩展的一个主要省份。四川自公元前1066年周武王伐纣时起，已有以巴蜀茶叶作为"贡品"的记载。（已见《一之源》之述评）西汉时代，籍隶今四川的司马相如和扬雄，也已先后在《凡将篇》和《方言》中谈到了茶。（见《七之事》之述评）说明四川饮用的茶叶，在西汉时已较为普遍，因此，可以设想，就在战国时期秦兵由巴蜀浮江伐楚之际，把巴蜀茶叶顺着长江水系由四川传到了中游各省，以后又顺着这个水系先后传到了下游各省。长江中游的湖南省，除了可能由长江水系传入的这一途径外，根据"湘桂同源"，亦即前述的公元前214年秦始皇发大军50万人经略岭南，命史禄通运粮水道，开凿秦凿渠（唐代以后称为灵渠），使湖南的湘江和广西的漓江经南北两渠合流，从而联系了长江与珠江两大水系的这一史实（见范文澜《中国通史》第二册第一章），也存在着由广西溯漓江而上直达湘江而传入湖南的另一途径。促使茶区扩展的主要水系，还有源出陕西的汉水和珠江上游的西江。汉水既有可能把湖北的茶叶传入陕西，也有可能把陕西的茶叶传入湖北，唐代金、梁两州的四个产茶县（见《八之出》），就都位于汉水水系附近。广东可能主要是由广西顺着西江水系传入，福建则可能是由广东通过海路传入的。广州是秦代南海郡的郡治所在，一直是我国对外交通贸易的港口，汕头向来是粤东和闽西南的门户，因此，广东可能是通过这两个港口传入福建，至于福建传入的港口，则可能是泉州。这是因为泉州自唐代设州后，已逐渐成为我国最大的对外贸易港口。台湾可能是由福建的泉州以及后来设治的厦门通过海路传入的。

　　从陆路来说，四川也是使茶区扩展的一个主要省份。早在战国时代，即有一条"蜀身毒道"由四川经过云南通往印度。这条古道是从四川的成都经川西平原到西昌、渡口，渡过金沙江到云南的西昆明（今大理一带），再渡过澜沧江到滇、越（今保山、腾冲），然后经由缅甸到达印度的（四川、云南的茶叶，是否经由这条"蜀身毒道"传入缅甸、印度，尚无文字记载）。它的路线，正好同今天的川滇公路、滇缅公路和缅印公路大体走向一致，有的地区几乎完全和现在公路的路线重合在一起。这一路线，据推定，便是公元前334年以后，庄𫏋奉楚威王之命由楚国率兵入滇（今云南省），取滇后，再率兵取道桂、黔（今广西自治区和贵州省）伐蜀以图秦的路线。（见1983年7月11日《经济日报》所载《求知》第20期）以后在西汉时代，又出现两条古道由四川通往云南：一条叫"灵关道"，由四川的成都经邛崃、雅安、越西（古称灵关）、西昌、会理到云南的姚安，直达楚雄。"灵关"一作"零关"，《史记·司马相如列传》即有"通零关道，桥孙水，以通邛都"之句（孙水即今安宁河，邛都在今西昌东南）。另一条叫"朱提道"，由四川的成都经宜宾到云南的盐津、昭通（古称朱提）、会泽，直达昆明。（见同上《求知》）从战国时代迄西汉时代，既有三条古道由四川直接通往云南，并借"蜀身毒道"由四川、云南通往广西、贵州，这就存在着把茶树原产地的四川、贵州、云南的茶叶传入广西和四川、贵州、云南的茶叶相互流传的可能。另外，如清代顾炎武《日知录》所说："自秦人取蜀而后，始有茗饮之事。"秦人取蜀，是通过"栈道"攻入的，当时巴蜀与陕西的陆路往来，惟赖"栈道"。据《史记·货殖列传》说："巴蜀……四塞，栈道千里，无所不通。"因此，蜀国的茶叶，包括周武王时代的"贡茶"，可能就是经由这一陆路传入陕西，这可以说是由水路传入陕西以外的另一途径。秦灭巴蜀以后，它的疆域，东至黄河与函谷关（在今河南灵宝），并且在秦统一全国以前，多次在河南作战，因而就为陕西的茶叶传入河南创造了条件。通过长江水系和"湘桂同源"传入茶叶的湖南省，在庄跷率楚兵经由陆路入滇时，它可能是必经之路，因此云南的茶叶通过庄跷的作战路线传入湖南是极其可能的。其后秦兵攻夺楚国的黔中郡，使庄跷侵滇的楚兵不能回楚，但秦人继蜀而后"，又夺取了黔中郡，则由贵州把"茗饮之事"传入陕西，也是极其可能的事。

总的来说，我国茶区的扩展，无论经由水路或陆路，大致是沿着由南向北和由西向东的方向发展的。同时，从我国茶区扩展的历史来看，可以推定，在战国时期以前的春秋时期或更早的时期，除了茶树原产地的西南地区早已有茶外，我国的其他地区还是不可能产茶的。

至于唐代以及唐代以前饮茶的历史，陆羽在《六之饮》中曾概括为这样一段话：

> 茶之为饮，发乎神农氏，闻于鲁周公。齐有晏婴，汉有扬雄、司马相如，吴有韦曜，晋有刘琨、张载、远祖纳、谢安、左思之徒，皆饮焉。滂时浸俗，盛于国朝。两都并荆渝间，以为比屋之饮。

陆羽的这段话，从我国产茶地区的扩展历史来看，有的是值得讨论的。

茶最初是作为药用进入人类社会的，但究竟从什么时候开始有茶，在考古学对茶叶、茶器等尚无新的发现以前，还不能提供出具体的年代来。可以肯定的是，自开始有茶起，直到战国时代（前477—前221）以前的很长时期内，有茶的地方还仅限于茶树原产地的西南地区，当然，在这个期间内，西南地区中巴蜀一带的茶，曾以"贡品"的形式，进入到中原地区。到了战国时代，七雄并起，战事频繁，如前所述，茶才由茶树原产地的四川、贵州、云南等省经由水路和陆路先后传入后来的产茶地区。不过，还应指出的是，在战国或秦代（前221—前207）以前，基本上仍是茶的药用时期，因此，《六之饮》中把晏婴所处的春秋时代（前770—前477）以及之前的周公时代、神农氏时代，都看作茶的饮用时期，这是没有科学根据的。特别需要指出的是，陆羽说"茶之为饮，发乎神农氏"的根据，是托名神农氏撰的《食经》中曾提到饮茶。（见《七之事》）实际上，古代人往往汇录议论性质相类的文字成书，而用一位思想或行事与此议论相称的古人题名，由于神农氏是传说中的农业和医药方面的创始者，所以就把《食经》托为神农氏所撰。陆羽据此而把神农氏说成是饮茶的创始人，是不足为信的。

　　茶由药用时期发展为饮用时期，是在战国或秦代以后（关于茶的药用时期和饮用时期，都仅仅是作者的一个推断，希望广大的茶叶工作者今后继续加以研究），因而《六之饮》中举出司马相如和扬雄，认为他们是汉代（前206—220）有着饮茶风尚的人，是合乎历史事实的。三国（220—265）以后的两晋时代（265—420），《六之饮》中举出了饮茶的刘琨、张载、陆纳、谢安、左思五人，另再参照《七之事》中所引的史料，也以两晋时代的为多，说明西晋时代已是一个饮茶风尚迅速普及的时代；到了唐代，饮茶之风大盛，并进而说明有不少地方已形成了"比屋之饮"，这也是合乎历史事实的。但是，从《七之事》所引的史料来分析，在两晋时代，南方的饮茶风尚已较北方为盛（史料18则中，属于南方的共12则，北方的仅6则），而陆羽并未就此加以阐述，同时，他也未参照《七之事》中所引史料，在《六之饮》中举出南北朝时代（420—589）有着饮茶风尚的人，这都不能不说是《茶经》中的不足之处。

　　由此可知，《六之饮》所说的唐代以及唐代以前的这段饮茶历史，是存在一些问题的。为了指出这段饮茶历史中的关键性史实，这里要加以补充的有两件事。一是前所说的清代顾炎武在《日知录》中，曾有"自秦人取蜀而后，始有茗饮之事"之句，这说明自公元前316年，四川的饮茶风尚已开始向陕西进而向中原地带进行传播。二是晋代以后的南北朝前期，南方的饮茶风尚仍较北方为盛。如北朝西魏杨衒之在所著《洛阳伽蓝

记》卷三《城南·报德寺》中，述及北魏有些人鄙薄地把茶称为
"酪奴"，并说："自是朝贵宴会，虽设茗饮，皆耻不复食，惟
江表（原指长江以南地，这里指南朝）残民远来降者好之。"所
谓好，即是喜好饮茶。

饮茶为什么盛于唐代？这是有其历史条件的。在自秦、汉
至唐的 800 多年中，经历了三国、两晋及十六国、南北朝的长
期动乱，隋代（581—618）虽安定了一个时期，但为时不长。
隋末农民起义的胜利果实，落入李家王朝之手。统一而又强盛
的唐，对农业采取了均田、减赋等措施，使社会持续了一段较
长时期的安定，农业生产发展比较迅速，隋代开发的运河又
大大有利于南北交通，也使茶的生产、贸易和消费大为发展。
白居易的"老大嫁作商人妇，商人重利轻别离，前月浮梁买茶
去，去来江口守空船"的诗句（见《琵琶行》）以及封演《封氏
闻见记》所记载的"其茶自江淮而来，舟车相继，所在山积，
色额甚多"，都充分反映了茶叶贸易的繁荣景象。当时茶商的
势力几可与盐商相抗衡了。

同时，唐代中期以后，茶的生产、贸易和消费的日益发
展，和唐王朝当时所采取的禁酒措施以及酒价昂贵也有一定的
关系。酒是很多人所喜爱的一种传统饮料，而制作酒的原料多
是粮食，饮酒的人愈多，消耗的粮食也就愈多。唐代人口，自
贞观初年（约 627）至开元二十八年（740）的 100 多年间，由
300 万户累增至 841 万余户，增长几近两倍，所需要的粮食自
必成倍增长；而自安史之乱起，战祸频仍，农民破产逃亡的
很多，粮食产量显著下降。因此，肃宗在乾元元年（758），以
"廪食方屈（屈，用尽的意思）"，开始在京城长安禁止卖酒，

并规定，除朝廷上的祭祀燕飨外，任何人不得饮酒。代宗广德二年（764）又规定了全国各州的卖酒户数，此外，不论公私，一律不准卖酒。至于酒的价格，在乾元年间也比前增高（见《文献通考·征榷考四》），所以杜甫在京城任左拾遗时（757—758），曾有"街头酒价常苦贵"的诗句。在同诗里，杜甫还说"径须相就饮一斗，恰有三百青铜钱"，这就是说，一斗酒的酒价要300文（唐代一缗为1000文，缗指成串的钱），如茶价每斤按50文计算，则一斗酒的酒价可以购买茶叶6斤。又饮酒过多，是对人体有害的。李白嗜酒，自称"酒中仙"，杜甫更是"嗜酒终身"（见郭沫若《李白与杜甫》），结果李杜二人都年在60岁左右先后死去，在很大程度上是受了酒的毒害。饮酒的人，显然知道长期地过量饮酒是可能危害身体健康的。上述的这些原因，使得不少爱好饮酒的人转向饮茶，做到了以茶代酒，从而大大地促进了饮茶风尚的传播。

另外，由于唐代文化的发达，出现了不少杰出的文学家和诗人，他们品茶赋诗或作文成为风气。在李白、颜真卿、刘禹锡、柳宗元、白居易、李德裕、温庭筠、皮日休、陆龟蒙等人的诗文中，都有关于饮茶的描述。特别是《茶经》的问世，对当时的饮茶风气，曾起了一定的推动作用。

> 羽嗜茶，著经三篇，言茶之原、之法、之具尤备，天下益知饮茶矣。（《新唐书·陆羽传》）

> 有常伯熊者，又因鸿渐之论，广润色之，于是茶道大行。（《封氏闻见记》）

甚至宋代欧阳修还在《集古录》中记述了"茶肆"（茶馆）

把陆羽当作神来祀奉的故事。实际上，陆羽和常伯熊的作用，显然是被夸大了。

唐代的饮茶风尚，还远及边疆地区。《封氏闻见记》说："按古人亦饮茶耳，但不如今溺之甚，穷日尽夜，殆成风俗，始于中地，流于塞外。"

在唐以后，经五代十国至宋、辽、金、元前后400多年中，主要产茶地区逐渐向东南地区扩展。在北宋末期，川陕四路所产茶叶，甚至不及东南诸处十分之一。（见《文献通考·征榷考五》）其消费，自北宋以后，日益普遍。所以宋代李觏曾说："茶非古也，源于江左，流于天下，浸淫于近代，君子小人靡不嗜之，富贵贫贱靡不用也。"（见《盱江集》）

宋代文人作诗为文赞咏茶叶的也很多，如范仲淹、欧阳修、王安石、苏轼、苏辙、黄庭坚等都有诗文流传，宋徽宗赵佶还写了一本茶叶专著——《大观茶论》。

辽、金、西夏与宋并立，前后达200多年，宋王朝和辽、金、西夏之间，先后虽有争战，但茶叶贸易往来仍很频繁，或以互赠礼品方式进行物物交换，或通过榷场（官办的贸易场所）交换，或由商民自行交换。（据范文澜《中国通史》第六册第三章第三节、第四章第二节、第五章第二节）元统一全国后，战事连续不绝，茶叶生产受到很大摧残，茶叶贸易也受到阻碍。

明、清两代的500多年中，在生产地区、生产数量、生产茶类方面发展很快，在国内贸易和对外贸易方面也有很大进展，这主要是由于生产技术的提高。明清时期刊行了大量的茶叶专著（见本书第七章），足以说明当时茶叶生产技术有了较快的发展。1840 年鸦片战争以后，清政府被迫开放海禁，茶叶又成为西方国家对华贸易的重要对象，因而在这一时期内，我国茶叶开始大量进入了世界市场。从 17 世纪到 19 世纪后期，我国成为世界各国进口茶叶的唯一供应者，销区遍及欧、美、亚、非、澳各洲。

如第一章所述，中国是茶叶生产的祖国。现在世界上大多数有饮茶习惯的国家，特别是主要的茶叶消费国家所用的茶叶，都是从中国传播过去的。因此，这里有必要简单地叙述中国茶叶、茶种、制茶法和饮茶习俗向外传播的历史。

自汉代张骞通西域（前 138）以后，开拓了有名的"丝绸之路"，在这"丝绸之路"上有否运过茶叶，则缺乏可靠的文字记载。在 7 世纪时，即在唐代初年，长安（即今西安）已成为中外文化、经济交流的重要城市，当时中原各地饮茶已成风尚，且茶叶已成为我国西北地区兄弟民族的生活用品，因此，有人认为，茶在 7 世纪已开始传至中亚、西亚和西南亚一带，是可信的。但直到 16 世纪，才有波斯（即今伊朗）人哈奇·穆哈默德（Hajji, Mahommed）口述我国产茶情况和茶的药用和饮用价值的文字记录。（见美国乌克斯《茶叶全书》中所引《航海旅行记》第二卷序文）

在隋唐以前，我国与朝鲜、日本、南洋各地和印度洋沿岸各地已有船只往来，在 7 世纪中叶，阿拉伯商人已航海到广州，但各种史料中均未述及茶叶。种茶法和饮茶风尚向国外的传播，最早是传到朝鲜和日本。6 世纪下半叶，中国佛教开创华严宗、天台宗后，这两个宗派相继传入朝鲜，随着僧徒的互相往来，茶叶文化也被带到了朝鲜半岛。（这时，也有可能从朝鲜传入了日本）传入日本的年代，有历史文献可查的，有的说是在 8 世纪，也有的说在 6、7 世纪间。（详见本章第二部分）以后由于中日交往的日益频繁，饮茶很快地成为日本风尚，茶叶生产在日本的发展也比其他各国为早。

17 世纪的上半个世纪（即明末清初时期）是我国茶叶传播至世界各地的重要时期，如 1606—1607 年，荷兰人贩运茶叶至印度尼西亚的爪哇；1610 年，荷兰人直接运茶回国；1618 年，茶叶通过馈赠方式传至俄国；1638 年，饮茶习惯已传至波斯和印度；1650 年以前，法、英等国已开始饮茶；1650 年，茶叶由荷兰人贩运至北美。（以上年代，俱见美国乌克斯《茶叶全书》下册《附录：茶叶年表》）但在这一时期，茶叶作为商品输出，尚为数不多。

至 17 世纪下半叶，我国茶叶开始进入直接输出时期，在这期间，中俄、中英、中荷、中美的茶叶贸易开始发展，但在清王朝建立后 200 年间（1644—1840），采取闭关政策，使我国茶叶向世界的传播受到了很大阻碍。我国茶叶、丝绸、瓷器，历来虽深受欧洲各国及其海外殖民地人民的欢迎，但在 1793 年，我国对英出口茶叶还不超过 1 326 388 磅（约合 602 吨）。（见《马克思恩格斯全集》第九卷第 109—116 页）清政府在鸦片战争失败后，被迫开放海禁。在鸦片战争以后，茶叶出口大量增加，至 1846 年已达 57 584 561 磅（约合 26 086 吨）（见同上书）。同时，鸦片也大量输入中国，使中国人民受了毒害。

19 世纪末叶，印度尼西亚、印度、锡兰（即今斯里兰卡，下同）和日本已有少量茶叶输出。在 1886 年，即我国历史上输出茶叶量多的一年，我国输出茶叶 134 102 吨，日本输出 21 590 吨，印、锡、印尼共输出 6950 吨，我国输出量仍占产茶国总输出量的 81% 以上。但至 1900 年，在世界茶叶总贸易量 274 791 吨中，印度已超过我国，占 31.74%，我国占 30.47%，锡兰占 24.64%。当时印、锡均为英国殖民地，印度尼西亚为荷兰殖民地。由此可见，在 19 世纪末叶，英、荷等殖民者已从中国购茶转而在他们的殖民地生产茶叶输入本国，或转销其他各国。

印度是在 1780 年首次引种中国茶籽的，此后又从中国不断采办茶籽和招聘中国工人栽培茶树，制造茶叶。经过了约 100 年的经营，印度逐步建立了自己的茶业，而其茶业所以得到发展的重要转折，则是改植被称作"阿萨姆种"的大叶种茶。锡兰是在 1841 年咖啡树遭受虫害后开始引种中国茶树（后改种印度大叶种茶），并聘请中国工人，引进中国技术，改向茶叶方面发展。苏联是在 1833 年以后的沙俄时代多次引进并试种中国茶籽茶苗，但都没有获得成功。1893 年，由于聘请我国刘峻周等人去格鲁吉亚作技术指导，茶业才获得发展。1684 年，印度尼西亚将茶树作为园中观赏树木在爪哇种了几株，其后爪哇地茂物植物园才有了较大规模的茶树种植。1827 年以后，荷人加可伯逊（J. I. L. L. Jacobson）和中国华侨又多次从中国引入茶籽，这才奠定了爪哇茶业的基础。中华人民共和国成立以后，我国还发扬国际主义精神，向北非、西非国家提供了茶籽、栽培技术和制茶技术。中国茶叶和茶籽直接或间接地传播至世界各地，这是世界茶叶史中最重要的一页。

二、佛教僧徒——饮茶风尚的传播者

从饮茶风尚的传播历史来看，佛教信徒在其中起着一定的推动作用。

据四川地方志记载，西汉时（前206—24）甘露禅师吴理真曾结庐于四川蒙山，亲植茶树。据说，这是佛教僧徒植茶的最早记录，因禅师是对和尚的尊称。但有人认为吴理真是道教的祖师，其理由是佛教是在东汉时（25—220）才传入中国的，开始时还受到禁止，不可能在西汉时有人信佛为僧。（据明代杨慎《郡国外夷考》）

晋代以后，外国僧徒陆续从国外传来佛教的各种宗派，因中国各地的社会条件与天竺不同，有的流行起来，有的则不能流行。后来中国僧徒吸收了道家、儒学的思想，自创了为中国人易于接受的佛教。佛教的修行方法，不外"戒""定""慧"三种，戒律是首要的，其中的酒戒导致了"以茶代酒"。因为佛教信徒一般都要坐禅，就是要静坐息心，无思无虑、入半眠状态（叫作入定），以专心求解脱，而不是真正睡觉（叫作痴定），而饮茶有"不眠"或"醒睡"的药理功能，这就使佛教僧徒很快地养成了饮茶习惯。

《七之事》中记述与饮茶有关的佛教信徒有三人：一是《艺术传》中的单道开，一是《续名僧传》中的释法瑶，另一是《宋录》中的昙济道人。

敦煌人单道开，东晋穆帝永和二年（346）住在后赵都城邺城（在今河北临漳西南）的法綝祠，后移住临漳县的昭德寺。据说，他曾昼夜不卧，不怕寒暑，诵经40余万言，除吃的食物和药物外，饮的只是"茶苏"。有人认为"茶苏"是茶和紫苏煎成的紫苏茶，也有人认为是类似蒙、藏人饮用的酥油茶。由于他在昭德寺时，曾设禅室坐禅，坐禅时要饮茶防睡，所以他所饮的"茶苏"应是一种用茶和紫苏调制的饮料。

《续名僧传》中所说的名僧法瑶，是在北魏太武帝太平真君七年（446）排佛毁释时，渡江到南朝宋去避难的。那时宋文帝正在兴佛重释，因此他到江南后，很受吏部尚书沈演之的器重，住在吴兴武康的小山寺中。据说他严守戒律，直到暮年，长期过着吃蔬菜的清苦生活，用膳时只饮茶。吴兴在三国时已出"御荈"，当时已是名茶产地。

《宋录》中的昙济道人（据宋代叶梦得《避暑录话》说：晋宋间佛学初行，其徒犹未称僧，通呼道人）是著名的高僧，在八公山东山寺住的时间很长。八公山一名北山，邻近寿州，是古代名茶"寿州黄芽"的产地。南朝宋孝武帝的两个儿子到八公山东山寺去拜访昙济，喝了寺里的茶，大为赞赏，称为甘露。这也可说是寺院以茶敬客的最早记载。

另外，据唐代封演的《封氏闻见记》说：

> 南人好饮茶，北人初不多饮。开元中，泰山灵岩寺有降魔师，大兴禅教，学师者务于不寐，又不夕食，皆许其饮茶。人自怀挟，到处煮茶，从此转相仿效，遂成风俗。自邹（今山东费、邹、滕、济宁、金乡一带）、齐（今山东淄博一带）、沧（今河北沧州、天津一带）、棣（今山东惠民一带），渐至京邑（今陕西西安），城市多开店铺，煮茶卖之，不问道俗，投钱取饮。

上述情况，不仅说明了坐禅和饮茶的关系，而且也说明了佛教对饮茶风尚的传播作用。另外，唐代名僧怀海所创立的"百丈清规"，定有"一日不作，一日不食"的训条，他的宗派又发展很快，这些都为后来多数寺院栽种茶树创造了条件。

陆羽从小是在佛寺中长大的，虽然他在佛寺中曾表示不愿学佛，但他以后却和一些佛教僧徒有着密切联系，所以他对茶有特别深厚的感情，和他多年的佛寺生活环境是有关系的。

佛教鼓励坐禅，饮茶就成为僧徒们不可或缺的生活大事，于是就逐渐形成了一整套庄严肃穆的茶礼，尤其是在佛教节日时更为隆重。后来宋代不少敕建的禅寺，在遇到朝廷有钦赐"丈衣"（袈裟）、"锡杖"之类的庆典，或特大祈祷时，往往就用盛大茶礼以示庆贺。当日本国高僧荣西在天台山万年寺时，曾被宋帝诏请到京师（今浙江杭州）作"除灾和求雨祈祷、显验"，并命在敕建的径山寺举行盛大的茶礼，以示嘉赏。

佛教在我国的发展，与茶叶的传播关系密切，以至有"茶禅一体"或"茶禅一味"之说。我国也历来有"天下名山僧占多"和"名山出名茶"的说法。

茶叶从中国传去日本，从栽种到饮用无一不和日本来华留学的佛教僧徒有关。唐代，日本僧人大批来华，除大量佛典从中国传入日本外，中国茶叶也传入日本。饮茶在日本的最早的历史文献记载是在公元729年，即日本圣武天皇天平元年，此年四月八日，日本朝廷召集百名僧侣在宫庭讲经，第二天行茶（即召见赐茶）。但日本有的专家认为饮茶从中国传到日本应在隋文帝开皇年间（581—604），即日本圣德太子时代。当隋末唐初佛教三论宗传去日本时，日本僧智藏等就在中国南方学法，当时中国南方寺院的僧侣信徒已都有饮茶风习，智藏等回国时是否已把这种风习带回日本，惜尚无文字记载可资查证。

至于从中国带茶种回日本种植的时间，在我国历史文献中的记载是唐代中叶。最澄（即传教大师）于唐德宗贞元年间在天台山拜道邃禅师为师，于唐永贞元年（805）回国时，从天台山、四明山带去了不少茶籽，种植于日本滋贺县。空海（即弘法大师）是不空和尚嫡传惠果的十二弟子之一。不空在唐肃宗、代宗年间，是"尊为国公，势移权贵"的最出名的大和尚，被赐有"大广智三藏"法号，他曾在五台山上建有金阁寺、文殊阁，使五台山成为当时的国际佛教中心。空海曾几次往返于日本和中国，也带去了饼茶、茶籽。最澄和空海可以说是日本栽种茶树的先驱者。

宋代两度来我国的日本高僧荣西（即千光国师），对日本的茶叶传播和发展，以及后来茶道的发扬都起过很大作用，有"日本陆羽"之称。荣西第一次入宋在宋孝宗乾道四年（1168），从四月到九月，只有短短5个多月时间，他从宁波入境，经四明山、天台山，在参拜了育王山广利寺、天台山万年寺等有名寺院后回国。第二次入宋在宋孝宗淳熙十四年（1187），他已47岁，经当时京城临安入天台山万年寺拜虚庵（怀敞禅师）为师。他于宋光宗绍熙二年（1191）回国，也带去了不少茶籽，先后在他主持的禅寺，如博多安国山圣福寺及脊振山灵仙寺（在今佐贺县神崎郡等地）试植。荣西除亲自推广栽种茶树外，还写了一本《吃茶养生记》，宣扬饮茶的功效，并传播了宋代各大寺院中僧侣讲经布道的行茶仪式，大大丰富了日本饮茶艺术，并促进了种茶事业的发展。

　　如上所述，在饮茶风尚的传播过程中，佛教僧徒起了一定的作用，同时皇室贵族的爱好、文人学士的歌颂、医药学家的评价和推荐、茶商的宣传和推销，在各个历史阶段对各种阶层也都起过推广的作用。不过，还应该着重指出，饮茶风尚之所以风行全球，是历代茶树种植者、茶叶制造者和茶叶工作者长期辛勤劳动的必然成果，这里所以提出佛教僧徒的作用，仅仅是从历史的一个方面着眼的。

三、饮茶的习惯

　　人们饮茶，大抵有这样几种不同的目的：一种是把茶当作药物，饮茶用以防治疾病。关于茶的药理功能，在第一章里已经加以介绍。由于饮茶确有健身和防治疾病的效果，很多人就把茶作为健身饮料，久而久之，养成了饮茶习惯。一种是把茶当作生活的必需品，不可一日或缺，甚至每餐必备，由于生理上的需要（一般是以肉食为主、缺乏蔬菜的地区的人，例如蒙古、康藏等牧业地区，茶叶成了该地区的必需品），从而代代相传下来。又一种是把茶视为珍贵、高尚的饮料，饮茶是一种精神上的享受，是一种艺术，或是一种修身养性的手段。这也有一定道理，生理作用与精神作用是密切相关的。《茶经》作者陆羽可说是一个讲求精神效果的代表人物，日本的茶道也属于这一类型。正是由于茶叶具有满足人们不同目的要求的特性，饮茶之风才有了它的物质的和社会的基础。

　　在《茶经》的写作年代，茶的种类，只有属于不发酵茶类的粗茶、散茶、末茶和饼茶，其中饼茶是主要的。在人民大众中，饮用前对不同的茶叶先作不同的处理（斫、熬、炀、舂），然后用沸水冲泡，这就是《茶经》所说的"痷茶"；有的再加葱、姜、枣等用以调味，"煮之百沸"，然后饮用。前一种冲泡法现在还非常流行；后一种煮饮法在我国西南、西北地区以及中亚、西亚和非洲的一些国家也流行很广，仅在具体做法和饮用器具上有所不同。但陆羽把用这两种方法调制的茶汤，看作沟渠中的弃水，表明他饮茶的目的与众不同。

我国最早的饮茶方法，据《广雅》说："欲煮茗饮，先炙令赤色，捣末置瓷器中，以汤浇，复之，用葱、姜、橘子芼之。"又据明代慎懋官《华夷花木鸟兽珍玩考》所记："唐李德裕入蜀，得蒙顶，以沃（浇的意思）于汤瓶之上。"可见用沸水冲泡或加葱、姜之类的调味品早已为一般人所试用。

《茶经》所提倡的煮茶方法，在《五之煮》中已有详细的说明。陆羽对茶汤的"沫饽"和香味都非常珍视，而冲泡和"百沸"都不能获得"沫饽"和香味鲜爽浓强的茶汤，这就是他反对民间习惯方法的原因所在。民间着重于茶的物质效果，而陆羽则重视精神效果，这是很明显的。

《茶经》作者主张常年饮茶，所以他说"夏兴冬废，非饮也"，这表明他认为饮茶并不仅仅为了在夏天解渴、消热，即使在寒冷的冬天，还应照样饮茶。为什么要常年饮茶，《茶经》没有加以说明。从现在看来，由于茶内含有多种有益于人体健康的物质，所以经常饮茶，确是既能健身，又能防治疾病。有饮茶习惯的人，无论中外，也不是"夏兴冬废"的。但从全文来看，"夏兴冬废，非饮也"，是对不重视饮茶的精神作用，而偏重于饮茶的解渴作用亦即饮茶的生理作用的批评。因为从生理上说，夏天天热，需要饮茶，冬天天冷，可以少饮或不饮，但在精神生活上并无冬夏之分，常年饮茶是必要的。

《茶经》作者所提倡的饮茶方式，也与众不同。《红楼梦》"贾宝玉品茶栊翠庵"一回中所说的妙玉泡茶款待宝玉的故事，对《六之饮》中所说的饮茶方式也是一个很好的注解。妙玉讥笑宝玉说："岂不闻一杯为品，二杯即是解渴，三杯便是饮驴？"曹雪芹笔下的妙玉，认为饮茶一杯已足，亦即她饮茶的着重点在于"品"，可说是领悟了《茶经》的饮茶艺术了。

《茶经》所说的"夫珍鲜馥烈者，其碗数三"，说的是煮一"则"茶末，只煮三碗，才能使茶汤"珍鲜馥烈"，如煮五碗，味就差了，所以五个人喝茶，也只用三碗的量。在《四之器》中，煮水的熟盂，容积二升，越瓯（碗）的容积半升以下，两者大致是四与一之比，不能超过五碗是受熟盂容量限制的关系。直到现在，讲究喝乌龙茶的人，所用茶壶的大小，也随人数或盅数而定。他们先闻香，后品味，茶杯很小，饮茶的目的主要也在于精神上的享受。

《茶经》作者饮茶，特别重视茶汤的香和味（"珍鲜馥烈"），并说"嚼味嗅香，非别也，"，就是说，"干看"不能鉴别茶叶品质，必须"湿看"茶汤，看汤的"沫饽"，品汤的香味。

到了宋代，在上层社会里风行"斗茶"（也称"茗战"），当时为了把最好的茶叶进献给皇室，千方百计地搜罗名茶，经过斗茶评出"斗品"，充作官茶。斗品的要求，在蔡襄《茶录》中有详细的记述，主要是"茶色贵白"，"茶有真香"，"茶味主于甘、滑"，"点茶……着盏无水痕为绝佳"，"茶盏……宜黑盏"。

当时的斗品虽也是不发酵的蒸压茶，但对茶汤的要求，却没有具体提到《茶经》所说的"沫饽"。

宋徽宗赵佶在《大观茶论》的序言中，曾吹嘘斗茶的风气是"盛世之清尚"。其实，斗茶不过是一种茶叶品质评比的方式，与陆羽以精神享受为目的的品茶是完全不同的。由于品茶是以精神享受为目的的，所以我国古代诗人曾写下了大量的咏茶诗句，陆羽在《七之事》中，就引述了左思的《娇女》诗和张孟阳的《登成都楼》诗。饮茶与吟诗结下了不解之缘，说明了饮茶与精神享受的关系。

把饮茶或品茶作为精神上的享受，虽然是历代文人所提倡的，但在我国民间也颇流行。众所周知的闽南人和广州大小茶馆中的群众，就是用欣赏品味的态度来对待饮茶的。许多地方都有吃早茶或在清早上茶馆的习惯，这都不是为了止渴、提神，同时，除少数中上级的茶馆外，也不十分讲究茶的质量，只要一壶在握或一杯在手，就感到怡然自得了。

饮茶风尚传到外国特别是传到日本以后，把煮茶、品茶发展成为一种特殊的艺术——茶道。茶道吸收了我国宋代大寺院中的行茶仪式，可以说它是中日文化交流的产物。今天的日本茶道，已成为日本特有的文化，受到世界人民的重视。

日本的饮茶风气，在高僧荣西的倡导下，逐步地盛行起来。以后，在上层社会中，曾有一种用于交际的、相互夸比豪富的叫作"茶数寄"的茶会。这种茶会，不仅要评赏茶叶质量，还要夸耀从中国输入的茶具之类的所谓"唐物"。此外，在民间又有一种用于联谊娱乐的叫作"茶寄合"的茶会。在寺院僧侣间，更普遍地利用茶会来布道传法，修禅养生。

15世纪初的名僧村田珠光（1423—1502），他采用"茶寄合"那样简单的形式，又有像"茶数奇"那样品茶论质和鉴赏茶具的内容，也结合了佛教庄严肃穆的仪式，创造了茶道艺术。16世纪后期，丰臣秀吉时代的茶道高僧千利休（1521—1591），是茶道各流派中最大众化的一派茶道的创始者，人们尊他为茶道宗匠。他提出的茶道根本精神是"和、敬、清、寂"，称为"四规"。"和、敬"表示主人和客人的关系是和睦相处、互相尊敬，并有突出和平之意；"清、寂"表示茶室有幽雅清静的环境和古色古香的陈设，这是从佛教的茶礼中演化出来的。按照茶道的传统，茶室多设在点缀着奇异山石、花卉林木和水榭亭阁的恬静的称为"茶庭"的小花园内，与茶室相毗邻的有一间洗濯茶具用的"水屋"，另外还有一间曲径相通、专供宾客坐待主人邀请入茶室的布置得非常幽雅、简洁的"待合"。茶室四壁挂着名贵的字画、雕刻。室内花瓶和插花，也十分讲究。茶室的入口处有一扇活动格子门，宾客应邀入室，主人跪在门前欢迎。正规的茶会客人不多，其中有一人是正客，客人的坐位也有规定次序。待客坐定后，主人从"水屋"里取出特备的风炉、茶釜、小水坛、白炭、火箸，放在一定的位置，然后跪坐着生火煮水。用火箸把整齐的白炭，拨成格子形。待水沸时，先从绢袋中取出贮茶罐、小茶匙、茶碗和小竹帚等，分放在规定的位置。然后从贮茶罐用小茶匙撮二匙半精茶或茶粉放在茶碗中，再用杓从釜中舀取沸水倾入茶碗（一般只是半碗）。冲泡后的茶汤浓如豆羹，随着用小竹帚搅拌，直到顶层浮起沫饽为止。这种调煮方法与陆羽在《五之煮》中所述的十分相似。

敬茶时，主人用左手托碗，右手扶碗，恭恭敬敬地走到正客前面，跪坐着举起茶碗，与额角齐平。客人接过茶碗时，也要左手托碗，右手扶碗，举与额齐，然后饮茶。正客饮后，再依次坐着传饮。每人饮茶三口半，饮时要吸气，发出啧啧声，赞赏主人的好茶。一一饮后，再由客人轮流观赏空茶碗，然后由主人接过茶碗，鞠躬退回。有的茶会还有简单的素食或点心，称为"怀石料理"。礼仪结束时，主人再次跪坐于茶室门侧送客。

在茶会的过程中，主客之间不论是行、立、坐、送、接茶碗、欣赏茶具，以及擦碗、放置物件和说每一句话，都有规定得十分详细的礼仪，不经过训练是难以熟悉的。现在日本的茶道已有很大改革，诸如跪坐和敬茶方式已不太拘守过去的形式，茶碗也已改为每客各用一只，茶道的"和、敬、清、寂"四规，也从原来的精神范畴，赋予了新的更为广泛的内容。

我国各地饮茶风习非常普遍，一般已都作为日常饮料，形成了"比屋之饮"。在城市小镇或游览胜地大多设有茶馆。四川饮茶历史最久，大小市镇独多茶肆，也有好多露天茶座。广东的茶楼并备各色点心，有饮早茶、午茶的习惯。江南城镇和京津一带都有茶馆、茶楼，这些茶楼或茶馆如我国著名作家老舍在《茶馆》中所描述的一样，或作为交际场所，或作为交易场所，或作为休憩之地。

湖南一带常喝带有烟味的茶，并有连茶叶一起咀嚼咽入的习惯。据徐珂《清稗类钞》说："湘人于茶，不惟饮汁，辄并茶叶而咀嚼之。人家有客至，必烹茶。若就壶斟之以奉客为不敬，客去，启茶碗之盖，中无所有，盖茶叶已入腹矣。"

在湘、鄂、赣毗邻地区，过去还有把芝麻、莲心等和蜜饯与茶同煮招待客人的习惯，称为"喝女儿茶"。

广西的部分地区，还有一种特殊的饮茶法，俗称"打油茶"。它是侗族日常生活中必需的饮料，又是侗族用于聚会、议事、娱乐、待客和结识朋友时最好的形式。打油茶的制作方法是，先在锅内放进茶油（油茶树子榨的油），然后把一把生的糯米放进锅里炒，炒到米焦黄时，放入茶叶一起炒，接着倒进温水，加少许盐煮沸，煮沸后用竹制的捞子（茶滤）捞起茶叶，把茶汤盛入专用的壶内。

吃油茶前，全家人或请的客人都围坐在火塘边，把盛油茶的碗按人数排成一个圆圈，由主妇在每只碗里放进一匙米花、花生米、黄豆等，还加少许葱花，再倒进滚热的油茶汤。全部的碗盛好后，由主妇一碗一碗地递给每个人，然后大家一起用右手举碗边喝边吃，吃完第一碗后，将碗分别放下，由主妇收回。接着，再用第一次煮茶汤的方法煮第二碗的茶汤，只是茶叶则用第一次已煮过的茶叶，每碗内仍放进米花、花生米、黄豆等，也加少许葱花，还再加放糯米饭或糯米粑粑，再倒进第二次煮好的茶汤后，吃第二碗，以后再吃第三碗。一连共吃三碗，吃完第三碗后，便将一只筷子横放在碗上，否则主妇还将继续让吃第四、第五碗。如请贵客，茶汤和食品的煮制和炒制更加讲究，吃茶时还有一定的程序和礼节。

目前，广西三江侗族自治县侗族地区的少数侗家，在结婚时，还有用末茶制作油茶的风俗，即用石臼将干燥的茶叶碾成粉末后做成油茶。他们说吃末茶油茶，是为了使新媳妇进门后不忘记祖先。

　　三江侗族自治县侗族的末茶打油茶，引起了日本茶与文化团体的注意和重视，1981 年 11 月 25 日日本《朝日新闻》还登载了"中国三江侗族与瑶族普及的打油茶的吃茶法，很像抹茶法的痕迹"的消息。确是如此，今天的日本茶道关于碾碎茶叶为细粉的饮茶方法，和侗族现在在结婚时饮末茶油茶的方法，都保存了我国古代饮茶方法的遗迹。因此，从"打油茶"这一饮茶法也可以看出中日文化交流的历史是如何地源远流长。

　　云南、贵州的兄弟民族，有的称茶为"茗"，有将鲜叶用油盐炒了当菜吃的，也有像"泡菜"和"腌菜"一样，做成后留着随时吃的，但大部分地区都以茶为饮料。

　　新疆维吾尔族主要饮用茯茶，其调煮茶汤的方法和饮用习惯，南疆和北疆不同。在南疆，将茯茶碎块投入长颈铜茶壶（现都改用瓷壶或搪瓷壶）中，加入少量香料（如胡椒、桂皮、丁香等碾成细末），再注满清水放在火塘中或火炉上煮沸。一般早、中、晚各喝茶一次。在北疆，将茯茶碎块投入铁锅内，加清水煮沸，再加入鲜奶或奶皮子和少量食盐，再煮沸后即舀取饮用。北疆地区一般只喝奶茶，不喝清茶，而南疆地区只喝清茶，不惯于喝奶茶。

　　新疆哈萨克族过去主要饮用米砖茶和红茶，现在也饮用茯茶。用煮或冲泡法，饮用时，大多加糖，但也有喝清茶的。

　　西北地区的回族也喝茯茶，部分地区习用黑砖茶，也有酷爱湖南沩山烟薰清茶的，用壶或碗冲泡饮用。一般都喝清茶，也喝奶茶。饮用奶茶，用煮沸法，在茶汤中加入已煮沸的牛奶和少许食盐，搅匀取用。一般早、午餐都喝这种奶茶。

　　柯尔克孜族和乌孜别克族的喝茶习俗与哈萨克族相似。蒙古族的饮茶方法和维吾尔族相同，但蒙古族喜饮青砖茶和黑砖茶。锡伯族的饮茶方法则与回族相同。

藏族人民所饮茶叶，一般都是四川雅安附近所产的康砖和金尖、湖南的黑茶和老青茶以及云南的紧压茶。除少数城市和农业区有泡饮的外，牧区平时都饮用以铁锅煮沸、投入少许食盐的咸茶。遇有客来或节日，则饮用酥油茶。酥油是乳酪经搅拌并静置后浮起的一层黄油，与茶同煮，称为酥油茶，作为佐餐之用。

敬酥油茶是西藏人民很郑重的礼节，笔者在 1956 年 10 月参加中央人民政府代表团到拉萨祝贺西藏自治区筹备委员会的成立时，西藏人民曾以最隆重的仪式，欢迎中央代表团。在欢迎仪式中，有一项就是西藏地方政府代表向中央代表团献酥油茶。

内蒙古自治区的牧民一般每天要喝三遍奶茶，晨、午两次的奶茶是用以佐餐的，晚上一次才单独饮茶。先将砖茶捣碎，放在铜壶或铁锅中煮沸，再放入牛奶、食盐，然后饮用。

毗邻我国的泰国、缅甸、老挝等国的饮茶风习，和我国居住在边境的兄弟民族基本相同，还留有一定的古代遗风。如泰国北部的掸族，茶也叫作"茗"。他们对饮茶有特殊爱好，清早起来要喝茶，饭前饭后要喝茶，会谈也喝茶，闲来休息也喝茶。调制茶汤的方法也很别致：先将陶瓷罐用火烧红，再投入近半罐的茶叶，将罐摇振，使茶在罐底滚转，等罐口出现茶叶焦烟，才注入沸水，待少温后即饮用。

泰国、缅甸和老挝的毗邻山区，人们还制造一种称为"腌茶"的茶，作为咀嚼物加以食用。这种茶的制造方法很像青贮法，将采下的鲜叶放在缸内，边放边压，以压满为止，再用很重的盖子压紧。过数月后取出，紧捆在竹筐内（不能将茶干燥），到市场出售，所以叶子一直是湿的。"腌茶"通常在雨季制造，常和其他香料拼和后，咀嚼食用。在干燥季节，这些地区生产一种用日光晒干的绿茶，蒸煮后制成球形或饼形，然后晒干，用盐、葱、蒜等调味品和油面等同食。这已不是把茶作为饮料，而是作为一种副食品了。

北非、西非的许多国家，都把茶作为日常生活的必需品。他们的饮茶习俗在穆斯林国家中有广泛的代表性。一般饮用绿茶，每天饮用四五次，每次用量较大，加糖也很多，还加新鲜薄荷叶。一般用冲泡法，也有用煮沸法的。

早期荷兰和英国的饮茶风习和我国的基本相同，颇似潮汕和闽南人饮武夷岩茶的方法。

茶中加糖和柠檬的习惯，出现较早，最初并不使用牛乳。加牛乳的习惯是在早餐时代替麦酒和餐后选用茶或咖啡的情况下形成的，以后，又因"午后茶"的风行更为普遍了。

欧洲最早饮用的茶叶为武夷茶和炒青绿茶，饮用红茶的时间较晚。现在欧洲人大都已饮用红茶，饮绿茶和其他茶叶的已很少了。

北美洲和澳洲的饮茶风习和饮用方法与欧洲相同。现在欧美各国的饮茶方法已日趋简便，除了热饮，还有冰茶，此外，还有速溶茶、混合茶、瓶装液体茶。

饮茶的习惯多种多样，每个民族不同，各个国家不同，小至在一个家庭内，各个家庭成员也有所不同。人们可以采用自己所爱好的方式方法饮茶，因此要把各种饮茶方式和方法都罗

列出来是不可能的，也是没有必要的。但是，如上所述，饮茶
的习惯决定于饮茶的目的，同时也与社会条件和人们的生活水
平有关。目前世界上饮茶已出现两种趋势：一种是前已提到的
"简便"，这是重视时间价值而又需要解渴提神的饮用者的要
求；另一种是"保健"，这是生活水平有所提高而又需要增强
健康、减少或预防疾病的饮用者的要求。这两种趋势的出现，
将逐渐改变人们饮茶的习惯方式和方法。

第七章

茶的史料
——《茶经·七之事》述评

　　《七之事》比较全面地收集了从上古至唐代有关茶的历史资料，这在当时的印刷出版条件下，是很不寻常的事。《茶经》中的这些可贵的历史资料，大体上是按照年代编排的，但很明显地存在着一些缺点，主要是对人名的写法很不一致。有的把官职夹在姓名中间，如司马文园令相如，司马为姓，文园令为官职，相如为名；有的夹写了他做官时的地名，如陆吴兴纳，便是吴兴太守陆纳；有的把人名和籍贯连在一起，如余姚虞洪，即余姚人虞洪；有的把人名和封爵或死后的庙号和谥称连起来写，如鲁周公旦，鲁是国名，公是封爵，旦是人名；有的则连姓名也略去了，如吴归命侯，便是孙皓。

　　此外，在资料里引述了华佗、壶居士、王微这三个人的著作，却没有把他们的姓名列在人名录内；在资料里所引用的一些史籍，如《广雅》《桐君录》《坤元录》《括地图》以及一些图经和医书、药书，都没有作者姓名；而人名录中所列的杜舍人育，却没有引述他的有关著作（杜育是《荈赋》的作者，《荈赋》在本书《四之器》和《五之煮》中都曾被引用过，《茶经》原文误为杜毓）；个别资料没有写明出处，有的有名而无内容。

　　《七之事》中同《茶经》其他各章一样，已把史料中所有"荼"字，一律改成了"茶"字。为了便于述评，在这一章的译文中，已根据史料原文把《尔雅》《尔雅注》《本草·木部》《本草·菜部》四条中的"茶"字，其应改为"荼"字的，仍改为"荼"字。总的来说，《七之事》为后人研究茶的历史，提供了不少方便，因为有的古籍现已失传了。

　　本章补充了《茶经》中没有搜集到的、在《茶经》成书以前的史料，又补充了《茶经》成书以后直至清代的、比较重要的茶叶专著，并把《七之事》中的史料加以分类，按《茶经》原文顺序排列，对原书内容、作者和写作时间加以简要的叙述，这对读者进一步研究茶的历史，可能是有用的。另外，有关历代茶政的沿革也属于茶的史料，因此本章在最后加入了这部分内容。

一、《茶经》中的历史资料

　　《茶经·七之事》中的历史资料，共48条，其内容可分为医药、史料、诗词歌赋、神异、注释、地理和其他等七类。

1. 医药类

　　本类计包括《神农食经》、《凡将篇》、刘琨《与兄子南兖州刺史演书》、《食论》、《食忌》、《杂录》、《本草·木部》、《枕中方》和《孺子方》等九种书文中有关茶的记述。除司马相如《凡将篇》外，主要是论述茶的药用功效的。不过，《食忌》和《杂

录》虽然都把茶的功效夸大到难以置信的地步，但仍不宜列入
神异一类。

《神农食经》　　茶的功用：令人有力，悦志。

神农氏是我国古代传说中的三皇之一（三皇为伏羲氏、神
农氏和黄帝）。传说由于他发明了火食，所以称他为炎帝；还
由于他"教民稼穑"，所以又尊称他为神农氏。

《汉书·艺文志》仅列有《神农黄帝食禁》（七卷）的书名，
它的内容与《神农食经》是否有关，尚待研究。至于《神农食
经》，久已失传，从它的书名来分析，大约是一部讲求营养疗
法的医书，但它由何人所作，何时所写，也无可查考。

《茶经》所引的"令人有力，悦志"有两种解释：一种认为
这句话与下述华佗《食论》中"益意思"的含义大致相同；另一
种则认为它含有增进健康的意思。

另外，目前尚能见到的药书其名为"神农"的作品，还有
清代黄奭辑的《神农本草经》。该书卷上"上经"对茶曾有这样
的记载：

> 苦菜，味苦寒，主五藏邪气，厌谷胃痹。久服，安心
> 益气，聪察少卧，轻身耐老。一名荼草，一名选，生川谷。

据此可知，当"荼"字被用来表达"茶"的含义（见《一之源》
之述评）时，"苦菜"也是用来作为"茶"的同义语。

司马相如《凡将篇》　　药物：荈诧。

司马相如，字长卿，蜀成都（今四川成都）人，西汉景帝
时（前156—前141）为武骑常侍，武帝时（前140—前87）因

他"通西南夷"有功，被任为孝文园令，所以陆羽称他为司马文园令。

司马相如工于文词，汉魏六朝人多仿效他的诗赋。《凡将篇》一卷，曾著录于《新唐书·艺文志·小说类》。此书已失传。《七之事》里引用《凡将篇》中所说的 20 种药物，其中的"荈诧"，就是茶。《凡将篇》的重要性，在于它所说的"荈诧"，是我国把茶作为药物最早的文字记录。

刘琨《与兄子南兖州刺史演书》　　茶的功用：解愦闷。

刘琨，字越石，西晋中山魏昌人，在西晋惠帝以至东晋元帝（晋室南渡后第一代皇帝）诸朝，曾历任要职。刘演，字始仁，是琨的侄子，曾任阳平太守，后授以都督、副将军等官职，最后任南兖州刺史。

南兖州在今江苏江都县东北一带。晋室南渡后，位于山东鄄城的兖州，已为北方所攻占，为了在名义上仍保存兖州的名称，就在江苏的广陵设置了兖州。后人为了区别位于鄄城的北兖州，就把位于广陵的兖州称为南兖州。安州是南朝梁所设置，在今四川剑阁。此处所引的信，唐代温庭筠《采茶录》的记载是："刘琨与弟群书：吾体中愦闷，常仰真茶，汝可信致之。"又《太平御览》卷八六七也记载："刘琨《与兄子兖州刺史演书》：前得安州干茶二斤、姜一斤、桂一斤。吾体中烦闷，恒假真茶，汝可致之。"上述两书所引的内容，与《茶经》的虽有所不同，但都说明了刘琨把真正的好茶作为治疗愦闷或烦闷的药品。

华佗《食论》　　茶的功用：益意思。

华佗，东汉末年谯县（治所在今安徽亳县）人，一名旉，字元化。精于方药、针灸，是我国古代名医之一。当时曹操患头风病，发病时由华佗用针法治疗，效果极好。后来曹操病重，华佗避居乡间，拒绝为曹操诊治，最后被抓进监狱，拷打致死。传说华佗在临死前曾拿出一卷医书送给狱吏，说这卷书可以救人活命。因狱吏不敢接受，华佗就把书烧毁了。华佗《食论》现已失传。《茶经》所引"苦茶久食，益意思"七字，后人多认为这是茶的主要药理功能之一。

壶居士《食忌》　　茶的功用：羽化。

壶居士，姓名和生卒年代都不详。有的古籍中曾谈到"壶居翁""壶居公"，但也不详其姓名和生卒年代。在李时珍《本草纲目》所引用的书籍中，曾说到《壶居士传》。据说壶居士是东汉时人，著有《食忌》一书。他曾在汝南郡居住过，当时他经常在居室里悬挂着一个壶，当他到汝南郡市上卖药时，就把药放在壶里。这大概就是他得名壶居士的由来。又据传说，当壶居士在市上卖药时，曾被当地的一个小官吏后来成为所谓"仙人"的费长房所发现，费长房认为他是个非同寻常的人，对他非常尊敬，还每日以酒肴相待，最后曾向他请教求仙之道。

《食忌》大约是一部研究防止食物中毒的药书，现已失传。晋代张华《博物志》卷四曾引用过《食忌》中关于人饮真茶，使人少眠的论述。因为喝茶能使人思维活动迅速、清晰，消除睡意，所以在临睡以前饮茶，对一般不习惯于饮茶或身体衰弱的人来说，是会引起失眠的。又《食忌》所说的"苦茶，久食羽化"，羽化原来是"成仙"的意思，现可解释为健步，说久食苦茶可以成仙这当然毫无科学根据。

韭的气味很辛烈，一般不与茶同时食用，《食忌》中关于二者同食使人肢体沉重的说法，很难加以肯定。

陶弘景《杂录》　　茶的功用："轻身换骨"。

陶弘景（456—536），字通明，南朝齐梁时秣陵（今江苏南京一带）人，精通医学，兼通历算地理，著述很多。他曾在句容句曲山（茅山）的华阳洞（在今江苏句容）隐居，自号"华阳隐居"。南朝梁武帝（502—548）曾数度请他为官，但他终不愿出山。他本是一个道士，主张儒、释、道三教合流，晚年又受"佛教五大戒"，自号"华阳真逸"及"华阳真人"。

《杂录》又名《名医别录》，今已失传。陆羽在《茶经》里所引用的关于陶弘景的论述，共有两段，除这里所引的"苦茶轻身换骨"外，另一段在后面所引用的《本草·菜部》条下。

丹丘子是汉代的一个所谓"仙人"，也就是《神异记》中指点西晋时代的余姚人虞洪采获大茗的那个道士（见"神异类"《神异记》）。丹丘，在今浙江宁海南九十里，是天台山的支脉。天台山是有名的茶产地和佛教名区。黄山君也是汉代的一个所谓"仙人"。黄山，在今安徽歙县西北，是有名的黄山毛峰的产地。

宋代《太平御览·事类赋》和明代李时珍《本草纲目》都曾引述《茶经》中的这段文字，但李时珍曾指出，所谓丹丘子、黄山君服茶"轻身换骨"的说法，是方士的"谬言误世"。

《本草·木部》 茶的功用：治瘘疮，利小便，去痰渴热，少睡，下气清食。

《茶经》所引的《本草·木部》，就是唐代徐勣所编纂的《唐新修本草》（一名《唐本草》）的一个部分。徐勣，唐代离孤人，字懋功，在唐高祖武德年间（618—626）累建大功，封英国公，赐姓李，这就是他又名李勣的由来。高宗（650—683）时，他奉命增补陶弘景的《神农本草经集注》，编纂为《唐新修本草》五十四卷。《茶经》所引《本草·木部》中的一段话，阐述了茶的药理功能，基本上符合现代生物化学和药物学分析的结果（但仅是分析结果的一部分）。

《枕中方》 茶的功用：可作方药。

《枕中方》，医书名，今已失传。明代李时珍《本草纲目·虫之四》"蜈蚣"条下，曾转引《茶经》所引的《枕中方》，说用茶和蜈蚣二味是治疗瘰疬溃疮的一种方药。

《孺子方》 茶的功用：可作方药。

《孺子方》，小儿科医书名，今已失传。《新唐书·艺文志》著录有《婴孺方》十卷，是否就是《孺子方》，尚待考证。

以上9种史料，《凡将篇》只能说明茶是一种药物，《食忌》和《杂录》对茶的药物作用则说得太玄，《枕中方》和《孺子方》都是方药，茶是其中的一味，专论茶的功效的只有《神农食经》、刘琨与刘演书、《食论》和《本草·木部》4种，其所说药理功能主要是"令人有力，悦志"或解"愤闷"，"益意思"，"治瘘疮，利小便，去痰渴热，令人少睡"和"下气消食。

此外，《广雅》中也提到"其饮醒酒，令人不眠"，此处没有把《广雅》列入医药类，是因为《茶经》所引它的一段话中，重点不在这一方面的缘故。当然，这只是以上5种史料所说的茶的药理功能，显然是很不全面的。由于在《一之源》中，陆羽曾提出茶的6种功用，所以已在该章的"述评"内比较详细地专列了"茶的效用"一部分，用以全面论述这方面的问题。

2. 史料类

这一类包括《晏子春秋》《吴志·韦曜传》《晋中兴书》《晋书》《世说》《艺术传》《释道该说续名僧传》《江氏家传》《宋录》和《后魏录》以及关于晋惠帝饮茶的记述等11种史料。其中关于桓温的记述，见于《晋书·桓温传》，但《茶经》仅列出《晋书》；有关单道开的记述，见于《晋书》列传中的《艺术传》，而《茶经》仅列出《艺术传》，这对后人的考证工作带来了一些困难。

《晏子春秋》   记事：晏婴与茗菜

《晏子春秋》，共七卷，最先著录于《新唐书·艺文志》，并署名为晏婴撰。一般认为，《晏子春秋》并非晏婴所作，如属春秋时代的作品，则应首先著录于《新唐书》以前的汉代班固所著的《汉书·艺文志》，但并未见于《汉书》。所以，《晏子春秋》当是后人采集晏婴事迹及其净谏言词所作的作品。

晏婴，春秋齐国大夫，字平仲，曾在灵公前（前581—前554）、庄公（前553—前548）时为官，在景公时（前547—前490）任国相，力行节俭。所以《晏子春秋》说他身为国相，吃的除了糙米饭和几样荤食以外，只有"茗、菜而已"。据《说文解字》"新附字"中说："茗，荼芽也"。陆羽就是根据"茗"这个字把《晏子春秋》这段文字引入《七之事》里的。但是，在公元前6世纪的春秋时期，居住在山东的晏婴，是否能在吃饭时饮茶，是很值得怀疑的。这是因为从我国茶区扩展的历史来看，在春秋时期，除了茶树原产地的西南地区早已有茶外，我国的其他地区，包括山东，是还不可能产茶的。（见《六之饮》之述评）即使由于他身居国相，可能有人把茶作为礼品馈赠给他，但在战国或秦代以前，基本上还是茶的药用时期，晏婴是不可能把作为药物的茶与饭菜同时进用的。除此以外，又没有发现关于晏婴饮茶的其他记载，自也无法肯定他曾饮过茶。因此，陆羽把《晏子春秋》条列入《七之事》中，作为春秋时代茶的史料，是不适当的。另外，"茗菜"二字，有的版本作"苔菜"，认为晏婴所吃的不是茶而是苔菜，那就更不应把这条列入《七之事》了。

《吴志·韦曜传》　　记事：孙皓赐茶代酒。

《吴志》是晋陈寿所撰的《三国志》的一部分。《三国志》包括《魏志》《蜀志》《吴志》三部分，分别记述了魏、蜀、吴三国的史事。

孙皓是三国时代（220—280）吴国（222—280）的第四代国君，原封为乌程侯。景帝死后，孙皓继为国君，性嗜酒，残暴好杀，后为晋所灭。孙皓被迫北迁，公元280年被晋武帝封为归命侯。这就是《茶经》称他为吴归命侯的由来。

孙皓被封为乌程侯的乌程，是我国较早的茶产地。据南朝宋（420—479）山谦之《吴兴记》记载："乌程县西二十里有温山，出御荈。"一般认为，温山所出的御荈，可以上溯到孙皓被封为乌程侯的年代，并且还有当时已设有"御茶园"的推断。

韦曜，原名韦昭。（《三国志》的作者为了避晋武帝之父司马昭的讳，所以改为韦曜。）曜字弘嗣，吴郡云阳人，博学多闻，深为孙皓所器重。后来，由于韦曜在奉命记录关于孙皓之父南阳王和的事迹时，秉笔直书，触怒了孙皓，终于为皓所杀。《吴志》所说的"密赐茶荈以代酒"，还是受孙皓优礼相待时的事。

文中"七升"，前已注明有的版本作"七胜"。胜有尽的意思，"七胜"也可理解为干杯七次，但后文接着是"二升"，升是容量单位，两者可以比较出韦曜的酒量较小，"以茶代酒"才合乎逻辑，所以本书采用了"七升"。

《晋中兴书》　　记事：陆纳以茶、果待客。

《晋中兴书》，南朝宋代何法盛撰，曾著录于《隋书·经籍志·史部》和《新唐书·艺文志》，是一部记述东晋史事的专著。所谓"中兴"，是说东晋继西晋之后再度兴起。此书现已失传。关于陆纳用茶果招待谢安的故事，《太平御览》卷八六七也有引述，但内容没有这样详细。

陆纳，字祖言，东晋吴郡吴县人。曾任吴兴太守，后来曾任吏部尚书，是一个以俭德著称的人物。吴兴，在三国吴时，辖境相当今浙江临安、余杭、德清一带西北部，兼有江苏宜兴的部分地方。东晋时辖境略有缩小。吴兴是当时的一个重镇，向由最有才干的人担任太守职务。陆俶是陆纳的侄子，曾任会稽郡内史。

　　谢安，字安石，是东晋时代一个有名的人物。由于他 40 岁以后才有仕进之志，所以当时曾有"安石不出，将如苍生何"的传言。他在任吴兴太守后不久，就被召回到建康（东晋京城，在今江苏南京），后因对北方的秦国作战有功，拜为卫将军。

　　谢安除了在任吴兴太守时到过吴兴外，拜卫将军之后就再未去过吴兴。据《晋书·陆晔传附陆纳传》记载：陆纳任吴兴太守不久，即回到建康任左民尚书，其后又改任吏部尚书，这时谢安尝欲会晤陆纳，而纳竟无所供办。所以，陆纳用茶、果招待谢安的故事，当发生在陆纳在建康任吏部尚书的时候，而不是如《晋中兴书》所说的"陆纳为吴兴太守时，卫将军谢安常欲诣纳"。也就可知《茶经·注》引《晋书》所说的"纳为吏部尚书"是正确的。

　　《晋书》　记事：桓温以茶、果宴客。

　　《晋书》，唐代房玄龄等撰。由于太宗自撰宣帝、武帝、陆机、王羲之的四论，所以过去题为"御撰"。

　　桓温，字元子，东晋谯国龙亢人。因屡有战功，从安西将军擢升到征西大将军，因此，"内外大权，一归于温"，是东晋时代的一个权臣。《茶经》引述了桓温担任扬州牧（扬州，西晋时治所在今江苏南京；牧相当于后来一个省的长官）时的一件生活小事，原文是说明桓温"性俭"的。其实，桓温是否"性俭"，是值得怀疑的。

《世说》　　记事：任瞻问茶。

《世说》，即《世说新语》，南朝宋临川王刘义庆所撰。这是一部记述自汉末至东晋的年代里一些知名人物的细事琐语的著作。全书共分三十六门，按所选录的内容归入各个不同部门。这里所引的任瞻的故事，见"纰漏"第三十四，但《茶经》的引文是不完全的。

任瞻，字育长，东晋新安（今河南渑池）人，年少时就享有很高的声望。后来，由于他的故乡新安为北朝魏所侵占，被迫南渡，过江以后，很不得意。

《晋四王记事》　　记事：黄门以瓦盂盛茶上惠帝。

《隋书·经籍志》和《新唐书·艺文志》皆著录此书，计四卷，晋卢綝撰。清代黄奭曾搜集这部书的佚文，辑入《汉学堂丛书·杂史类》中，但未记有此事。唐虞世南《北堂书钞》卷十四，记载了惠帝用瓦盂饮茶的事，但与《茶经》所引用的这段文字，略有不同。原文是："惠帝自荆还洛，有一人持瓦盂盛茶，夜暮上至尊，饮以为佳。"

晋惠帝司马衷，是武帝的次子，为人愚蠢，即位以后，贾后大权独揽，毒死了太子司马遹（死后谥愍怀，就是后文所说的愍怀太子），引起了赵王伦、齐王冏、长沙王乂、成都王颖的四王起事。

晋代的散骑省，属于黄门，所以一般的散骑官都称为黄门，如晋代潘岳曾任散骑侍郎，也称之为黄门侍郎，简称为黄门，是随侍在皇帝左右的近臣。这里的黄门，有人认为就是潘岳，还有的人认为是写《登成都楼》诗的张孟阳。

《艺术传》　　记事：单道开饮茶苏。

《艺术传》，实际上是《晋书·艺术传》的简称。

单道开，姓孟，晋代敦煌（今甘肃敦煌）人。幼好隐栖，其后曾学习辟谷（即不食一切谷类），就这样修行了7年，逐渐做到了冬能自暖，夏能自凉，这就是《茶经》的引文里所说的"不畏寒暑"。后来他于后赵武帝（即石虎，335—349）时，曾在河南临漳的昭德寺里住过一个时期，他在室内"坐禅"过程中，曾经常饮茶来防止睡眠。

释道悦《续名僧传》　　记事：法瑶饮茶。

陆羽所引这段文字，说释法瑶永嘉年间（永嘉是西晋怀帝年号，307—313）过江，而于永明年间（永明是南朝齐武帝年号，483—493；齐武帝便是后面所引写遗诏的南齐世祖武皇帝）被"礼致上京"。这就是说，释法瑶竟能从西晋起，经过东晋、南朝宋，直到南朝齐的一百七八十年间还活在人世，这显然是一桩完全不可能的事，而且既明确地说是宋释法瑶，也就不可能往前追溯到西晋，而往后又延续到南朝齐，这从行文的惯例来说，也是讲不通的。因此，南朝梁僧人慧皎《高僧传》所记述的法瑶于元嘉年间（424—453）过江，大明六年（462）被礼致上京的年代是可信的，而陆羽所引述的永嘉，系元嘉之误，永明，系大明之误。

宋《江氏家传》　　记事：西园卖茶。

《新唐书·艺文志》著录有"《江氏家传》七卷，江统"。《江氏家传》中写了江统的事，可能是江统开始写作，由江氏子孙完成的。

江统，西晋陈留圉（今河南杞县南）人。初为山阴令，后任愍怀太子洗马。愍怀太子奢纵过度，禁忌很多。江统上疏谏五件事，《茶经》所引的这段文字是第四件事中的最后几句。但《晋书·江统传》所记的是："今西园卖葵菜（有人认为葵菜指的是茶）、蓝子、鸡、面之属，亏败国体。"与《茶经》所引《江氏家传》中的文字不同。

《宋录》　记事：昙济道人设茶茗。

《宋录》，曾著录于《隋书·经籍志》，是一部记述南朝宋史实的著作。

新安王刘子鸾是南朝宋孝武帝的第八子，豫章王刘子尚是孝武帝的第二子。《茶经》说"新安王子鸾，鸾弟豫章王子尚"，长幼显然被颠倒了。

昙济道人，河东人。13岁出家，是有名的导法师（即释僧导）的弟子。先居安徽寿县八公山的东山寺，后居南朝宋京城（今江苏南京）的中兴寺和庄严寺，是一个很讲究饮茶的人。《茶经》所说的昙济道人设茶招待刘子尚兄弟的故事，也见于陆羽所写的《顾渚山记》（据日本渚冈存《茶经评释》卷二），当时昙济道人正住在八公山的东山寺。

《后魏录》　记事：王肃好茗饮。

《后魏录》，作者不详。

王肃，字公懿，北朝魏琅琊郡临沂县（今山东临沂）人。肃是南朝齐雍州刺史王奂之子，曾在南朝齐任秘书丞。王奂获罪被杀后，王肃投归北朝，因功任镇南将军，封昌国县侯。

以上 11 种史料，记的都是历代名人、名僧饮茶的事。《茶经》是借这些人的小事来说明饮茶这一件大事的，既有饮茶的史实，又有对饮茶的评价。从这些记事可以看到，记述的人以皇宫贵族和官员为多，这不是出于《茶经》作者的主观选择，而是限于当时客观的历史条件。史书中记述民间的事很少，特别是像饮茶这一类日常生活中的事，史料也就更少。所以，研究茶的历史，确是一项相当艰巨的工作。

笔者为了研究历史上的地区产茶情况，曾以十多年时间从国内几百册地方志中摘抄资料，所抄录的材料叠起来高达三四尺，但一经归并整理，可用的史料就不过二三十万字。拟就这些史料，进一步归并整理，编成《中国地方志茶叶历史资料选辑》一书，以为研究我国茶叶历史的工作者提供方便。

3. 诗词歌赋类

古代文人大多爱好饮茶，所作诗词歌赋，有咏茶的，有以茶喻志的，有以茶抒情的。《茶经》搜集了五首诗歌，它们是：左思的《娇女》诗，张孟阳的《登成都楼》诗，王微的《杂诗》，孙楚的《歌》和鲍令晖的《香茗赋》。《香茗赋》是我国历史上很早的专门咏茶的一篇文学作品，可惜现在已散佚了。

左思《娇女》诗

《新唐书·艺文志·别集类》著录有《左思集》五卷。

左思，字太冲，西晋齐国临淄人。曾作有《三都赋》，当时就受到《博物志》的撰著者张华的赏识。由于洛都富人对左思诗赋竞相传抄，出现纸张供不应求的情况，所以有"洛阳纸贵"的传说。

左思《娇女》诗共56句，《茶经》所引用的只是其中的12句，这12句还不是连贯地引用下来的。这首诗的全文是这样的：

> 吾家有娇女，皎皎颇白晢。小字为纨（一作织）素，口齿自清历。鬓发覆广额，双耳如连璧。明朝弄梳台，黛眉类扫迹。浓朱衍丹唇，黄吻烂漫赤。娇语若连琐，忿速乃明懂。握笔利彤管，篆刻未期益。执书爱绨素，诵习矜所获。其姊（一作娣）字惠芳，面目灿如画。轻庄喜缕边，临镜忘纺绩。举觯拟京兆，立的成复易。玩弄眉颊间，剧兼机杼役。从容好赵舞，延袖象飞翮。上下弦柱际，文史辄卷襞。顾眄屏风画，如见已指摘。丹青日尘闇，明义为隐颐。驰骛翔园林，果下皆生摘。红葩缀紫蒂，萍实骤抵掷。贪花风雨中，倏昳（一作忽）数百适。务蹑霜雪戏，重綦常累积。并心注肴馔，端坐理盘槅。翰墨戢（一作闲）桉，相与数离逊。动为炉钲屈，屣履任之适。心为茶荈剧，吹吁对鼎𬬻。脂腻漫白袖，烟熏染珂（一作阿）锡。衣被（新本作破）皆重池（新本作施），难与沈水碧。任其孺子意，羞受长者责。瞥闻当与杖，掩泪俱向壁。（见《玉台新咏》卷二）

《茶经》中所引的《娇女》诗，写到茶的仅是最后两句："心为茶荈剧，吹嘘对鼎𬬻"（这两句与《玉台新咏》所引的小有差异）。说的是：左思的两个娇女，心里急着要品尝香茗（茶荈），就用嘴对着烧水的风炉（鼎是风炉，锜与锅同，此处的鼎锜系指风炉）吹。

张孟阳《登成都楼》诗

《新唐书·艺文志·别集类》著录有《张载集》二卷。

张载，字孟阳，西晋时人。晋武帝太康（280—289）年间，张载曾前往蜀地省视担任蜀郡太守的父亲。他在去蜀途中，经过剑阁，曾作《剑阁铭》。这篇铭文，大为武帝所赏识，就命人把铭文镌刻在剑阁山上，后来并授张载为中书侍郎。这里所引用的《登成都楼》诗，便是张载在成都的即兴作品（晋代的成都，物产富饶，有铁、岩盐、茶、绢等）。成都楼指成都的白菟楼，所以这首诗的诗题，在丁福保编纂的《全晋诗》里，就作《登成都白菟楼》。

张载《登成都楼》诗，全诗共 32 句，《茶经》所引用的是其中后 16 句。前 16 句的全文是：

> 重城结曲阿，飞宇起层楼（一作区）。累栋出云表，峣蘖临太虚。高轩启朱扉，回望畅八隅。西瞻岷山岭，嵯峨似荆巫。蹲鸱蔽地生，原隰植嘉蔬。虽遇尧汤世，民食恒有余。郁郁少城中，岌岌百族居。街术纷绮错，高甍夹长衢。（见丁福保《全晋诗》卷四）

后 16 句中，用"芳茶冠六清，溢味播九区"这样的诗句来盛赞成都的茶。

孙楚

《新唐书·艺文志·别集类》著录有《孙楚集》十卷。

　　孙楚，字子荆，西晋太原府中都县（今山西平遥）人，生年不详，死于西晋惠帝元康三年（293）。年四十余时，曾任镇东军将军石苞的参军；惠帝时，曾任冯翊郡（今陕西大荔）太守。

　　《茶经》这里所引的歌辞是不完全的，几句歌辞只讲了一些饮食品的出产地，但"姜、桂、茶荈出巴蜀"，讲到了茶产于巴蜀，这是西晋时巴蜀产茶的重要史料。

王微《杂诗》

　　王微，字景玄，南朝宋时南徐州南琅琊郡（郡治所在今江苏句容北）人。为人好学，善于作文，通音律、医方、卜筮等学。

　　王微《杂诗》共二首，这里所引用的是二首中的第一首，这一首《杂诗》共28句，《茶经》只引用了诗的最后四句。全诗是写采桑女的悲苦遭遇的，自是有感而发。今将《杂诗》第一首的全文照录如下：

　　　　桑妾独何怀，倾筐未盈把。自言悲苦多，排却不肯舍。妾悲巨陈诉，慎忧不销冶。寒雁归所从，半涂失凭假。壮情抒驱驰，猛气捍朝社。常怀云（云或作雪）汉惭，常欲复周雅。重名好铭勒，轻躯愿图写。万里度沙漠，悬师蹈朔野。传闻兵失利，不见来归者。奚处埋旌麾，何处丧车马。拊心悼恭人，零泪覆面下。徒谓久别离，不见老孤寡。寂寂掩高门，寥寥空广厦。待君竟不归，收颜今就槚。（见丁福保《全宋诗》卷五）

《茶经》中所引的《杂诗》，写到茶的只是最后一句"收领今就槚"（这一句与《全宋诗》所引的小有差异）。

鲍昭妹令晖《香茗赋》

鲍昭，应为鲍照。陆羽写《茶经》时，为了避唐代武后的讳（武后自名为曌，曌是武后自创的字，与照字音义俱同，后来一般都把照误写为曌），所以改鲍照为鲍昭。鲍照，南朝宋时东海人，是宋文帝时的有名诗人，有《鲍参军集》。

鲍令晖是鲍照的妹妹，生平事迹不详。鲍照曾自认为其才不及西晋时代以写《三都赋》闻名的左思（见前），但认为他的妹妹令晖之才胜过左思的妹妹左芬。左芬是西晋时代善为赋颂的人，因此，鲍令晖自也是一个善为赋颂的人。《香茗赋》今已失传。

这五首诗歌，三首是西晋时写的，两首是南朝宋时写的。对茶叶来说，西晋张孟阳的《登成都楼》诗和孙楚《歌》较有历史价值，其余三首只能说明当时已有饮茶风尚罢了。

4．神异类

神话是一种文学，我国古代文学作品中有不少神话。神话往往是虚构的，有的似乎是荒诞离奇的，有的甚至有浓厚的迷信色彩，《七之事》中所搜集的五则神话故事也有这种情况。但神话不是空想，而是人们通过实际生活而产生的丰富想像。问题在于怎样来看待神话。现代的科学幻想小说来源于生活，神话和鬼异故事也同样来源于生活，《西游记》和《聊斋志异》就是最好的说明。当然，不是所有神异类的作品都是健康的，在阅读这类作品，特别在应用这类作品的某些部分时，都应作科学的、历史的分析。

《搜神记》　　鬼异故事：夏侯恺死后饮茶。

《搜神记》，东晋干宝撰，今已失传。夏侯恺，东晋时沛国谯（今安徽亳县）人，曾任大司马。《茶经》引用的这个鬼异故事，说的是一个能看见鬼神的人，看到夏侯恺死后回家向人要茶喝，这当然是无稽之谈。但可说明一点，就是东晋的夏侯恺生前必然是爱好饮茶的。

《神异记》　　神话故事：虞洪获大茗。

《神异经》一卷，是一本假托西汉东方朔所作的神怪故事集。此书最先著录于《隋书·经籍志》，《茶经·四之器》中关于"瓢"的说明中，也提到了这个故事，并说发生于"永嘉中"（晋怀帝永嘉年间，即307—312），说明此书的撰述年代是在西晋以后至隋代以前之间。《茶经》所引的《神异记》可能就是上面所说的《神异经》，也可能是西晋以后人就《神异经》加以删补并改名而为陆羽所见的另一种神怪故事集。《神异经》后来曾收入明代何镗所辑的《汉魏丛书》中，《四库全书总目提要·子部·小说类》也曾著录有《神异经》一卷，但仍说是汉代东方朔所撰。

这个故事里的"丹丘子"，如前所述，他是汉代的一个所谓"仙人"，这个"仙人"居然能接受晋代虞洪的祭祀，这除了"仙人"就根本无此可能。但是，这不是无中生有，浙江余姚的瀑布山，在我国过去曾是个名茶产地，《八之出》里就有"越州余姚县生瀑布泉岭，曰仙茗，大者殊异"的记载。所谓"大者"，与虞洪所采的"大茗"是一致的，所以这个神话故事也有历史价值的。故事还说了人们发现大茶树的困难，野生大茶树一般生长在原始森林中。

《续搜神记》 神异故事：秦精采茗遇毛人。

《续搜神记》，现已失传。传说系东晋陶潜（372—427，字渊明）所著。既是《续搜神记》，其成书年代当在《搜神记》之后，其内容也必与《搜神记》类同。

在湖北的神农架原始森林，至今还有发现"野人"的传说，因此对《续搜神记》中所说的武昌山上的"毛人"，也不能轻易加以否定。同时，湖北也发现有野生大茶树，这个秦精采茗的神话故事，不能说是完全虚构的。

《异苑》 鬼异故事：陈务妻好饮茶茗。

《异苑》十卷，南朝宋刘敬叔著。

故事所说的剡县，在今浙江嵊县，是浙江的主要产茶地，陈务妻则无从查考。关于陈务妻的这个故事，曾见于陆羽所写的《顾渚山记》（据日本渚冈存《茶经评释》卷二），其后在宋代的《太平广记·草木类》中也有记载，题为"飨茗获报"。很明显，这个故事是虚构的。虽然故事反映了民间的饮茶风尚，但获钱的结局，却充满着迷信色彩。

《广陵耆老传》 神话故事：老姥卖茶。

《广陵耆老传》，今已失传，作者不详。《广陵耆老传》，从字义上看，其内容是广陵（东晋时的广陵郡，在今江苏江都东北一带）地方的老人的故事。这个故事所说的广陵老妇在市上卖茶的时间是在东晋元帝（317—323）时期，联系到后文西晋傅咸在司隶教中所说的蜀妪在洛阳南市卖茶粥的故事，说明在两晋时代（即西晋和东晋，265—420），西至河南的洛阳，东至江苏的江都，茶已成为一种零售饮料在市上出现了。不过，这个故事显然也是虚构的。

5. 注释类

在《七之事》中有从《尔雅》《方言》《尔雅注》和《本草·菜部》四本书中摘录的有关茶的名称的资料四则。茶的名称有：槚、苦荼、荂、茶、茗、荈等，有的是同义字，有的是方言。茶的字源和同义字，详见本书第一章。

周公《尔雅》

《尔雅》是我国最早的一部字书，被列入《十三经》。据《四库全书总目提要》说，此书是汉代毛亨以后的小学家缀合旧文加以增益的一部作品，并非周公所作，孔子增补。

《尔雅》说：槚就是苦荼。另据汉许慎《说文解字》说："槚，楸也，从木贾声。"就是说，槚就是楸。另外，槚还同榎。槚的解释就有了三种，但后人多作苦荼解，即茶的同义字。

扬雄《方言》

扬雄（前53—18），字子云，蜀成都人。善于训诂，其文章极为当时人所推重。扬雄在西汉成帝时做过官，后又在王莽的"新"王朝做了官。

《方言》十三卷，曾著录于《新唐书·艺文志》，但书名却改作《列国方言》，这是扬雄在对各地方言经过调查探索后所创作的一部关于方言的专著。此外，扬雄还写了一部哲学著作——《太玄经》。

《茶经》所引"蜀西南人谓茶曰蔎"，并不见于《方言》，而见于《方言注》。《方言注》为郭璞所作。

郭璞《尔雅注》

郭璞，字景纯，东晋时河东闻喜（今属山西）人。善辞赋，精于天文五行、卜筮之学。元帝时，由著作佐郎任为尚书郎，有《尔雅注》《山海经注》《方言注》《穆天子传注》等著作共数十万言。

《茶经》所引的《尔雅注》，除说明茶树的形态、性状和叶可饮用外，还说茶以采摘时期分，有茶和茗两个名称，又可叫荈，四川人称为苦荼。

《本草·菜部》

《茶经》所引的《本草·菜部》，也是唐代徐勋所编纂的《唐新修本草》的一个部分。

引文中"苦荼，一名茶，一名选，一名游冬，生益州川谷山陵道傍，凌冬不死，三月三日采干"这几句，和明李时珍《本草纲目》"集解"引《神农食经》所说的"茶茗生益州及山陵道旁，凌冬不死，三月三日采干"，基本上一样。

6. 地理类

有关茶产地的资料，计有《七诲》《坤元录》《括地图》《吴兴记》《夷陵图经》《永嘉图经》《淮阴图经》和《茶陵图经》

等 8 种。

傅巽《七诲》　　茶产地：南中。

傅巽字公悌，三国魏时北地人。先仕魏，任尚书郎，文帝（即曹丕）时任侍中。后由荆州转至蜀，曾任蜀尚书令，后又再归魏做官。

《七诲》是一部记述名物（指名称和物产，辨别事物的名称也称名物）方面的著作。傅巽在《七诲》里提到了"南中茶子"，南中的方位，已见《一之源》之述评（相当今四川省大渡河以南和云南、贵州两省）。

《坤元录》　　茶产地：辰州溆浦县无射山。

《坤元录》，今已失传。宋代尤袤《遂初堂书目·地理类》著录有《坤元录》。《新唐书·艺文志》曾著录有唐太宗第四子魏王李泰的《括地志》五百五十卷，《序略》五卷，古籍中在引用《括地志》时，有的就称为"魏王泰坤元录"。《茶经》所引述的《坤元录》关于"辰州溆浦县无射山"这一则，在中华书局版的《括地志辑校》（《括地志》在南宋时已经亡佚）中，也有记载："辰州溆浦县西北三百五十里无时山，彼蛮俗当吉庆之时，亲族会集歌舞于此山。山多茶树。"并注明"《舆地纪胜》卷七十五引《坤元录》"。所以，《坤元录》和《括地志》有可能是同一书的两个书名。

文中所说辰州，是我国古代的所谓"蛮夷"之地。辰州所辖的地方，秦代属黔中郡；汉代属武陵郡，当时武陵郡的治所，就在今湖南的溆浦县；在东晋和南朝宋、齐各朝仍属武陵郡。隋代初年，始置辰州，但在炀帝时代，又改辰州为沅陵郡。唐初复置辰州，属江南道，州的治所就在沅陵。天宝元年（742），定辰州的辖区为沅陵、卢溪、溆浦、麻阳、辰溪等五县。这里所说的辰州，其辖区当即包括上述五个县的地方。

溆浦县，是因溆水而得名的，唐武德五年（622）首次设置了溆浦县，并规定溆浦县属于辰州。这是我国在地理上最先出现的名为溆浦的县名。因此，从这里所说的"辰州溆浦县"，把溆浦县作为辰州的辖县来看，《坤元录》可能是唐代的著作。

无射山，据《括地志辑校》关于无时山的记载（见前），又据清光绪十一年（1885）《湖南通志》所说的"无时山……山多茶树"，无时山应即是无射山。

《括地图》　　茶产地：临遂县茶溪。

《括地图》，今已失传。文中所说的临遂县，有的版本作临沅县，其地点尚待查考。此外，《括地志辑校》记载有"衡州临蒸县东北一百四十里有茶山、茶溪"，并注明"《太平御览》卷八百六十七引《括地图》，又《舆地纪胜》卷五十五引《括地志》"，这是否就是《茶经》所引述的临遂县的茶溪，也尚待查考。还有，从上述《括地志辑校》的注来看，《括地图》和《括地志》应是书名相近的两种书。

山谦之《吴兴记》　　茶产地：乌程县温山。

山谦之，南朝宋时河内人。著有《吴兴记》《丹阳记》等。

乌程县古城在今浙江吴兴县南。至文中所说的"温山出御荈"，可能指的就是三国吴孙皓的"御茶园"中生产的茶。《吴兴记》是一部著名的较古的地方志。

《夷陵图经》　　茶产地：黄牛、荆门、女观、望州等山。

《夷陵图经》是一部关于夷陵地方的地理著作，今已失传。夷陵，是因春秋时代楚国国君的陵墓所在而得名的。秦代始置夷陵县，在今湖北宜城。其后三国时代的西陵、彝陵，都是夷陵。晋代在夷陵地方设置了宜都郡，后来又经过南北朝时代在建置上的几度变迁，直至隋炀帝时，才把北朝周所改称为峡州的地方改为彝陵郡，唐代又改名为峡州。

黄牛山，邻近长江三峡中的黄牛峡（即瞿塘峡），是唐代有名的茶产地。

荆门山，位于今湖北宜都西北，在长江南岸，是有名的茶产地。

女观山，位于今湖北宜都西北，在长江南岸。

望州山，位于今湖北宜都西南，在长江南岸。

《永嘉图经》　　茶产地：永嘉县白茶山。

《永嘉图经》是一部关于永嘉郡的地理著作，今已失传。

永嘉县是由隋代初年才设置的。永嘉，在秦代属闽中郡，在三国吴属临海郡，至东晋明帝太宁元年（323）始置永嘉郡，永嘉郡的治所在永宁县。这种建置情况，历经南朝的宋、齐、梁、陈四朝，都未变更。直至隋代初年，始改永嘉郡为括州，永宁县则改为永嘉县。炀帝时，复置永嘉郡。唐武德五年（622），又改永嘉郡为东嘉州，州的治所就在永嘉县。永嘉县境内的雁荡山，从很早以前就以产茶闻名。据清代劳大舆《瓯江逸志》说：雁山（即雁荡山）茶，一枪一旗而色白的，叫作明茶。白茶山是否就是出白色明茶的雁荡山，有待考证。

《淮阴图经》　　茶产地：山阳县茶坡。

《淮阴图经》是一部关于淮阴地方的地理著作，今已失传。淮阴是西汉名将韩信的故乡，由于韩信曾封为淮阴侯，因而把他的故乡改名为淮阴县。唐代的淮阴县，在今江苏淮阴县东南。过去俗称为清江浦。山阳县，系东晋时代所置，即现在的江苏淮安。

茶坡，清乾隆《山阳县志》（1749）和咸丰《淮安府志》（1852）均作茶陂。《县志》说茶陂"在县治南"，并说明它就是《茶经》里《淮阴图经》所说的茶坡。《府志》则说茶陂"去治西南二十里"，还指出：其旧址，北枕管家湖，自河徙湖塞，在咸丰年间（1851—1861）已不可考。

《茶陵图经》　　茶产地：茶陵。

《茶陵图经》是一部关于茶陵县的地理著作，今已失传。

茶陵古称荼陵，是我国现有县名中唯一出现茶字的一个县。由于这里在西汉时代是荼陵侯刘沂的领土，所以俗称为荼王城。荼陵的命名，也开始于西汉时代。据《汉书·地理志》记载，当时长沙国有十三个属县，荼陵是其中之一。荼陵县，隋代曾予取消，并将其辖地并入湘潭，至唐武德四年（621）才又复置，贞观元年（627）再度取消，至武则天圣历元年（698）又再度复置，其治所即在今茶陵县。至于荼陵的"荼"字的读音，在西汉时代，已有涂音和与茶音相近的两音。如《汉书·王子侯表》中荼陵的"荼"，颜师古注"音涂"；《汉书·地理志》中荼陵的"荼"，颜师古注"音弋奢反，又音丈加反"。沿至南朝梁代以下，由于已将"荼"字减去一画，改成"茶"字，并即读成现在的"茶"音。（见《一之源》之述评）因此可以设想，那时的"荼陵"，无论在字形上和读音上，都和现在并无什么不同，至于在文字上加以确定，则当始于唐玄宗的《开元文字音义》。

这里附带谈一下也是以茶命名而义早于茶陵的一个县，就是葭萌。

明代杨慎《郡国外夷考》说："《汉志》：葭萌，蜀郡名。萌，音芒。《方言》：蜀人谓茶曰葭萌。盖以茶氏郡也。"葭萌，原是战国时代蜀王弟之名，周显王二十二年（前347），蜀王曾封弟葭萌于汉中，号苴（jū）侯，并把他的郡国名也就叫作葭萌。由于葭萌与巴王友善，而巴、蜀向为敌国，所以"蜀王怒伐苴侯，苴侯奔巴，求救于秦"，这才导致了周慎靓王五年（前316）时秦惠王派兵灭了蜀国，随于同年又灭了苴、巴两国。（以上史实见晋常璩《华阳国志·蜀志》）后来，秦代置县，便仍以葭萌为名。因此，以茶命名的县，可能以葭萌为最早了。茶陵之所以名为茶陵，是因为它的"陵谷生茶茗"，至于葭萌是否产茶，则尚待考证。

以上8种地理类资料，其中4种《图经》基本上是一种县的地理志，至于《七海》《坤元录》《括地图》《吴兴记》4种资料，除《七海》外，所记也是县的范围。历代县名易名频繁，笔者核对了几个省区的县志，有的县名还是无法查到。现在看来，这类资料的价值不大，但一般唐以前以茶为名及唐以后以茶为名的县或山，都是产茶的。

7. 其他类

本类包括《广雅》、傅咸《司隶》、教示《食檄》、南齐世祖武皇帝遗诏、梁刘孝绰《谢晋安王饷米等启》和《桐君录》等不属于上列各类的记述六则。

《广雅》　　记事：荆巴间的制茶、煮茶方法。

《广雅》十卷，三国魏张揖撰。此书是《尔雅》的续篇。原传系周公所作，故《茶经》将其列在《尔雅》之后。

张揖，字稚让，三国魏清河（今河北清河县东）人。他在魏太和年间（227—233）曾任博士。他的著作，除现存的《广雅》外，尚有《埤苍》《古今字话》两书，但均已失传。

傅咸《司隶教示》　　记事：蜀姬卖茶粥。

傅咸，字长虞，西晋时北地郡泥阳县（今陕西耀县东南十七里）人，生于三国魏景初三年（239），死于西晋元康四年（294）。惠帝时，曾任御史中丞，后又曾兼任司隶校尉。《晋书》中有传。（见《晋书·列传》第十七）明代张溥所辑的《汉魏六朝百三名家集》中，录有《傅中丞集》三十卷。

引文中四川老妇所卖的茶粥和饼，茶粥是茶的煮品，饼是茶饼，即《广雅》所说的"荆巴间采叶作饼，叶老者，饼成以米膏出之"那样的茶饼。同样是茶的制品，而茶粥不准卖，茶饼可以出卖，傅咸因而要问为什么了。

弘君举《食檄》

弘君举，西晋时人（尚待查证），陆羽在本章人名录里已指出他的籍贯是丹阳（今江苏南京一带地方），生卒年代及其生平均不详。

《食檄》，现已失传。所谓食檄，就是对于食物所发出的檄文，也就是与《神农食经》相类似的告诫人们要注意食物营养的论著。引文中的"霜华之茗"是如《五之煮》中所说的有饽的茶汤。（"饽者，以滓煮之，及沸，则重华累沫，皤皤然若积雪耳"）这种茶汤，味极鲜美。

南齐世祖武皇帝遗诏

南齐世祖武皇帝萧颐，是南朝齐第一代国君高帝萧道成的长子。继位后，年号永明（483—493）。他是一个佛教信徒，遗诏中说"但设饼果、茶饮、干饭、酒脯而已"，与他的宗教信仰有关。

梁刘孝绰《谢晋安王饷米等启》

刘孝绰，本名冉，南朝梁人。年七岁能写文章，有神童之称。及长，他的辞藻更为人所赞赏，每作成一篇，就有人传诵，因此，以撰著《文选》闻名的梁昭明太子，对他极为器重。

晋安王，就是南朝梁末代国君的梁敬帝，敬帝即位以前曾被封为晋安王。当时，王对他的"臣民"所下达的文件，叫作教旨。李孟孙，其生平不详。

《桐君录》

《桐君录》，约为东汉时的作品，作者不详。所谓桐君，据传是远古时代采药于浙江桐庐县桐君山的一个所谓"仙人",《桐君录》的作者,借"桐君"二字作为这部药学著作的书名。

《隋书·经籍志》曾著录有"《桐君药录》三卷",李时珍《本草纲目》在引用书中,也曾提到了"《桐君采药录》二卷"。在唐《新修本草》所引的《桐君药录》中,曾引用了《七之事》里的这段文字,可见《桐君录》和《桐君药录》实际上是一部书。至于《桐君采药录》是否就是《桐君录》,则尚待考证。

据唐《新修本草》上卷第十八"苦菜"条下记载:

> 《桐君药录》云:苦菜:叶,三月生扶疏(扶疏,枝叶茂盛分披的样子)。六月花犹叶出,茎直花黄。八月实,黑,实落根复生。冬不枯。今茗极似此。西阳、武昌及庐江、晋陵,茗皆好,东人正作青茗;茗皆有悖,饮之宜人。凡所饮物,有茗及木叶、天门冬苗并拔葜,皆益人,余物并冷利。又巴东间别有真茶,作卷结为饮,亦令人不眠,俗中多煮檀叶及大皂李作茶,并冷。又南方有瓜芦木,亦似茗,至苦涩,取其叶作屑煮饮汁,即通夜不眠,煮盐人唯资此饮尔,交、广最所重,客来先设,乃加以香芼辈耳。
>
> (据日本渚冈存《茶经评释》卷二引)

这段文字,较《七之事》所引的为多,两者字句也略有不同。

二、《七之事》补遗

《茶经·七之事》所收录的茶叶历史资料是比较完备的。但一个人的力量有限,特别在当时的条件下,收集资料要比现在困难得多，因而也不免会有遗漏。

陆羽未收集在《茶经》中的历史资料，主要是晋代常璩的《华阳国志》。

《华阳国志》，共十二卷，全文约 118 000 字，内分：巴志，汉中志，蜀志，南中志，公孙述、刘二牧（指刘焉、刘璋）志，刘先主（指刘备）志，刘后主（指刘禅）志，大同志，李特、雄、期、寿、势志，先贤士女总赞，后贤志，序志并益、梁、宁三州先汉以来士女名目录等。其中巴志、汉中志（汉中，相当今陕西秦岭以南，留坝、勉县以东，乾祐河流域以西和湖北郧县、保康以西，粉青河、珍珠岭以北地）、蜀志和南中志四志，是这四地地理、物产、风俗等方面很有价值的史料。

我们所见到的《华阳国志》为清光绪七年（1881）的版本，书前有宋元丰元年（1078）吕大防的序，宋嘉泰四年（1204）李𡑅的重刊序和清嘉庆十九年（1814）廖寅的校刊序，由"晋散骑常侍蜀郡常璩道将撰"，"宋丹棱李叔㟋"重刊，"绵州李调元赞庵（清乾隆四十六年，即 1781 年）校定"。

据《华阳国志·附录》载，常璩，字道将，蜀成都人，少好学，在成（汉）李势时（344—347）曾任散骑常侍。所著《华阳国志》十二卷，曾先后著录于《隋书·经籍志》《旧唐书·经籍志》《新唐书·艺文志》《宋史·艺文志》等史籍。据李𡑅在重刊序中说，宋元丰间（1078—1085），吕汲曾刊此书，因"载祀荒忽，刊缺愈多，观者莫晓所谓"，他就"博访善本，以证其误"，仅做到"较以旧本之讹谬，大略十得五六"。又据廖寅在校刊序中说，《华阳国志》明刻本均缺卷十之上、中两卷，以后虽有补全的版本，但错误很多，得李𡌖刻本后，是用几种版本合校的。他还说《华阳国志》这一名称，来由是：晋代的梁州、益州、宁州是过去禹贡梁州的辖区（清代四川和云南以及陕西汉中以南的地区），华阳说的是华山之阳。但常璩没有加以说明，仅在《蜀志》中说"五岳，华山表其阳"。《华阳国志》之所以称国，是常璩做过官的成（汉）曾自立为"国"。

《华阳国志》中记载茶事的计有五处，另外一处可以用作旁证。

> 武王既克殷（约在公元前1066年以后），以（原注：何本亦作以，或改封）其宗姬（周人以后稷，即黄帝之后为祖，亦姓姬）于巴，爵之以子……其地东至鱼复（古县名，治所在今四川奉节东白帝城），西至僰道（古县名，治所在今四川宜宾市西南安边场），北接汉中，南极黔涪（约当今四川涪陵地区）。上（刘、吴、李本作土）植五谷，牲具六畜，桑、蚕、麻、纻、鱼、盐、铜、铁、丹、漆、茶、蜜、灵、龟、巨、犀，山鸡白鸡，黄润鲜粉，皆纳贡之。其果实之珍者，树有荔支，蔓有辛蒟，园有芳蒻香茗。（《华阳国志·巴志》）

> 涪陵郡（约当今四川彭水、黔江、酉阳等地），巴之南鄙……惟出茶、丹、漆、蜜、蜡。（（《华阳国志·巴志》）

> 武都郡（其方位已见《一之源》之述评，此处未记述茶事，因有"武都买茶"之说，故录之。关于"武都买茶"事，也见《一之源》之述评），本广汉西部都尉治也。……土地

崄岨，有麻田，……出名马、牛、羊、漆、蜜。(《华阳国志·汉中志》)

什邡县(约在今四川什邡)，山出好茶……田有盐井。(《华阳国志·蜀志》)

南安(治所在今四川乐山)、武阳(在今四川彭山)，皆出名茶。(《华阳国志·蜀志》)

平夷县(约在今云南富源)，郡治有豚津、安乐水，山出茶、蜜。(《华阳国志·南中志》)

《华阳国志》的记载，可以说明在武王伐纣时，巴国已以茶与其他珍贵产品，纳贡于周武王，且当时已有人工培植的茶园。《华阳国志》还列举了今四川、云南两省的茶产地，有涪陵郡、什邡县、南安、武阳及平夷县等地。这些非常简略的记载，在我国茶叶历史上有着极为重要的价值。首先，这一史料把我国茶叶有文字记载的历史推溯到春秋战国以前的周武王时期；第二，这一史料有力地证明了四川武阳是茶叶产地，陕西武都则为名马等产地，纠正了对"武都买茶"的误解；第三，这一史料证明了巴地在周代已有人工栽培的茶园，这对研究茶树原产地问题很有参考价值。除《华阳国志》外，在其他史料中尚有如下记载，而为《茶经》所遗漏的：

(1)《尚书·顾命》记载："王三宿、三祭、三诧。"按《书》即《尚书》，亦称书经，为过去的"五经"之一，传为孔子所授。又查"诧"，就是司马相如《凡将篇》中"荈诧"的诧，是茶的同义字，因此，文中的"三诧"解释为奠茶三次是说得通的。但是，这一解释还需其他记载予以证实。

（2）汉王褒《僮约》记载："脍鱼炰鳖，烹茶尽具。""武阳买茶，杨氏担荷。"（见严可均辑《全汉文》卷四十二）

（3）汉扬雄《蜀都赋》记载："百华投春，隆隐分芳，蔓茗荧翠，藻蕊青黄。"（见严可均辑《全汉文》卷五十一）

（4）汉许慎《说文解字》卷第一记载："茗，荼芽也。"

（5）南朝宋刘义庆《世说新语》卷下之下记载："褚太傅初渡江，尝入东（东指江东，此处指今江苏苏州），至金昌亭。吴中豪右，燕集亭中。褚公虽素有重名，于时造次（匆忙的意思）不相识。别敕左右，多与茗汁，少箸（箸，通著；著是着的本字；着，附上的意思）粽汁，尽辄益，使终不得食。褚公饮讫，徐举手共语云：褚季野。于是四座惊散，无不狼狈。"（见"轻诋"第二十六）

三、茶的专门著作

自《茶经》问世以后，历代刊行了不少茶叶专著，特别是在宋、明两代。兹将其中茶叶专著，择要加以介绍。

唐代温庭筠《采茶录》一卷（860 年前后）

温庭筠，本名岐，字飞卿，太原人，长于诗赋，与晚唐诗人李商隐齐名，号称温李。《新唐书·文苑传》有传。

此书在北宋时即已佚失，现仅存有辨、嗜、易、苦、致五类六则，共计不足 400 字。其中"辨"类所说的李季卿请陆羽

品评扬子南（零水）一则（已见《五之煮》之述评），与事实有
出入。

唐代苏廙《十六汤品》一卷（900 年前后）

苏廙，事迹不详。

所谓十六汤品，是说煎汤以老嫩来分的有三品；注汤以缓
急来分的有三品；以贮汤的器来分的有五品；以煮汤的薪火来
分的有五品。此书对于烹茶法虽略有叙述，但整个说来只是一
种游戏文章，很少价值。

五代蜀毛文锡《茶谱》一卷（935 年前后）

毛文锡，字平珪，高阳（今河北高阳）人，曾在前蜀任翰
林学士，后官至司徒。前蜀亡，降后唐。后又在后蜀做官，以
小诗为后蜀国主所赏识。

此书今已失传，从各省区地方志所引的《茶谱》来看，它
所记述的，以有关今四川的茶产情况为多，其中内容有的很详
备，可供参考。

宋代蔡襄《茶录》二卷（1049—1053）

蔡襄字君谟，莆田人。工书法，当时推为第一。官至端明
殿学士，谥忠惠。《宋史》有传。

《茶录》全书不足 800 字，分上下两篇。上篇论茶，分色、
香、味、藏茶、炙茶、碾茶、罗茶、候汤、熁盏、点茶十条；
下篇论器，分茶焙、茶笼、砧椎、茶钤、茶碾、茶罗、茶盏、
茶匙、汤瓶九条。大都是论述烹试方法和所用器具的。

宋代宋子安《东溪试茶录》一卷（1064 年前后）

宋子安，事迹不详。

全书约 3000 字，首为序论，次分总叙焙名、北苑（曾坑、石坑附）、壑源（叶源附）、佛岭、沙溪、茶名、采茶、茶病等八目。此书对建安诸焙的沿革及其所属各个茶园的位置和特点，叙述得很详细。"茶名"指出白叶茶、柑叶茶、早茶、细叶茶、稽茶、晚茶、丛茶等 7 种茶的区别，包括茶树和叶的性状与产地。"采茶"叙述采叶的时间和方法。"茶病"叙述采制方法和采制不得法就会怎样损害茶的品质。所论很切实。

宋代黄儒《品茶要录》一卷（1075 年前后）

黄儒，字道辅，建安（今福建建瓯）人。神宗熙宁六年（1073）进士。博学能文。

全书约 1900 字。前有序论，后有后论各一篇，中分采造过时、白合盗叶、入杂、蒸不熟、过熟、焦釜、压黄、渍膏、伤焰、辨壑源沙溪等十目。此书主要是叙述茶叶的采制搀杂等弊病，辨别得很详细。

宋徽宗赵佶《大观茶论》（1107）

全书约 2800 字。首为序论，次分地产、天时、采择、蒸压、制造、鉴辨、白茶、罗碾、盏、筅、瓶、杓、水、点、味、香、色、藏焙、品名、外焙等二十目。此书对茶的产制、烹试和品质等方面叙述较详。不过，赵佶作为封建王朝的最高统治者，未必能有这样多的时间来专心写茶书，可能是他的近臣鉴于他平日讲究饮茶，就拟作了这个《茶论》，并呈经他同意作为他的著作。

宋代熊蕃撰（1121—1125）、熊克增补（1158）《宣和北苑贡茶录》一卷

熊蕃，字叔茂，建阳（今福建建阳）人。宗王安石之学，工于诗歌。熊克，字子复，孝宗时官至起居郎，《宋史·文苑传》有传。

全书正文约 1700 字，图 38 幅。旧注约 1000 字。清代汪继濠按语有 2000 余字。此书详述北苑茶的沿革和贡茶的种类，并附载图形和大小尺寸，可以考见当时各种贡茶的形制。旧注和汪继濠按语，荟萃群书，尤其便于考证。

宋代赵汝砺《北苑别录》（1186）

赵汝砺，事迹不详。

全书正文约 2800 字。旧注约 700 字。清汪继濠增注 2000 余字。前为序论，次分为十余目，叙述御园地址、采制方法、贡茶种类及其数量以及茶园的管理方法等，很是切实简要。

宋代审安老人《茶具图赞》一卷（1269）

审安老人姓名和事迹不详。此书记录了宋代 12 种茶具的形制，并分别冠以官职名，它本身并无多大价值，只是可以考见古代茶具的形制。

明代钱椿年撰、顾元庆校《茶谱》一卷（1541）

钱椿年，字宾桂，人称友兰翁，常熟人，精于茶事。顾元庆，字大有，号大石山人，长洲人，喜刻书。

此书大体可分为两部分。前一部分，首为序论，次分为茶略、茶品、艺茶、采茶、藏茶、制茶诸法、煎茶四要（包括择水、洗茶、候汤、择品）、点茶三要（包括涤器、熁盏、择果）、茶效等九目，约1200字。后一部分，即序论中所说的"仍附王友石竹炉（原注：即苦节君像）并分封六事于后"，计图8幅，说明及铭赞1200多字。这些题名和铭赞很无聊，只是文人的游戏笔墨。

明代陆树声《茶寮记》一卷（1570年前后）

陆树声，字与吉，号平泉，华亭人。少年时在家种田，有暇即读书。嘉靖辛丑（1541）进士第一名，官至礼部尚书，谥文定，《明史》有传。

全书约500字，前有引言性质的漫记一篇，次分人品、品泉、烹点、尝茶、茶候、茶侣、茶勋等7条，统称"煎茶七类"，主要叙述烹茶方法以及饮茶的人品和兴致，虽是"寄意"之作，但于烹茶、尝茶等，有他自己的体会。

《茶寮记》共有6个版本，其中《古今图书集成》本与其他各本的上述内容不同。它所载的陆树声《茶寮记》，前面的"漫记"称为总叙，文字相同；其次则分为云脚乳面、茗战、茶名、候汤三沸、祕水、火前茶、五花茶、文火长泉、报春鸟、酪苍头、沤花、换骨轻身、花乳、瑞草魁、白泥赤印、茗粥等16条，每条寥寥数语，且多系抄录前人的文句，似不是《茶寮记》的原文。

明代屠隆《考槃余事》（1590年前后）

屠隆，字长卿，鄞（今浙江鄞县）人。万历五年（1577）

进士，曾任颍上知县、礼部主事等职，后以卖文为活，《明史·文苑传》有传。

此书共计四卷。辑录在《古今图书集成》中，冠以《考槃余事》书名的，只是其中第三卷中的《茶笺》，它记述了茶的品类、采制、收藏以及如何择水、烹茶等。

明代张源《茶录》一卷（1595年前后）

张源，字伯渊，号樵海山人，包山（即江苏洞庭西山）人，事迹不详。

此书全书约共1500字，分为采茶、造茶、辨茶、藏茶、火候、汤辨、汤用老嫩、泡法、投茶、饮茶、香、色、味、点染失真、茶变不可用、品泉、井水不宜茶、贮水、茶具、茶盏、拭盏布、分茶盒、茶道等23条，颇为简要。此书叙述了作者对于饮茶的心得体会，说明他是通过实践才写出来的。

明代许次纾《茶疏》一卷（1597）

许次纾，字然明，钱塘人，对茶事多所研讨，因此于茶理亦最精。

全书约4700字，共36条，论述茶叶品质和茶的采制、收贮、烹点等方法，颇有心得。此书主要是凭自己的经验写的，与张源所作的《茶录》各有独到之处。

明代程用宾《茶录》四卷（1604）

程用宾，字观我，自称新都人，事迹不详。

此书说是四卷，实际上全书分为首集、正集、末集和附集四集。其中的首集十二款，系摹古茶具图赞，即宋代审安老人的《茶具图赞》。末集十二款，系拟时茶具图说，计鼎、都篮等十二种，有图十一幅。附集七篇，系转录陆羽《六羡歌》等七篇歌和赋。首集、末集和附集等三集，都不是程用宾本人的著作，只有正集的十四篇（包括原种、采候、选制、封置、酌泉、积水、器具、分用、煮汤、治壶、洁盏、投交、酾啜、品真等），约共1500字，才是他写的。但他写的这正集的十四篇，也不像出于自己的经验，像是参考别人的书，从而选取写定的。

明代熊明遇《罗岕茶记》（1608年前后）

熊明遇，字良儒，江西进贤人。万历二十九年（1601）进士，曾任长兴知县，《明史》有传。

此文全篇共7条，约500字，叙述罗岕茶的品质及其采摘、贮藏方法等，颇切实。

明代罗廪《茶解》一卷（1609）

罗廪，字高君，慈溪（今属浙江）人，事迹不详。据《茶解》"总论"所说，他是有着亲自栽培茶树和采制茶叶的经验的。

全书约3000字，前有总论，下分原（产地）、品（茶的色、香、味）、艺（栽培方法）、采（采摘方法）、制（制茶方法）、藏（收藏方法）、烹（烹茶方法）、水（关于饮茶用水的问题）、禁（在采制藏烹中不宜有的事情）、器（列举筥、灶、箕、扇等用具）等十目。其中论断和描述，大都很切实。

明代屠本畯《茗笈（音 jí，书箱的意思）》二卷（1610）

屠本畯，字田叔，号幽史，鄞县人，曾任福建盐运司同知。

全书约8000字，类似小型的茶叶资料分类汇编，分上下两篇。上篇分溯源、得地、乘时、揆制、藏茗、品泉、候火、定汤等八章；下篇分点瀹、辨器、申忌、防滥、戒淆、相宜、衡鉴、玄赏等八章。

明代陈继儒《茶董补》二卷（1612年前后）

陈继儒，字仲醇，号眉公，松江华亭人。工诗善文，兼能绘画。

全书约7000字，分上下两卷。上卷补录嗜尚的20条，补录产植的10条，补录制造的8条，补录焙瀹的6条，都是从前人的笔记及其他书籍中摘录下来的；下卷补录前人的诗文，凡37篇。内容比明代夏树芳的《茶董》丰富。

明代闻龙《茶笺》（1630年前后）

闻龙，字隐鳞，一字仲连，晚号飞遁翁，浙江四明人，善为诗。

全书约1000字，分为10条，论述茶的采制、贮藏方法以及四明泉水和茶具等，是一部叙述亲身体验的茶书。

明代周高起《洞山岕茶系》一卷（1640年前后）

周高起，字伯高，江阴（今江苏江阴）人。博学多闻，长于古文。清兵至，不屈而死。

全书约1500字，叙述岕茶的历史、产地、品类、采制、泡饮等。品类分第一品、第二品、第三品、不入品；另有贡茶，即南岳茶。内容很切实。

明代冯可宾《岕茶笺》（1642 年前后）

冯可宾，字正卿，山东益都人。天启二年（1622）进士，曾任湖州司理。明亡，隐居不仕。

全书约 1000 字，分为序岕名、论采茶、论蒸茶、论焙茶、论藏茶、辨真赝、论烹茶、品泉水、论茶具、茶壶、茶宜、禁忌等 12 条。篇幅虽小，却很扼要。

清代陈鉴《虎丘茶经注补》一卷（1655）

陈鉴，字子明，大概是广东人，曾居于苏州。事迹不详。

全书约 3600 字。依照陆羽《茶经》分为十目。每目摘录有关的《茶经》原文（无关的不录），即在其下加注虎丘茶事；性质类似而超出《茶经》原文范围的，就作为"补"，接续在各该目《茶经》原文后面。此书是专为虎丘茶写作的。把有关资料聚集在一起，是它的优点；但是编写体例过于别致，内容也很芜杂。

清代刘源长《茶史》二卷（1669 年前后）

刘源长，字介祉，淮安人。以志行笃实受人敬重。

全书约 33 000 字，分二卷。卷一分茶之原始、茶之名产、茶之分产、茶之近品、陆鸿渐品茶之出、唐宋诸名家品茶、袁宏道《龙井记》、采茶、焙茶、藏茶、制茶；卷二分品水、名泉、古今名家品水、欧阳修《大明水记》、《浮槎山水记》、叶清臣《述煮茶小品》、贮水（附滤水、惜水）、汤候、苏廙《十六汤品》、茶具、茶事、茶之隽赏、茶之辨论、茶之高致、茶癖、茶效、古今名家茶咏、杂录、志地。共分子目三十。编首又有各著述家及陆羽事迹。大抵杂引古书，有一些好资料，但颇芜杂。

清代冒襄《岕茶汇钞》（1683 年前后）

冒襄，字辟疆，号巢民，江苏如皋人。明代末年，史可法曾荐为监军，后又特用为司李。清时，著书自娱。

全书约 1500 字，记述了岕茶的产地、采制、鉴别、烹饮和故事等，颇为切实，主要是从别的茶叶专著抄来的。

清代陆廷灿《续茶经》三卷，《附录》一卷（1734）

陆廷灿，字扶照，一字幔亭，江苏嘉定人。曾任崇安知县。

此书分上、中、下三卷，另《附录》一卷，约共 70 000 字。按照陆羽《茶经》分为十目。上卷为"一之源""二之具""三之造"；中卷为"四之器"；下卷又分上、中、下三部分：卷下之上为"五之煮""六之饮"，卷下之中为"七之事""八之出"，卷下之下为"九之略""十之图"。另以历代茶法作为《附录》。自唐至清，茶的产地和采制烹饮方法及其用具，已和陆羽《茶经》所说的大不相同。陆廷灿撰写续书时，除了把多种古书的有关资料摘要分目录入外，还补充了大量的唐以后的资料（特别是当时《古今图书集成》业已刊行，他充分吸收了其中的成果），因此，此书虽不是他自己写的有系统的著作，但是征引繁富，在当时颇切实用。（以上据万国鼎《茶书总目提要》）

四、历代茶政沿革

《茶经》一书，没有述及茶叶的贸易，《茶经》以后的所有茶书基本上也是如此，这对以后研究我国茶叶生产、贸易与消费的历史，带来很大不便。自唐以来，茶叶已成为一种重要商品，历代统治阶级把茶事作为搜刮财富的重要手段之一，采取了种种苛刻的茶政或茶法。

所谓茶政，就是一种行政管理措施，也是一种课税政策。其中所谓贡茶，实质上是一种无偿征用；所谓榷茶、引茶，则是一种专卖制度或许可证制度；茶课或税茶则是一种以实物或货币纳税的制度。从散见于历代史料中的《食货志》里的茶政资料中，可以从一个侧面了解茶叶贸易和消费的大致情况。

1. 唐代（618—907）

唐代是我国茶叶的重要发展阶段，饮茶已成为社会风尚，统治阶级为了满足穷奢极侈的生活需要，首先对茶叶采取的是贡茶制度。

茶树原为野生植物，其后各地逐步发展为人工栽培。唐时，茶园种植更为普遍，农民的个体茶园已成为茶叶生产的主体。茶叶的贩运贸易，大都掌握在拥有资金的商人之手。唐代统治者正是在这种情况下采取对茶叶的管理措施的。

所谓"贡茶"，"贡"仅仅是一个名义，是老百姓对皇室作出的无偿的"贡献"。这种进贡当然不是自下而上的自愿行动，而是自上而下的强制性的无偿掠夺。贡茶的起源，可以上溯到周武王时期，那时随同周武王伐纣的南方小国，有的就曾以巴蜀所产的茶叶作为"贡品"（见《一之源》之述评）。但这种贡茶，应该说是所送的礼品，自与唐代的贡茶有所不同，这是因为后者无一是自愿"贡献"的。

唐代贡茶分为两类：一是专设官焙（官办的制茶工场）所制造的"御用珍品"；另一则是规定特定的地区所进贡的"贡品"。唐代官焙制成的贡茶，计有产于今江苏宜兴的阳羡茶和产于今浙江吴兴的顾渚紫笋茶。以顾渚紫笋茶为例，它"岁有定额，鬻有禁令"，还专设有贡茶院管理官焙事务。由于这一贡茶要在每年清明以前由产地赶送到都城长安（唐李郢《茶山贡焙歌》有"十日王程路四千，到时须及清明宴"之句），所以茶农就要"陵烟触露""朝饥暮匐"（均李郢《歌》中语）地不停地采摘，以免误期，但就是这样，官家还要接二连三地用公文加以催促（李郢《歌》还有"官家赤印连帖催"之句）。唐德宗时（约781），袁高所作的有名的《修贡顾渚茶山》诗，对此是说得极为痛切的：

> 禹贡通远俗，所图在安人。后王失其本，职吏不敢陈。亦有奸佞者，因兹欲求伸。动损（丧失的意思）千金费，日使万姓贫（以上写贡茶的来历和后果）。我来顾渚源，得与茶事亲。黎甿（音 méng，黎甿，众多的农民）辍农耕，采撷实苦辛。一夫且当役，尽室皆同臻。扪葛上敧（音 qī，倾斜的意思）壁，蓬头入荒榛。终朝不盈掬，手足皆鳞皴。悲嗟遍青山，草木为不春（写贡茶采摘的情景）。阴岭（阳光照不到的山岭）茶未吐，使君牒已频（写朝廷催迫的情景）。心争造化力，走挺麋鹿均。选纳无昼夜，捣声昏继

晨。众工何枯槁，俯仰弥伤神（写贡茶制造的情景）。皇帝尚巡狩，东郊路多堙（音 yīn，堵塞的意思）。周回远天涯，所献愈艰勤。况兼兵革困，重兹困疲民。未知供御余（御用所余），谁合分此珍。顾省忝邦守（袁高这时正在湖州刺史任上），又惭复因循。茫茫沧海间，丹愤何由伸（写诗人的感想）。

当时的另一种贡茶，亦即规定特定的地区所进贡的茶，实际上是一种实物纳税制度。据《新唐书·地理志》记载，当时的贡茶地区，计有山南道的峡州夷陵郡、归州巴东郡、夔州云安郡、金州汉阴郡、兴元府汉中郡，江南道的常州晋陵郡、湖州吴兴郡、睦州新定郡、福州常乐郡、饶州鄱阳郡，黔中道的溪州灵溪郡，淮南道的寿州寿春郡、庐州庐江郡、蕲州蕲春郡、申州义阳郡和剑南道的雅州卢山郡。这贡茶地区的 16 个郡，是把专设有官焙来制造阳羡茶和顾渚紫笋茶的晋陵郡和吴兴郡也计算在内的。这 16 个郡，包括了今湖北、四川、陕西、江苏、浙江、福建、江西、湖南、安徽、河南 10 个省的很多县份，因此不难看出，凡是当时有名的茶叶产区，几乎无例外地都要以茶进贡。唐元和十二年（817），因讨伐吴元济，财政困难，曾"出内库茶三十万斤，令户部进代金"。可见这种贡茶制度，是搜括民财的一种手段。

唐代在安史之乱以后，财政更为困难，因此在德宗建中元年（780）就采用户部侍郎赵赞的建议："税天下茶、漆、竹、木，十取一，以为常平本钱。"（见《旧唐书·食货志》）这是有茶税的开始。至兴元元年（784），下诏废止。但在贞元九年

（793），又诏令恢复，凡产茶州县及茶山外商人贩茶，分三等估价，抽税十分之一，从此每年茶税达四十万缗。（见《文献通考·征榷考五》）

唐代茶税，曾几次增加税额。如穆宗继位，于长庆元年（821）因"宫中起百尺楼，费不可胜计"，盐铁史王播上书增加茶税，规定每百钱增五十。（见《新唐书·食货志》）

唐文宗大和九年（835），王涯上疏，建议改行榷茶制度，这是茶有榷税的开始。（见《旧唐书·文宗本纪》）当时的榷茶制度，就是茶叶专卖制度，即：由茶叶管理机构将民间的茶园作价收归官办，雇工摘制，收入全归于官。这种做法，既侵犯了茶商的利益，也侵犯了茶农的利益，自然很不得民心，所以王涯在"甘露事变"中被杀以后，《旧唐书·王涯传》曾说："民怨茶禁苛急，涯就诛，群皆诟詈，抵以瓦砾。"此外，值得一提的是，著名诗人、《七碗茶歌》的作者卢仝，也于这次事变中在王涯家中被害。

唐宣宗大中初（847—850），盐铁转运使裴休立《茶法》十二条，取缔了横税（指各地方巧立名目的苛捐杂税），又取缔了私贩，保证了缴纳正税的茶商的利益，可以说，这是一种进一步维护茶税制度的措施。

在唐代的290年中，茶政上的措施大体可分为三种：（1）贡茶：分为官办及定区进贡两类，民怨甚大。（2）征收茶税：（780—783年，793年以后）估价征税，税率10%；847—850年，立《茶法》，取消横税，保护纳正税的商人。（3）榷茶：（835年）将民间茶园作价收归官办，当时遭到了反对。

在陆羽时，已有贡茶。开始征收茶税的时候，正是陆羽晚年。商品征税，原是商业经济发达的一个标志。唐王朝自8世纪末开始征收茶税，以后并曾一度实施榷茶制度，进行茶叶专卖，后来又立茶法保证茶商利益。这都足以表明：唐代后期茶叶商业资本已有相当力量，封建统治阶级也已把茶税视作重要的财政收人。按793年得税钱40万缗计，茶叶总值当为400万缗（一缗为1000文，即总值40亿文），如以每斤50文计算，当时产茶量至少为80万担（仅按纳税茶计），参照宋代茶价，以50文计价是不高的，所以在8世纪末期，茶产量已在80万担以上。 唐代的茶税税率，一般地说并不算高，但无论贡茶或税茶，都有流弊。如贡茶就有"亦有奸佞者，因兹欲求伸""未知供御余，谁合分此珍"（见前引诗）的情况，税茶则有种种地方苛捐杂税（横税），因而产生了逃税的私贩，所以茶叶生产者的负担，不仅有额定的贡茶，还有额外的贡茶；贩卖者的负担，不仅有正税，同时还有横税，并且这种正税和横税，最终还必转嫁到生产者的身上。但终唐之世，除了贡茶为害较大外，茶税则还没有严重地影响茶叶生产的发展。

2. 宋代（960—1279）

经五代十国（907—960），到了北宋（960—1127）、南宋（1127—1279），茶的消费日益普遍。"夫茶之为民用，等于米盐，不可一日以无。"（见王安石《王文公文集》卷三十一）茶已成为人民生活中的必需品。宋代产茶地区，遍及淮南和秦岭山脉以南各地，大致也就是后来南宋的统治区域。产茶最多的是成都府路和利州路（成都府路，相当于今四川邛崃山以东、大渡河以北、龙门山西南，及沱江以西大部分、以东一小部分地区；利州路，相当于今四川营山南部以北，通江、平昌以西，平武、梓潼以东地区和陕西秦岭以南，子午河、星子山以西地区），其次是江南东西路（相当于今江西全省，江苏长江以南，镇江、大茅山，长荡湖一线以西和安徽江南部分以及湖北阳新、通山等地），再次是淮南（相当于今江苏、安徽的淮北地区各一部分和河南的永城、鹿邑等地）、荆湖（相当于今湖南全省，湖北省荆山、大洪山以南，鄂城、崇阳以西，巴东、五峰以东及广西越城岭以东的湘水、灌江流域）、两浙（相当于今浙江全省和上海市及江苏镇江、金坛、宜兴以东地区）各路。福建路（相当于今福建省）产茶仅限于建、剑两州（建州，相当于今福建南平以上的闽江流域，但沙溪中上游除外；剑州，相当于今福建南平及沙县、龙溪等地），虽产量较少，但品质特佳，并经常作为"贡品"。广南路（相当于今广东贺江、罗定江、漠阳江以东地区和雷州半岛、海南岛等地以及广西全区）则产量不多。12 世纪下半叶，据估计，茶叶产量约在 40 万担以上。（见《文史哲》1957 年第二期所载华山《从茶叶经济看宋代社会》一文）

宋代的茶园，大多由民间经营，仅福建有若干官茶园和官焙。当时，唐代的著名贡茶——阳羡茶和顾渚紫笋茶，已为五代十国时期南唐（937—975）所采造的福建的建茶所代替。这一贡茶也如同唐代一样，"大为民间所苦"。对其他绝大部分的产茶地区，则实行唐代始创而未能实行的榷茶法，也就是对茶叶产销实行垄断专卖的制度。

宋代实行榷茶是有其客观原因和客观条件的。据《宋史·食货志》序文说："外挠于强敌，供亿（按需要而供应的意思）既多，调度不继，势不得已，征求于民。"这是一句老实话。在宋代，由于与辽、金、西夏长期对峙和战争，民族矛盾始终处于主要地位，为了保持赵家王朝的统治，自然要"征求于民"，以御强敌。这是推行榷茶的客观原因之一。

茶叶饮用的普及和茶叶经济的发展，则是推行榷茶重要的客观条件。宋代的榷茶称为"榷法"，与唐代相较更为具体、完备。据《宋史·食货志》载，这种官专卖制度是通过13个山场和6个榷货务来进行的。13个山场（包括蕲州的王祺场、石桥场、洗马场，黄州的麻城场，庐州的王同场，舒州的太湖场、罗源场，寿州的霍山场、麻步场、开顺场，光州的光山场、商城场、子安场）都在淮南地区，它们是淮南产茶区的管理机构，管理"园户"（个体茶园）生产，也管理买卖"茶货"（商品茶），兼有管理产销的职能。6个榷货务（包括江陵府、真州、海州、汉阳军、无为军和蕲州的蕲口）都在大江北岸的交通要地，它们是茶叶销区的管理机构，只管茶叶运输和发卖。江南产茶区还另设有山场，只向园户买茶（官买），再将买进的茶运到指定的榷货务交货，所以又叫买茶场。另外，京师（今河南开封）也有一个榷货务，则是全国茶盐贸易的总管理机构。

淮南13山场与6榷货务的交货关系是有规定的，其他地区的茶也按规定运交指定的榷货务，其中福建茶因多为贡茶，规定直运京师。为了便于了解宋代榷茶制度下的买卖过程及管理方式，兹概略图解如下。

北宋建国以后，除川、陕、广等地"听民自卖，不得出境"外，其他广大茶区都实行了官专卖的榷茶法。在实行这种榷茶法的同时，自太宗雍熙年间（984—987），至仁宗至和二年（1055），前后六七十年中，茶法曾经过大小十次以上的改变。所有这些改变，大部分是围绕着雍熙时开始实施的边地"入中"的制度来进行的。"入中"又叫"折中"，先是由"商人输刍（饲料）粟（泛指粮食）塞下（边地），酌地之远近而优其直（价值），执文券至京师，偿以缗钱，或移文江淮给茶盐"，

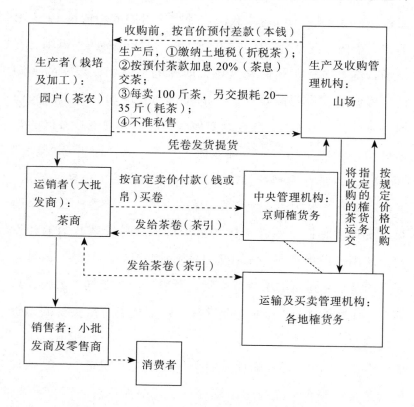

其后，又准许"商人输粟京师，优其直，给江淮茶盐"。但到了太宗至道二年（996），就不再给盐，而"悉偿以茶'（意思是全部给茶）了。重要的茶法的改变，大致包括有三说法、贴射法、见钱法（现钱法）、四说法几种。所谓三说，是对入中

商人，除部分给以"茶货"外，另给以"东南缗钱"和"香药犀齿"；贴射，是商人如欲买13山场茶的，可在京师榷货务或13山场纳"净利实钱"，由商人持榷货务所给的"券"，到所射的（所指定的）山场与园户直接交易，园户所领"本钱"，官中不再给放，而由商人直接交与园户；见钱，是商人如欲买六榷货务茶的，可在京师榷货务纳钱，纳钱八万，即支给实值十万的茶，至于到边地输粟的，依路途远近，酌量增其价值，由商人凭券到京师榷货务提款，"一切以缗钱偿之"；四说，则是"三说"之外，再加给盐一种。榷茶法在实行了将近100年以后，于仁宗嘉祐四年（1059）下诏废止，改行通商法。这时，除福建（福建腊茶后来也实行部分通商）还维持原来的榷茶制度外，"余茶则肆行天下（通行全国）矣"。

通商法的具体做法是：

（1）"园户之种茶者，官收租钱"，就是把原来政府的茶课收入，均摊在园户身上，这叫作"租钱"，园户交了"租钱"以后，就可以自由卖茶。这样，园户免除了预借本钱的利息，免除了官定的低价收购，也免除了官吏牙侩的种种勒索，却负担了原来通过商人之手最后落在消费者头上的茶息和商人杀价的损失。但总的来说，对园户是有利的。

（2）"商贾之贩茶者，官收征算"，就是商人贩卖，政府征收商税，这叫作"征算"。商人可以同园户公开进行合法的交易，只要缴纳商税，就不再冒茶货被没收，甚至丢掉性命的危险，这对商人也有利。所蒙受不利的，只有豪商大贾，因为他们过去是垄断茶货，操纵茶价的。

通商后的茶租（即"租钱"），即是榷茶时的茶息，其数目原应大致相等，由于政府对园户的"照顾"，减收了一半，但茶税收入则增加了将近一倍，以致通商后总的收入比实行榷茶法时有所增加。（见沈括《梦溪笔谈》卷十二）这说明通商法在客观上促进了茶叶经济的发展。通商法的实行，封建统治者虽是从其本身的利益来考虑的，但在当时说来，是起着进步作用的。

通商法在实行了六七十年以后，至崇宁元年（1102），又恢复了荆湖、江淮、两浙、福建七路的榷茶制度。三年之后，即崇宁四年，又规定"罢官置场，商旅并即所在州县或京师请长短引，自买于园户"，这就是所谓的卖引法。据《文献通考·征榷考五》说，"是年（指崇宁四年）所行，乃通商之法，但请引抽盘商税，苛于祖宗之时耳"。实际上，它和嘉祐通商法有很大的不同，因为它制定了苛于通商法的关于请引抽盘商税的很多办法，使"茶事益加密矣"。（同上《征榷考五》语）

南宋茶法，大致实行的是北宋末年的卖引法，直到南宋灭亡都没有什么改变。（以上据《文史哲》1957年第二期所载华山《从茶叶经济看宋代社会》一文）

就在实行通商法以后的十几年，原来并未榷茶的四川，却于神宗熙宁七年（1074）榷起茶来。四川之所以榷茶，是和当时进行的茶马交易密切联系着的，并且这次所实行的榷茶法，直到建炎二年（1128）才予废止（中间曾准许部分地区通商，不久这些地区又恢复禁榷），与此同时，四川也改行了卖引法。

早在唐代，茶已传到塞外的兄弟民族地区，由于这些兄弟民族以肉食为主，所以饮茶很快就成为这些地区的风习。就在那时，已有"时回纥入朝，始驱马市茶"（见《新唐书·陆羽传》），"往年回鹘（即回纥）入朝，大驱名马，市茶而归"（见《封氏闻见记》）等记载。马是运输和作战的主要工具，而茶已成为塞外兄弟民族的生活必需品，这就奠立了以茶易马物物交换的基础。

在宋王朝进行茶马交易之前，曾多次以绢、银买进马匹，如庆历五年（1045）出内藏库绢 20 万匹买马于府州（府州治所在今陕西府谷）、岢岚军（宋代初年置岢岚军，岢岚军在今山西岢岚），又如至和二年（1055）又以银 10 万两买马于秦州。（见范文澜《中国通史》第六册第四章第二节）直至熙宁七年（1074），因"西人颇以善马至边，所嗜惟茶，乏茶与市"，所以才派李杞、蒲宗闵入蜀，尽榷蜀茶，运至西北博（换取的意思）马，这是宋代统治者垄断茶马交易的开始，也是四川实行榷茶法的开始。

蜀茶尽榷之后，为害极大，侍御史刘挚于元祐元年（1086）在上奏蜀地榷茶之害时说：

> 蜀茶之出，不过数十州，人赖以为生，茶司尽榷而市之。园户有茶一本，而官市之额至数十斤……园户有逃而免者，有投死以免者，而其害犹及邻伍，欲伐茶则有禁，欲增植则加市，故其俗论谓：地非生茶也，实生祸也。

右司谏苏辙也上奏"备陈五害"：

> 自官榷茶以来，以重法胁制，不许私卖，抑勒等第（即压级），高秤低估（即缺秤），递年减价（即压价），见今止得旧价之半。（由于压级、缺秤、压价，园户只能得到半

价。)

　　茶官又于每岁秋成籴米，高估米价，强俵(音biào，散发的意思)茶户，谓之茶本，假令每石八百钱，即作一贯支俵，仍令出息二分。(等于高利贷，借出时扣息20%，还本时又收息20%。)

　　春茶既发，茶户纳茶，又例抑半价，兼压以大秤，所损又半，谓之青苗茶。(打了两个对折。)

　　及至卖茶，本法只许收息二分，今多作名目，如牙钱、打角钱之类，至收五分以上。(苛捐杂税达30%之多。)买茶商旅，其势必不肯多出价钱，皆是减价亏损园户，以求易售。(一切剥削最后都转嫁到生产者身上。)

　　又昔日未榷茶，园户例收晚茶，谓之秋老黄茶，不限早晚，随时即卖。榷茶之后，官买止于六月，晚茶入官，依条毁弃。官既不收，园户须至和买(即私卖)，以陷重禁。(不采秋茶，势必减产，采了私卖，又要犯法。)

刘挚、苏辙所说的榷茶之害，虽然是四川一地的情况，但可以这样说：宋代实行榷茶法时，其他产茶地区园户所受的苦难，大体上应和这并无什么不同。

　　另外，四川当时所实行的榷茶法，不仅并未对宋王朝茶马交易的进行起到一定的积极作用，并且几乎使有着悠久历史的川茶生产完全覆灭。

　　宋王朝原设有买马司，在垄断茶马交易之后，就把茶场买马司合为一司，称为茶马司。元丰(1078—1085)以来，四川、陕西各设有两个茶马司，"建炎以后（1127年以后），罢成都茶场，设买马二务：一在成都买川马，一在兴元买秦马"。（见《明经世文编》卷一四九所载王廷相《呈盛都宪公抚蜀七事》）

宋代以茶易马的数字以及交换比率，史料所载不多，且不完整。元祐（1086—1094）年间，规定每年博马的定额是18 000匹。（见《宋史·黄廉传》）到了乾道（1165—1173）初年，四川、陕西8个场茶马交易的易马定额则减为9000余匹，其中四川5000匹、陕西4000匹。淳熙（1174—1189）以后，又规定定额增为12 994匹，但直到宋朝灭亡每年所易的马，都未能达到这个数字。（见《文献通考·征榷考五》）至于茶马的交换比率，孝宗时，吏部郎阎苍舒论茶马之弊说："祖宗时（指北宋时代），一驮茶易一上驷，陕西诸州岁市马二万匹，故岁运茶二万驮。"这就是说，一驮茶可以博一匹好马，但一驮茶究竟有多少斤，史料则不详。阎苍舒接着还说："今陕西未归版图，西和一郡，岁市马三千匹耳，而用陕西诸郡二万驮之茶，其价已十倍。"也就由于这个缘故，过去北宋时代向来以粗茶易马的办法，从乾道末年开始不得不有所改变，而改用细茶易马。

两宋时期，茶法屡更，而且各个产茶地区所行茶法又不完全相同，但总的说来，实行茶专卖（包括榷茶法和卖引法）的时间最长，地区也最广，这就极大地阻滞了茶叶生产的发展，也导致了各地茶贩等的多次武装暴动。四川原是我国茶叶的发祥地之一，它既是最早经由水路和陆路把茶叶扩展到其他地区的主要省份之一，同时还是最早出现茶叶史料的一个省份（以上见《六之饮》和《一之源》之述评）。因此，到了宋代初年，全国的产茶地区，就以位于今四川还有今陕西一小部分地方的成都府路和利州路所产为最多。但自四川为了进行茶马交易而实行榷茶法以来，"川陕四路所出茶货，北方东南诸处，十不及一"（据《文献通考·征榷考五》引知彭州吕陶所说），这就是说，由于宋王朝实行了茶专卖，四川的茶叶生产，已由宋代初年的极盛时期，在经过了100多年以后，即转入了极衰时期。至各地茶贩所举行的武装暴动，其规模较大的，计有993—997年著名的四川青城王小波、李顺的暴动，1077年四川彭州堋口茶场园户的暴动（见宋代吕陶《净德集》卷一），1128年福建建州叶浓的暴动（见《文献通考·征榷考五》），1159年江西瑞昌、兴国茶贩的暴动（见宋代李心传《建炎以来系年要录》卷一八一），1168—1169年安徽、浙江、江西、福建等地茶、盐贩的暴动（见宋代卫博《定庵类稿》卷四），1171年湖南常德府茶贩等的暴动（见《宋会要》），1175年湖北茶贩赖文政的暴动（见宋代李心传《建炎以来朝野杂记》甲集）等。这都是宋代茶法进行残酷剥削所酿成的后果。在宋代，茶叶生产者（包括园户与非园户）既受到封建统治者的剥削，也受到豪商巨贾的剥削。封建统治者的剥削，是通过各种税收的形式或直接向园户以低价购买来实现的；而豪商巨贾的剥削，则是以买得茶引，以官定的远低于其价值的价格向园户或茶贩买进茶叶，然后以高于其买价几倍的价格卖给消费者，从贱买贵卖的差价中实现的。双重剥削加在茶叶生产者的身上，这就是宋代茶政的主要特征。

3. 元代和明代（1279—1644）

元代承宋代之后，于至元五年（1268）首先在四川实施榷茶制度。（据《元史·食货志》）至元十二年（1275）又榷江西茶。至元十四年（1277）扩大至江淮、荆湖、福建茶。在这之前的至元十三年（1276），曾定长引、短引之法，以三分取一。长引，每引茶120斤，短引，每引茶90斤。至元三十年（1293）又改江南茶法，"茶引之外又有茶由，以给卖另茶者"。每由茶，先是9斤，后改为3—30斤，分为10等。（见《续文献通考·征榷考》）

元代从至元十三年（1276）至延祐七年（1320）的45年间，其榷茶收入：1276年为1200余锭（锭，制成块状的金银，一般重5两或10两，元时用银锭，此处重量不详），1281年为24 000锭，1295年为83 000锭，1313年为192 866锭，1320年为289 211锭。在这45年中，增加了240余倍。（见《续文献通考·征榷考》）

元代又恢复了榷茶制度，且榷茶课率极重，"三分取一"，严禁偷运私贩及伪造茶引，告发者并有重赏。榷茶法的一再施行，说明了这种制度对封建统治阶级是十分有利的。但在元代，茶马交易已不为统治者所重视，这是由于元代系蒙古族统治中国，马匹供应极为充足，自不必再作这种交易了（后来清代亦是如此）。

明代初年，仍立茶法，在绝大部分的产茶地区，规定：

官给茶引，付产茶府州县。凡商人买茶，具数赴官纳钱请引，方许出境货卖。每引茶百斤，不及引者，谓之畸零，别置由帖付之，仍量地远近，定以程限，于经过地方执照。若茶无由引，及茶引相离者，听人告捕。又于宁安府及溧水州置茶局，批验引由，秤较茶货，有茶引不相当，或有余茶者，并听执问。卖茶毕，即以原给引由赴所在官司投缴，府州县各委官一员掌其事。茶引每一道，初定纳钱二百，后定纳钱一千文，照茶一百斤。由一道，纳钱六百文，照茶六十斤。（见《续文献通考·征榷考》）

这所立的茶法，虽把茶引分为引和由，便利了小本商人，但又规定茶与引、由必须相随，茶与引、由必须相符，卖茶以后，引、由必须缴销，对商人的管理则相当严密。至于川陕地区，由于明王朝仍急需马匹以严守边防，也仿行了宋代"以茶博马"的政策，并规定了与其他产茶地区有所不同的茶法：

上引五千斤，中引四千斤，下引三千斤，每七斤蒸晒一篦，运至茶司，官商对分。官茶易马，商茶给卖。每上引仍给附茶一百篦，中引八十篦，下引六十篦，名曰酬劳。经过地方，责令掌印官盘验，佐贰官催运。若陕之汉中，川之夔保，私茶之禁甚严。凡中茶有引由，出茶地方有税，贮放有茶仓，巡茶有御史，分理有茶马司、茶课司，验茶有批验所。（见《明会典》）

这种规定有几点值得注意：

（1）引分上、中、下三种，以 7 斤为一篦（篦是包装单位）。

（2）引茶"官商对分，官茶易马，商茶给卖"，这就是说茶马交易是由官方垄断的。

（3）引茶有名为"酬劳"的实物税，税率是14%。（上引为：$100 \div \frac{5000}{7} \times 100$，中引为$80 \div \frac{4000}{7} \times 100$，下引为：$60 \div \frac{3000}{7} \times 100$）

（4）在运销过程中，管理机构很多，其勒索也必很多。对川陕地区的茶叶生产者，洪武四年（1371）规定：

> 陕西汉中府金州、石泉、汉阴、平利、西乡诸处茶园……每十株官取一，其民所收茶，官给直买之。无主者，令守城军士薅培，及时采取，以十分为率，官取其八，军取其二。每茶五十斤为一包，二包为一引。令有司收贮于西蕃易马。（《续文献通考·征榷考》）

继于洪武五年，又规定四川产茶地方：

> 每十株官取其一，征茶二两。其无主者，令人薅种，以十分为率，官取其八……令有司收贮，以易番马。（《续文献通考·征榷考》）

川陕地区对生产者所征收的税是，"每十株官取一"，即征实物税10%，四川则把10%的实物税定为"征茶二两"。由此可以大致了解明代对茶叶的总税率是24%，其中包括对生产者收10%，对贩卖者收14%。

明代贡茶总额为4000余斤（据《明史·食货志》），从数量来说并不很多，但其扰民情况，与上述的唐代所要进贡的顾渚紫笋茶者并无二致。如明代浙江贡茶中所谓"特产而良者"的富阳茶，是与富阳鲥鱼并列为"贡品"的，浙江按察佥事韩邦奇曾为此作了个谣：

富阳江之鱼，富阳山之茶，鱼肥卖我子，茶香破我家。采茶妇，捕鱼夫，官府拷掠无完肤。昊天何不仁！此地亦何辜！鱼何不生别县？茶何不生别都？富阳山，何日摧？富阳江，何日枯？山摧茶亦死，江枯鱼始无。於戏！山难摧，江难枯，我民不可苏！

这个谣痛苦地道出了采茶妇、捕鱼夫的绝望心情，这种心情，和前引的唐代袁高《修贡顾渚茶山》诗所描述的也并无二致。

明代茶马交易从未间断，所以《续文献通考·征榷考》说："自洪武四年（1371）立法后，迄崇祯末年（1644）……直与明代相终始者。"

茶马交易的茶叶来源，主要是在川、陕。洪武初，四川茶课为100万斤，陕西26 800余斤，用以易马。"明代茶课，惟川、陕为最重"（《续文献通考·征榷考》）的说法，是符合实际情况的。

明代所设置的茶马司，有洮州、河州、西宁、甘肃及碉门五处（后又增设岷州、庄浪两处；洮州、河州、泯州、庄浪均在今甘肃省，碉门在今四川省）。以茶易马的通道，一出河州，一出碉门。明代初年，是采用所谓金牌制来进行茶马交易的，其办法是："令陕西洮州、河州、西宁各茶马司收贮官茶，每三年一次，遣在京官选调边军，赍捧金牌信符，往附近番族（按指兄弟民族），将运去茶易马。"（见《续文献通考·征榷考》）金牌制实施至永乐四年（1406）即告停止，后在宣德年间（1426—1435）又恢复了一个短时期，再度停止后，就未再实施。当时，还采用宣慰的方式借以得马，如洪武二十五

年（1392），命尚膳太监等人到河州，以茶 30 余万斤，得马 10 340 余匹。（见《续文献通考·征榷考》）

永乐后（约 1406 年以后），由于通过陕西通道的四川茶大多霉烂变质，所以曾将三分之一的川茶征收实物，其余改征银两。景泰二年（1451），还一度停止运陕。（见《续文献通考·征榷考》）

在明代初年，以茶易马"岁至万余之多"；弘治年间（1488—1505）"岁易马匹，不过数千"。（见明户部尚书梁材《议茶马事宜疏》）万历初年（约 1576 年以前），"每岁中马六千有奇"；到了万历二十九年（1601），规定西宁、河州、洮州、泯州、甘肃、庄浪六茶马司每年共易马 9600 匹；天启元年（1621），又增中马 2400 匹，每年共易马 12 000 匹。（均见《续文献通考·征榷考》）至茶马交易所用的茶，大致上是由少到多的。明代初年，采用金牌制时，以茶 100 万斤，易马 14 051 匹（见《明经世文编》卷一一五所载杨一清《为修复茶马旧制第二疏》），平均每马一匹易茶 70 斤。洪武二十二年（1389 年），规定四川的交换比率是：上马一匹，茶 120 斤；中，70 斤；驹，50 斤。（见《续文献通考·征榷考》）平均每马一匹易茶 80 斤。弘治三年（1490），令陕西召商中茶，据御史李鸾上奏说，"可得茶四十万斤，易马四千匹"（见同上《征榷考》），平均每马一匹易茶 100 斤。

在明代，凡贩运私茶出境的，以"通番"论罪，定法十分严厉，太祖之婿欧阳伦，就是因为贩运私茶去河州，被太祖赐死的。可是，"明初严禁私贩，久而奸弊日生。洎乎末造（到了明代末年），商人正引之外，多给赏由票，使得私行。番人上驯，尽入奸商，茶司所市者，乃其中下也……茶法、马政……于是俱坏矣"（见《明史·食货志》）。这就是说，到了明代末年，茶法、马政都搞坏了。

明代对于茶马交易的垄断，虽同样以失败告终，但其茶法所采用的茶引制度，其课税税率究较前为轻。因此，与宋、元比较，明代是我国茶叶生产和贸易史上的一个发展较快的时期，这是可予肯定的。

4. 清代及中华民国（1644—1949）

清代的茶叶行政管理措施基本和明代相同，除清初在陕西、甘肃两省仍进行以茶易马外，其他地方则实行茶引制度。

各省所用的茶引，系由户部先颁发给各省布政使司，再转发至产茶州县，规定茶百斤为一引，不及百斤的谓之畸零，另给护帖。商人买茶，按引目所列引价纳款后发给引照，方准出境货卖，经过的关津设有批验茶引所，其行销本地的则不给引照，由各园户纳课。

四川的茶引，与其他地方不同，分腹引、边引、土引三种。腹引用于内地，边引用于边地，土引用于土司。边引又分三道：行销打箭炉的叫南路边引，行销松潘厅的叫西路边引，行销邛州的叫邛州边引。

清代初年，为了进行茶马交易，设有洮岷、河州、西宁、庄浪和甘州五个茶马司，由巡视茶马御史统辖。康熙四年（1665），云南北胜州也开茶马市，商人买茶易马的，每两抽税三分。康熙七年撤销茶马御史，归甘肃巡抚兼理。以后，这种以货易货的交换方式逐渐为货币交换所淘汰。

咸丰三年（1853），开始实行厘金制度。所谓"厘金"，就是在水陆交通要道设立关卡所征收的一种商品通过税，也称"厘捐"或"厘金税"。最早实行的是福建，当时各地茶叶运闽出海的很多，因此福建茶叶厘金收入增长很快，如咸丰三年（1853）为8714两，四年（1854）为14 098两，五年（1855）为52 102两，六年（1856）增至160 717两。浙江征收茶厘，开始于同治十一年（1872），第一年即收茶厘781 071两。江西开征茶厘在光绪十五年（1889）。次年，安徽、湖南、山东、江苏陆续开征。江西年征一二十万两，安徽4至7万余两，湖南最高时（1908年）达388 332两。（见吴觉农、范和钧《中国茶业问题》第二章）

清代各省的茶叶厘金收入逐年增加，这是由于商品茶生产量的增多，更主要的是，不仅内销茶叶大量增加，外销茶叶也继续有所发展。其厘金课税税率，加上地方上的捐税，商人所负担的税额，并不高于宋、明两代，同时，当时资本主义工商业已逐步兴起，茶叶在国内贸易上所占的地位，除产茶地区外，已不是征税的主要对象，但厘金对茶叶商运的骚扰勒索仍颇严重，而商人又以压低收购价格把所缴的厘金等税转嫁在茶农身上，因此厘金制度下的商业资本，对茶农的剥削也日益增加了。

在实行厘金制度的同时，捐税名目日益增多，如光绪二十年（1894），加收茶叶二成捐；光绪二十七年庚子赔款以后，又加收茶叶三成捐。各地借口弥补财政不足，或兴办新兴事业等，还有种种附加，加上贪污勒索，茶农负担奇重。

茶叶出口税率，最初规定为从值7.5%，茶叶每担估值为

50 关两，即每担纳出口税 3 两 7 钱 5 分。以后因茶价下跌，进出口都改税率为 5%，即每担纳税 2 两 5 钱。（见吴觉农、范和钧《中国茶业问题》第二章）民国成立后，军阀割据，连年内战，各地茶税，名目更多。除正规税目外，另缴的苛捐杂税，有"照票""胥役费""挂号费""扦手钱""灰印钱""哨划钱""草鞋钱"等等。直至民国二十年（1931），才实行裁厘，举办营业税。内销茶抽千分之十五，但各地各种附加税仍然存在。民国三年（1914）时，因第一次世界大战发生，国外销路骤然减少，曾将出口茶税减至每担一两。民国八年（1919）由茶商请求减免出口茶税，原定以二年为期，后因第一次世界大战后，茶叶输出仍然不振，曾继续免征出口茶税。

清末民初，因有周馥、张謇等提出振兴实业的口号，光绪三十一年（1905），曾派郑世璜等赴印度、锡兰考察茶叶。民国三年（1914）及民国八年（1919），云南、浙江又先后派朱文精、吴觉农等赴日本学茶，并先后在南京钟山筹设江南商务局植茶公所、四川设茶务讲习所、安徽祁门设茶叶试验场等，但都因战乱关系未能发展。民国二十年（1931），在上海、汉口两地建立茶叶检验机构，办理茶叶出口检验，以后又在安徽、江西、浙江、福建、两湖等主要茶叶产地成立茶叶改良场，并于民国二十五年（1936）举办茶叶产地检验，皖赣两省又联合筹组红茶运销委员会，协调皖、赣红茶运销业务，同年，又由原实业部和浙、皖、赣、闽等主要产茶省与茶商筹组官商合办的中国茶叶公司。但不久都因战争关系，先后停顿。民国二十六年（1937），抗日战争爆发，海口被封锁。民国二十七年（1938）初与苏联签订了易货协定，开始由原财政部贸易委员会统购统销全国外销茶叶，并在各产茶省成立茶叶管理局（处），当时全国茶叶都集中于香港，由原贸易委员会驻港派出机构富华公司销售。后来，中国茶叶公司改属原贸易委员会，但在购销业务上，它并未作出任何成绩。（抗战胜利后，原贸易委员会被取消，中国茶叶公司也随之被取消）

民国三十年（1941），日本袭击珍珠港事件发生以后，海上运输完全停顿，国内茶叶主要销区，则在日伪侵占之下受到了严重破坏。抗日战争胜利后，国民党政府取消了外销茶叶的统购统销政策，而由官僚资本以外汇管制和金融资本等手段控制工商事业，特别是控制了外汇和进出口贸易，茶叶生产从此更摧残殆尽。

茶的产地

——《茶经·八之出》述评

　　《八之出》论述了唐代的茶叶产地，但陆羽的论述并不是完整的，即如茶树原产地区之一的云南，即未予列入。本节系根据《八之出》的内容，着重述评唐代的茶叶产区、从唐代茶叶产区看我国的名茶和唐代以后的茶叶产区以及茶叶品质与自然地理的关系。

　　唐代茶叶产地，据《八之出》所述，遍及当时的八道。道是唐代开元二十一年（733）以后地方一级的行政区划单位，相当于现在的省一级；道以下设州（郡），相当于现在的专区一级；州（郡）以下设县，相当于现在的县一级。以唐时的道、州、县与现在的省、地、县比较，只是为了说明地方行政区划分为三级的概念。事实上，唐代道所辖的区域远较现在的省为广，州和县所辖的区域也大都与现在的专区和县不同。

　　唐代道的设置，曾经有过一次较大的变更。最先一次的设置是在唐贞观元年（627），这次是根据自然形势和当时的交通情况，将所辖地区划分为 10 道（即关内、河南、河东、河北、山南、陇右、淮南、江南、剑南、岭南道）、293 州；变更道的设置是在唐开元二十一年（733），这次是由于所辖地区有所扩展，而原来有些道的辖区过大，因重新划分为 15 道，即将山南、江南各分为东西两道，并增设黔中道和京畿、都畿道。据开元二十八年（740）户部统计，共置 328 个郡、府，1573 个县，户数为 8 412 871 户，人口为 48 143 609 人。

《八之出》所述的 8 道，其中山南、江南、淮南、剑南、岭南 5 道仍沿用 10 个道的旧名，黔中则采用 15 个道的新名，浙西和浙东都不在 10 道或 15 道之内，而是采用唐乾元元年（758）所设置的浙江西道和浙江东道的方镇名（这两个道原在江南道的辖区之内）。8 个道的名称出处不一，读起来显得有些混乱。同时，《八之出》把浙西、浙东割裂开来，在这两个道之间夹上一个剑南道，这就使人感到很不清楚。陆羽的原稿不应如此，可能是在后来刻印《茶经》时误植。今为便于了解土地相近的浙西、浙东的茶产地情况，除已在"译文"内将浙东径列于浙西之后，并将剑南改列在浙东之后外，在此也即照此种排列方法加以述评。不过，从这里却可以证实《茶经》成书的年代是在唐乾元以后（即公元 758 年以后）；同时，也可把 8 个道看作《茶经》作者按自然地理所划分的 8 个茶叶产区（茶区）。这 8 个道（或茶区）遍及现在的湖北、湖南、陕西、河南、安徽、浙江、江苏、四川、贵州、江西、福建、广东、广西等 13 个省区，足见唐代的茶叶产区已相当广大。

《茶经》中的注，其中很多不是陆羽所注，这是已在《前言》中说明了的。《八之出》中的注，比其余任何一章都多，这究竟是否是陆羽自己所加，已无从查考，但既是为唐代茶产地的《八之出》作注，则注中所说的县和县以下的山、寺、村也应是唐代的茶产地，这是毫无疑义的。因这些山、寺、村的产品已无参考价值，所以在述评时一律从略。

一、唐代茶叶产区

在《八之出》的原文和注中，具体列出了唐代产茶地区的8个道、43个州郡、44个县的名称，有的还指明产于某山、某寺、某村，有面有点，颇为详细。《茶经》作者写作的依据，大体有三个方面：一是陆羽亲自到过的地方，如浙西道、淮南道的某些州；二是从其他资料中收集来的，如剑南、浙东、淮南道的某些州（见《七之事》）；三是由于"往往得之"而掌握茶叶样品知其产地的。当然这三方面的资料并不是孤立地运用的，《八之出》的写成，是陆羽进行实地调查、收集书面资料和对茶叶样品加以综合研究的结果。下图为《唐代茶区分布图》，是根据划分为10道时的地域绘制的。

对《八之出》加以具体的剖析，可以发现不少问题，这些问题在当时的历史条件下是很难避免的。这里举出一些例子如下：

首先，《八之出》中，所列的道以下的州（郡），从各该州所隶属的道来说，虽与当时的行政区划基本一致，但也有错误的地方。例如，衡州在行政区划上属于江南道，而《茶经》列在山南道内；福州，建州都属于江南道，而《茶经》则列在岭南道内。唐代江南道的辖区很广，在唐开元二十一年（733）尚未把江南道划分为江南西道和江南东道以前，其辖区包括今浙江、福建、江西、湖南等省，江苏、安徽的长江以南地区，湖

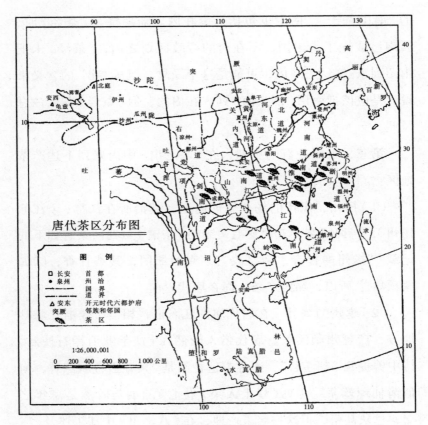

唐代茶区分布图

北、四川的长江以南的部分地区以及贵州的东北部地区，浙江西道和浙江东道（简称浙西、浙东）也包括在江南道内。《茶经》把浙西、浙东分列出来，就使江南道的辖区与它实际所辖的地区大不相同。

其次，在《七之事》中，《茶经》作者曾提到汉代司马相如的《凡将篇》中的"荈诧"，按司马相如曾奉命通"西南夷"（即作为汉王朝的使节访问西南地区的兄弟民族），到过茶树原产地区之一的云南，《七之事》中又提到过三国魏傅巽《七诲》中的"南中茶子"，南中也包括云南在内。陆羽撰写《茶经》时，云南已成立了南诏国，不在唐的行政区划之内，《茶经》未把南诏列入《八之出》内，可能是这个缘故，但从"出"的含义来说，是应该把南诏（即云南）列入在内的，但《茶经》却未注意及此。

第三，根据现有的史料，在《八之出》中尚漏列下述产茶地区：

（1）扬州，唐代的扬州属淮南道，其治所在江都（今江苏扬州），产蜀冈茶。五代蜀毛文锡的《茶谱》对蜀冈茶有如下的记载："扬州禅智寺，隋之故宫，寺旁蜀冈，其茶甘香，味如蒙顶焉。"所以，蜀冈产茶，尚在唐代以前。

（2）越州的剡县，在唐代属浙江东道，相当于今浙江嵊县地方，产越州剡溪茶。唐代僧人皎然在《饮茶歌诮崔石使君》诗中曾提到"剡溪茗"，还称誉这种茶是"素瓷雪色飘沫香，何似诸仙琼蕊浆"。（见《昼上人集》卷七）陆羽与皎然是忘年之交，过从甚密，但这一名茶产地，在《八之出》中却未述及。

（3）夔州的茶岭，夔州在唐代属山南道，相当于今四川奉节、巫溪、巫山、云阳等地。夔州产茶岭茶，唐代韦处厚有《茶岭》诗："顾渚吴商绝，蒙山蜀信稀。千丛因此始，含露紫英肥。"茶岭茶是可以与唐代有名的贡茶——顾渚紫笋茶和蒙顶茶比美的名茶。

（4）眉州的南安和武阳，这两个地方都在唐剑南道眉州境内。南安在今四川乐山，武阳在今四川彭山县。据常璩《华阳国志·蜀志》记载："南安、武阳，皆出名茶。"

（5）什邡县，属唐剑南道的汉州，据《华阳国志·蜀志》记载："什邡县，山出好茶"。

（6）黔州的黔阳，唐代黔中道的黔州，相当于今四川彭水、黔江等地。明李时珍《本草纲目》"集解"中在列举唐代名茶时，曾说："蜀之茶，则有……黔阳（相当于今四川彭水县）之都濡……皆产茶有名者。"

（7）江州的庐山，江州，唐代属江南道，相当于今江西九江市、德安、彭泽、湖口、都昌等地。江州的庐山产茶，开始于西晋或东汉时期，白居易在《香炉峰下新置草堂即事咏怀题于石上》一诗中，有"架岩结茅宇，斫壑开茶园"之句，说明了唐时在庐山香炉峰栽植茶树的情况。

根据《茶经》及上述的其他史料，兹将唐代的茶叶产区列成下表。为便于了解，还附列了现在（注：即本书初版时）的地方行政区划。

《茶经》中的道名和道界	《茶经》和其他史料中的茶产地		现在的地方行政区划			备注
	州郡名	县名	省、自治区名	地区名	县名	
山南 　　相当于今四川嘉陵江流域以东，陕西秦岭、甘肃蟠冢山以南，河南伏牛山西南，湖北郧水以西，自四川重庆市至湖南岳阳间的长江以北地区	峡州	远安、宜都、夷陵	湖北	宜昌	远安、宜都、宜昌市	
	襄州	南郑	湖北	宜昌	南漳	
	荆州	江陵	湖北	荆州	江陵	
	衡州	衡山	湖南	衡阳	衡山	
	衡州	茶陵	湖南	湘潭	茶陵	
	金州	西城、安康、襄城、金牛	陕西	安康	安康、汉阴	襄城县，疑有误。
	梁州		陕西	汉中	宁强	
	夔州		四川	万县	开县	

（续表）

《茶经》中的道名和道界	《茶经》和其他史料中的茶产地		现在的地方行政区划			备注
	州郡名	县名	省、自治区名	地区名	县名	
淮南 　　相当于今淮河以南、长江以北、东至海、西至湖北应山、汉阳一带，并包括河南的东南部	光州 义阳郡 舒州 寿州 蕲州 黄州 扬州	光山 义阳 太湖 盛唐 黄梅 麻城	河南 河南 安徽 安徽 湖北 湖北 江苏	信阳 信阳 安庆 六安 黄冈 黄冈 扬州	光山 信阳市 太湖 六安 黄梅 麻城 扬州市	唐代的扬州产蜀冈茶。
浙西 　　相当于今江苏长江以南、茅山以东及浙江新安江以北地区	湖州 常州 宣州 宣州 杭州 睦州 歙州 润州 苏州	长兴、安吉、武康 义兴 宣城 太平 临安、于潜、钱塘 桐庐 婺源 江宁 长洲	浙江 江苏 安徽 安徽 浙江 浙江 江西 江苏 江苏	嘉兴 镇江 芜湖 徽州 杭州市 杭州市 上饶 南京市 苏州市	长兴、安吉 宜兴 宣城 太平 临安 桐庐 婺源 南京市 苏州市	唐代的武康县，在今嘉兴地区境内，今无此县名。 唐代的于潜、钱塘二县，均在今杭州市境内，今无此两县名。
浙东 　　相当于今浙江衢江流域、浦阳江流域以东地区	越州 越州 明州 婺州 台州	余姚 剡县 贸县 东阳 丰县	浙江 浙江 浙江 浙江	宁波 绍兴 宁波 金华	余姚 嵊县 鄞县 东阳	丰县，疑有误。
剑南 　　相当于今四川涪江流域以西，大渡河流域和雅砻江下游以东，云南澜沧江、哀牢山以东，曲江、南盘江以北，及贵州水城，普安以西和甘肃文县一带	彭州 绵州 蜀州 邛州 雅州 泸州 眉州 汉州 汉州 夔州	九陇 龙安、西昌、昌明、神泉 青城 泸川 丹棱、彭山 绵竹 什邡	四川 四川 四川 四川 四川 四川 四川 四川 四川 四川	温江 绵阳 温江 温江 雅安 宜宾 乐山 绵阳 温江 万县	彭县 安县、江油 灌县 泸县 丹棱、彭山、乐山 绵竹 什邡 开县	晋代的南安，在今四川乐山。唐代是何县，不详。

（续表）

《茶经》中的道名和道界	《茶经》和其他史料中的茶产地		现在的地方行政区划			备注
	州郡名	县名	省、自治区名	地区名	县名	
黔中 　　秦代黔中郡的辖境，相当于今湖南沅水、澧水流域，湖北清江流域，四川黔江流域和贵州东北一部分。唐代黔中道的辖境与秦代黔中郡的辖境略同。但东境不包括沅澧下游今桃源、慈利以东，西境兼有今贵州大部分地区	思州 播州 费州 夷州 黔州	彭水	贵州 贵州 贵州 贵州 四川	铜仁 遵义 铜仁 铜仁 涪陵	彭水	
江南 　　相当于今浙江、福建、江西、湖南等省及江苏、安徽的长江以南，湖北、四川江南的一部分和贵州东北部地区	鄂州 袁州 吉州 江州		湖北 江西 江西 江西	黄石市、咸宁 宜春 井冈山 九江		唐代江州的茶产地指今九江的庐山。
岭南 　　相当于今广东、广西大部和越南北部地区	福州 建州 韶州 象州	闽县	福建 福建 广东 广西	福州市 建阳 韶关 柳州	福州市	

二、从唐代茶叶产区看我国的名茶

我国是世界上生产名茶最多的国家。我国的名茶，除了江苏、浙江、江西、安徽、四川等省的个别地方在唐代以前就已有生产外，绝大部分是自唐代开始才生产的。下面就以各省（区）地方志的材料为主要依据，从唐代的茶叶产区介绍我国的主要名茶。

1. 山南茶区

（1）峡州

峡州在唐代是一个著名的茶产地，又是一个名茶产区。据唐代李肇《国史补》介绍说："峡州有碧涧、明月、芳蕊、茱萸。"同时他还把峡州的这四种茶，和湖州顾渚的紫笋、寿州霍山的黄芽等很多名茶并列。因此，唐代郑谷在《峡中尝茶》诗中对峡州茶赞赏地说："蔌蔌新英摘露光，小江园里火前尝。吴僧漫说鸦山好，蜀叟休夸鸟嘴香。入座半瓯轻泛绿，开缄数片浅含黄。鹿门病客不归去，酒渴更知春味长。"

诗中的"小江园"在峡州境内，所以郑谷才有"小江园里火前尝"之句。又诗中所说的鸦山、鸟嘴，指的是宣城的鸦山茶和蜀州的鸟嘴茶，郑谷说这两种茶的品质次于峡州茶，和陆羽在本章说的等次是一致的。但是明代钱椿年撰、顾元庆校的《茶谱》和高濂的《遵生八笺》虽都认为峡州的碧涧、明月也是当时的名茶，却在"品第"时说："石花（指蒙顶石花）最上，紫笋（指顾渚紫笋）次之，又次则碧涧、明月之类是也。"

远安县

据清咸丰《远安县志》（1858）说：远安茶，以鹿苑为绝品，鹿苑以外，还有产于凤山附近的凤山茶。清代道光三年（1823）僧人金田曾作诗赞美鹿苑茶说是："山精玉液品超群，满碗清香座上熏。"现已在鹿苑一带创制出一种黄茶品类的鹿苑茶。

宜都县

据《七之事》所引的《夷陵图经》说："黄牛、荆门、女观、望州等山，茶茗出焉。"黄牛、荆门、女观、望州这些山都位于宜都县境内。

夷陵县

唐代的夷陵茶是峡州所产的名茶之一。到了清代，县东的东湖产有东湖茶。

（2）襄州

（3）荆州

在唐代，荆州的仙人掌茶，是当时的名茶之一，它是由著名诗人李白及其族侄僧中孚发现后闻名于世的。李白在《答族侄僧中孚赠玉泉仙人掌茶诗并序》中说：

> 余闻荆州玉泉寺近清溪诸山，山洞往往有乳窟，窟中多玉泉交流……其水边，处处有茗草罗生，枝叶如碧玉，唯玉泉真公（真公，当是玉泉寺的当家和尚）常采而饮之，年八十余岁，颜色如桃花，而此茗清香滑熟，异乎他者，所以能还童振枯，扶人寿也。余游金陵，见宗僧中孚，示余茶数十片，拳然重叠，其状如手，号为仙人掌茶，盖新出乎玉泉之山，旷古未观，因持之见遗，兼赠诗，要余答之，遂有此作。后之高僧大隐，知仙人掌茶，发乎中孚禅子，青莲居士李白也。

这里，李白说玉泉寺的当家和尚真公"年八十余岁，颜色如桃花"，是由于常常采饮这种茶，所以才能"还童振枯"（意思是"返老还童"），这就把仙人掌茶的作用过分地夸张了。下面就节引诗的一些诗句：

> 尝闻玉泉山，山洞多乳窟。……茗生此中石，玉泉流不歇。根柯洒芳津，采服润肌骨（这便是上面所说的"还童振枯"）。丛老卷绿叶，枝枝相接连。曝成仙人掌，似拍洪崖肩。举世未见之，其名定谁传。

荆州的仙人掌茶，自李白等发现以后，历经宋元等朝，直到明代，依然被视作名茶为人们所称道。如李时珍《本草纲目》"集解"说："唐人尚茶，茶品极众。……楚之茶，则有荆州之仙人掌……皆产茶有名者。"

至于江陵茶产，据明代陈继儒《茶董补》引唐代李肇《国史补》说："江陵有楠木。"又据同书引元代马端临《文献通考》说："大拓枕，出江陵。"大拓枕，是属于片茶类的名茶；至楠木茶，陈继儒则把它列为"山川异产"的一种名茶。但据清乾隆《江陵县志》（1794）说，江陵不产茶，上面所说的产有楠木茶和大拓枕茶的江陵，指的都是江陵郡。不过，另据清光绪《江陵县志》（1876）的记载，则明明是把楠木茶（写作枏木茶）列入江陵县的茶产之内的。

（4）衡州

衡山县

衡山县，是以衡山得名的。衡山，古称南岳，在今湖南衡山县西，山有72峰，以祝融、天柱、芙蓉、紫盖、石廪5峰为著。石廪峰产石廪茶，唐代诗人李群玉在《龙山人惠石廪方及团茶》诗中说：

客有衡岳隐，遗予石廪茶。自云凌烟露，采撷春山芽。圭璧相压叠，积芳莫能加。碾成黄金粉，轻嫩如松花。……一瓯拂昏昧，襟鬲开烦挐。顾渚与方山，诸人留品差。持瓯默吟咏，摇膝空咨嗟。

诗人在品尝了石廪茶之后，感到它能"拂昏昧""开烦挐（纷杂的意思）"，因而对当时很多人关于湖州顾渚茶和福州方山茶的过高评价，感到不平。此外，清代高自位等所著的《南岳志》（1753）也说："茶，岳产特丰。……煮以峰泉，味甘香，不减顾渚。"

衡山还有一种被称为"衡岳上品"的阇林茶，据清代刘献廷《广阳杂记》说：

衡山水月林主僧静音，馈余阇林茶一包。……此茶出石罅中，乃鸟衔茶子堕罅中而生者，极不易得，衡岳之上品也，最能消胀。（阇，音 zuān，钻俗字）

茶陵县

（5）金州

在唐代，金州是有所谓贡茶的一个州，据《新唐书·地理志》说："金州汉阴郡土贡：茶牙。"

西城县

在唐代，西城县附近的紫阳县（今陕西紫阳），产有紫阳茶。据清道光《紫阳县志》（1843）说："紫阳茶，每岁充贡，陈者最佳，醒酒消食，清心明目。"

这里所说的"陈者最佳"是不对的，绿茶一般是越新越好，否则，色、香、味都要减弱，特别是在包装或贮藏条件不良的时候，更是如此。紫阳现在生产的名茶是"紫阳毛尖"，它是条形绿茶，以焕古滩（原名宦姑滩）桂花庄所产的毛尖品质最为名贵。

安康县

（6）梁州

襄城县

金牛县

在这里需要指出的是，陕西茶叶生产，从唐代至今都仅限于汉水流域，其他地区是不产茶的。陆羽这里所说的金州、梁州，其辖境便都在汉水流域。

2. 淮南茶区

（1）光州

光山，在唐代是一个著名的产茶地。据清乾隆《光山县志》（1786）说："宋时光州所产片茶，有东首、浅山、薄侧等名，又于光山、固始并置茶场，则昔时亦产茶处也。"

同《县志》又说："今县境不甚产茶，惟连康山有之，然品味不及闽、吴产远甚。"

（2）义阳郡

义阳县，在今河南信阳市南。据民国《信阳县志》（1934）说："本山产茶甚古，唐地理志义阳土贡品有茶，苏东坡谓淮南茶信阳第一。"现信阳产的针形绿茶信阳毛尖，仍是我国内销名茶之一，以信阳东云山所产的品质最佳。

（3）舒州

舒州，在今安徽舒城附近。舒城所产兰花茶，具有浓郁的兰花香。毛主席1958年曾亲自到该地视察，并发出"以后山坡上要多多开辟茶园"的指示。

太湖县，相当今安徽太湖县。北宋时代的舒州太湖茶场，是当时的十三茶场之一。到了清代，太湖县仍有产茶的记载，据清同治《太湖县志》（1872）说："物产茶，饭茶多出上乡。"

潜山，是太湖县境内的一个山名，它和下面所说的又名为天柱山的潜山，并不是同一个山。这里的潜山，一名皖公山，又名皖山。据民国《潜山县志》（1920）说："茶，以皖山为佳产。皖峰高矗云表，晓雾布濩……故其气味，不待薰焙，自然馨馥。而悬崖绝壁间有不种自生者，尤为难得，谷雨采贮，不减龙潭雀舌也。"

（4）寿州

关于寿州的茶产情况，据清道光《寿州志》（1829）说："唐、宋史志，皆云寿州产茶，盖以其时盛唐、霍山隶寿州、隶安丰军也。今土人云：寿州向亦产茶，名云雾者最佳，可以消融积滞，蠲除沉疴。"

盛唐县，在今安徽六安。六安茶，是唐代以来就为人所知的名茶之一。这里先简单谈一下六安茶当中的小岘春。

明代王象晋所著的《群芳谱》，曾列有六安州小岘春茶。后来，清雍正《六安州志》又赞赏地说六安州小岘春是"茶之极品"。六安州即今六安市，小岘，山名。所以名之为"小岘春"，当是取"六安茶起，小岘春至"之意。

又，六安还产有提片、瓜片、梅片等片茶，驰名遐迩。松萝茶也颇著名。

霍山，是指属于盛唐县的一个山名。霍山，一名潜山，又名天柱山。霍山黄芽是历史上名茶之一。据古代史书记载："寿春之山有黄芽焉，可煮而饮。"这里所说的"寿春之山"，就指的是霍山，可以想见，霍山黄芽已久享盛名了。到了唐代，李肇所著的《国史补》，也把寿州"霍山之黄芽"列为唐代的名茶之一。李时珍在《本草纲目》"集解"里，谈到唐代名茶时，也在"楚之茶"之中列有"寿州霍山之黄芽"。

霍山所产的天柱茶，在唐代是经常为诗人们所吟咏的，如唐代薛能《谢刘相公寄天柱茶》诗，说天柱茶是："偷嫌曼倩桃无味，捣觉嫦娥药不香。"又如唐秦韬玉《采茶歌》说："天柱香芽露香发，烂研瑟瑟穿荻篾。……老翠香尘下才熟，搅时绕筯天云绿。"

六安茶是由明代才开始入贡的。据清康熙《六安州志》（1699）说：

> 茶，……六安名亦最著，但自霍邑分治（霍山是自明弘治七年即1494年由六安州境内分出来重新置县的）后，茶山数十处皆在霍。惟天竺山、齐头冲、杭石冲、源口四处为州境茶山，岁摘无几，较霍之男妇力作，歌声满谷……者，十不及一，乃人习而不察，尽目之为六安，殊不知霍享其实，六当其名耳。

如上所说，六安茶之产于六安州的，还不及产于霍山县的十分之一，所以说是"霍享其实，六当其名"。但据清乾隆《霍山县志》（1749）说："六安茶，六安与霍山所并产也，茶以六安名。当霍未建县已有贡额，故辖于州而名之。然亦纪实之词也。霍邑山多硗确，六安地广且饶，产茶实浮于霍。"这里说的和《州志》所说就有矛盾，可能是纂修《霍山县志》的人考虑：如茶生产得多，则所担负的税赋和贡茶也要相应增多，所以说出"六安……产茶实浮于霍"的话，《州志》说的情况，还是符合实际的。

（5）蕲州

蕲州，是唐代的名茶产地之一。唐代李肇《国史补》说："蕲州有蕲门团黄。"到了明代李时珍在《本草纲目》"集解"里，谈到唐代"楚之茶"时，也举出蕲州蕲门之团黄，这就说明这种茶也是一种流传已久的名茶。另据清咸丰《蕲州志》（1852）说："土产云雾茶，出仙人台，味最佳，诸茶莫及。"

黄梅县，相当今湖北黄梅县。据清顺治《黄梅县志》（1660）说："距县七十里，更上曰紫云山。……及造其巅，坦夷宽旷，东西环拱。……峰顶僧人每年植茶，名紫云茶。"

（6）黄州

黄州在唐代以前就是一个有名的茶产地，州属的黄冈又是一个采造贡茶的地方。到了宋代，黄冈依旧有茶入贡，王禹偁的《茶园十二韵》便是吟咏黄冈园里的贡茶的。今节引该诗的一些诗句如下："勤王修岁贡，晚驾过郊原。蕛苨余千本，青

葱共一园。……舌小伴黄雀，毛狞摘绿猿。……缄縢防远道，
进献趁头番。"

　　州属麻城县，相当今湖北麻城县地。北宋乐史的《太平寰
宇记》曾有麻城山原出茶的记载，北宋仁宗年间（1023 年前
后），在麻城一地所买的茶，竟达 284 000 余斤。到了清代，
麻城仍是一个产茶地方，据清光绪《麻城县志》（1876）说：
"黄蘗山，在县东北九十五里，上产茶。"

　　又据民国《麻城县志续编》（1935）说："麻城产茶之山不
一，以龟峰为最佳，山麓附近各地出产亦旺，而品稍逊。……
他如天台山、垒峰山、覆钟尖处所产均美。"现已在麻城龟峰
山海拔 600—800 米的东南沟、龟尾、柿坪山一带创制出特种
绿茶——龟山岩绿。

3. 浙西茶区

（1）湖州

　　湖州在唐代以前就是一个很有名的名茶产地。据《七之
事》引南朝宋时山谦之《吴兴记》说："乌程县四二十里有温山，
出御荈。"上章中曾谈到乌程县所出的御荈，甚至可以上溯到
三国吴孙皓的时代，可见湖州产茶，是由来已久的。唐代湖州
的顾渚紫笋茶，是最负盛名的贡茶之一。

长城县

　　长城县，是唐乾元年间（758—760）湖州的属县之一。

　　顾渚，山名。陆羽有《顾渚山记》一卷（一说为二卷），是
有关顾渚山的一般记事的专著，今已不传。顾渚紫笋茶，是以

其"色紫而似笋"得名的，也是符合陆羽所说的"紫者上""笋者上"的。

唐代顾渚紫笋茶是后于阳羡茶作为贡茶的，宋嘉泰《吴兴志》（1201）在叙述唐代义兴（今宜兴）的贡茶情况以后，曾说："顾渚与宜兴接，唐代宗以其（指义兴）岁造数多，遂命长兴均贡。"

长兴为了制造贡茶，曾设有贡茶院，据上引的《吴兴志》说："旧于顾渚源建草舍三十余间，自大历五年（770）至贞元十六年（800）于此造茶。……至贞元十七年，刺史李词以院宇隘陋，造寺一所。……以东廊三十间为贡茶院。……引顾渚泉亘其间，烹蒸涤濯皆用之。"

北宋初年，据清康熙《长兴县志》（1673）说是"贡而后罢"，但在南宋时代，则又作为"贡品"入贡了，据上引的《吴兴志》说："顾渚……今崖谷之中，多生茶茗，以充岁贡。"

明洪武八年（1375），曾将元代改贡茶院为磨茶院的制造"贡茶"的处所革罢，并规定每年只贡茶芽2斤。至永乐二年（1404），又增贡茶数为30斤，这种"止贡南京"的贡茶，直到万历年间（1573—1620）还在继续入贡。［以上据明万历《湖州府志》（1576）和清康熙《长兴县志》（1673）］

顾渚山侧的明月峡，还产有被称为"绝品"的名茶，据上引的《吴兴志》说："明月峡，在长兴县顾渚侧，二山相对，壁立峻峭，大涧中巨石飞走。断崖乱石之间，茶茗丛生，最为绝品。张文规诗曰：明月峡中茶始生。"明代的许次纾在《茶疏》里说："姚伯道云：明月之峡，厥有佳茗，是名上乘。"

明月峡所产的茶，明代有的人称它为岕茶。据明代汪道会

《和茅孝若试岕茶歌兼订分茶之约》说："去年春尽客西泠，茅君遗我岕一器。更寄新篇赋岕歌，蝇头小书三百字。为言明月峡中生，洞山庙后皆其次。"

长兴不但有明月峡的岕茶，而且还有罗岕茶。据明万历《湖州府志》（1576）说："长兴又出罗岕茶，在平辽三都，最为苏常所珍。"

虽然明代屠隆《考槃余事》说"阳羡俗名罗岕"，而清康熙《长兴县志》（1673）说："阅熊令明遇《罗岕茶疏》云：今人多以阳羡即罗岕，岕有茶不上百年，山不数陇，似于阳羡有名之时未合。"（《罗岕茶疏》恐为《罗岕茶记》之误）按：长兴、宜兴两地毗邻，自唐以来所产茶叶一般也都同名，如紫笋茶、罗岕茶等都是这样。

长兴还有次于罗岕茶的张坞茶，据上引的清康熙《长兴县志》说："张坞，在县治西北四十五里平定一都，产茶，为罗岕之次。"

山桑、儒师二寺

白茅山悬脚岭

悬脚岭，据上引的清康熙《长兴县志》说："去县治西北七十里，以其岭脚下垂，故名。唐时每岁吴兴、毗陵二郡太守分山造茶，宴会于此，有景会亭（当为境会亭之误），一名芳岩，以岭中为两州之界。"

凤亭山伏翼阁

飞云、曲水二寺

啄木岭

唐代在顾渚贡茶院制造贡茶时，要用顾渚泉来"烹蒸涤濯"。所谓顾渚泉，就是源出于啄木岭的金沙泉，金沙泉在唐代也是作为"贡品"和顾渚紫笋茶同时入贡的。

安吉县

武康县

（2）常州

常州在唐代是最有名的名茶产地之一。据明成化《毗陵志》（1483）说："唐常州土贡……紫笋茶。"

义兴县

义兴县，是唐乾元年间（758—759）常州的属县之一。

君山，一名唐贡山，是唐代贡茶——阳羡茶的产地。据明万历《宜兴县志》（1590）说："唐贡山，即茶山，在县东南三十五里均山乡，东临罨画溪，山产茶，唐时入贡，故名。"

又据明代周高起《洞山岕茶系》说：

唐李栖筠守常州日，山僧进阳羡茶，陆羽品为芬芳冠世产，可供上方，遂置茶舍于罨画溪，去湖汊一里，所供岁万两。许有谷诗云"陆羽名荒旧茶舍，却教阳羡置邮忙"是也。其山名茶山，亦曰贡山，东临罨画溪，修贡时，山中涌出金沙泉。杜牧诗所谓"山实东南秀，茶称瑞草魁，

泉嫩黄金涌，芽香紫璧裁"者是也。山在君山乡，县东南
三十五里。

这里有值得注意的一点是，许有谷的诗句"陆羽名荒旧茶舍，
却教阳羡置邮忙"，说明他对陆羽以阳羡茶入贡的倡议，表示
出无限惋惜之意。如果确是因陆羽一言而使无数茶农"手足皆
鳞皴，悲嗟遍空山"（唐代袁高《修贡顾渚茶山》诗中语），那
不能不说是他的一个很大的过失。

　　另外，南岳山也是阳羡茶的另一产地。据上引的明万历
《宜兴县志》说："南岳山，在县西南一十五里山亭乡，即君山
之北麓。……盖其地即古之阳羡产茶处，每岁季春……采以
入贡。"

　　上引的《洞山岕茶系》也说："南岳产茶不绝，修贡迄今
（指明代）……后来檄取（指朝中发檄文收取），山农苦之。"这
也就是后来所说的"南岳茶。"

圈岭善权寺、古亭山

　　圈岭即离墨山，据清嘉庆《宜兴县志》（1797）说："（离
墨）山顶产佳茗，芳香冠他种。"

　　下面简述一下罗岕茶。罗岕茶是自明代起才闻名于世的。
据明代许次纾《茶疏》说："介于山中谓之岕，然岕故有数处，
今惟洞山最佳。"

　　但据上引的《洞山岕茶系》所说的，则洞山开始产茶的年
代，还可以上溯到唐代。《洞山岕茶系》说："岕茶之尚于高流
（意思是岕茶为名人高士所尚），虽近数十年中事，而厥产伊

始，则自卢仝隐居洞山，种于阴岭，遂有茗岭之目。"

茗岭山，一名闽岭，在过去的宜兴县西南 80 余里，山脊与长兴分界，是 88 处岕茶的产地。《洞山岕茶系》说："罗岕去宜兴而南逾八九十里，浙宜分界，只一山冈，冈南即长兴山，两峰相阻，介就夷旷者，人呼为界云。有八十八处，前横大涧，水泉清驶，漱润茶根，泄山土之肥泽，故洞山为诸岕之最。"

如上所述，产于江苏宜兴的罗岕茶，和产于浙江长兴的罗岕茶，实际上是同一产品。但对此也有加以评述的，如明代许次纾《茶疏》说："近日所尚者，为长兴之罗岕。"

又如屠隆《考槃余事》说："阳羡，俗名罗岕，浙之长兴者佳，荆溪稍下。"荆溪指的就是宜兴。可见人们对于茶的品评，是各有其鉴别标准的。

（3）宣州

宣城县

宣城雅山，一名鸦山。鸦山之所以得名，据宋代梅尧臣的鸦山诗，说是："昔观唐人诗，茶韵鸦山嘉。鸦衔茶子生，遂同山名鸦。"这就可以看出，雅山茶在唐、宋两代都是被认为是名茶的。另据明代王象晋《群芳谱》说："宣城县有丫山。……其山东为朝日所烛，号曰阳坡，其茶最胜。……题曰丫山阳坡横文茶。一名瑞草魁。"

太平县

太平县，是有名的茶产地。现在的太平猴魁，仍属国内少数高贵名茶之一。

（4）杭州

杭州在唐代是一个很有名的产茶地区，也是陆羽经常往来的地方。

临安县

据清乾隆《临安县志》（1759）说：物产有御茶，并说："（南宋）咸淳《临安志》：黄岭山佳茗。（明）万历旧志：黄岭山岁贡御茶。（清）康熙旧志：黄岭山每年……贡御茶。"黄岭山，据上述的咸淳《临安志》（1268）说：在于潜县西20里。

于潜县

据清康熙《于潜县志》（1673）说："邑之仰食于茶者十之七。"又据清嘉庆《于潜县志》（1810）说："邑中各山皆产茶，出米坞者亦清美。"

天目山

天目山产有云雾茶，是浙江所产的名茶之一。据上引的《临安县志》说"（明）万历旧志：云雾茶出天目，各乡俱产，惟天目山者最佳。"又据民国《天目山名胜志》（1935）说："天目多云雾，山势既高，茶为云雾笼罩，色、香、味三者俱胜，因之，云雾茶驰名中外。"

另据明代屠隆《考槃余事》说："天目，为天池、龙井之次，亦佳品也。《地志》云：山中寒气早严，山僧至九月即不敢出，冬来多雪，三月后方通行，茶之萌芽较晚。"

不过，天目山茶在唐代，从陆羽归入的等次来说，它的品质同于舒州的"次"。明代田艺蘅的《煮泉小品》也说："鸿渐品茶又云：杭州下，而临安、于潜生于天目山，与舒州同，固次品也。"

径山，是天目山的支脉，也是去天目山的中途站，它所产的径山茶，据上引的《煮泉小品》的品评，是远不及天目山茶的。

钱塘县

钱塘县，在今浙江杭州。杭州西湖是驰名中外的游览胜地，而西湖龙井茶又是驰名中外的名茶。这里就先谈一谈龙井茶。

陆羽在《八之出》里未提到龙井茶，这说明当时还没有"龙井茶"的名称。龙井原名龙泓（据明代田艺蘅《煮泉小品》说"龙泓今称龙井，因其深也"），在西湖南高峰前凤篁岭下。据传，北宋时释辩才曾筑亭于此，认为龙井水既清冽，龙井附近产茶又甚佳，从此龙井茶始为人所知。

但龙井茶之名扬各地，还是从明代开始的。据明万历《钱塘县志》（1609）说："老龙井茶品，武林第一。"武林，山名，即今西湖灵隐、天竺诸山。明代很多茶书，如许次纾的《茶疏》、屠隆的《考槃余事》、高濂的《遵生八笺》等，已都对龙井茶有很高的评价了。今节引《遵生八笺》的一些论述如下：

> 茶之本性实佳，如杭之龙泓茶，真者，天池不能及也。山中仅有一二家，炒法甚精。近有山僧焙者，亦妙。但出龙井者方妙，而龙井之山，不过十数亩，此外有茶，似皆不及。

龙井茶的特色，据上引的《钱塘县志》说："茶出老龙井者，作豆花香，色青味甘，与他山异。"

天竺、灵隐二寺

陆羽在唐贞元中（800年前）游杭，住在灵隐寺时，曾作有《天竺、灵隐二寺记》一文。陆羽此文，后来曾刻制成碑，树于下天竺寺的曲水亭畔。现已无传。

关于上、下天竺以及西湖其他一些地方的茶产情况，据上引的宋咸淳《临安志》说：

> 钱塘宝云庵产者，名宝云茶。下天竺香林洞产者，名香林茶。上天竺白云峰产者，名白云茶。东坡诗云："白云峰下两枪新。"又宝严院垂云亭亦产茶，东坡有《怡然以垂云新茶见饷报以大龙团仍戏作小诗》："妙供来香积，珍烹具太官。拣芽分雀舌，赐茗出龙团。"盖南北两山……大抵皆产茶。

（5）睦州

唐代李肇《国史补》在列举唐代名茶时曾说："睦州有鸠坑。"李时珍《本草纲目》"集解"也有"睦州之鸠坑"，列为唐代"吴越之茶"的名茶。

有人认为，睦州的鸠坑茶就是陆羽所说的"睦州，生桐庐县山谷"的茶，但据明嘉靖《淳安县志》（1524）说："鸠坑源，在县西七十五里，其地产茶，以其水蒸之，香味倍加。"这就说明鸠坑茶是产于淳安县的，淳安县是睦州的治所，所以说是

"睦州之鸠坑"。据此，陆羽所指的当是桐庐的另一种茶。

明万历的《严州府志》（1613）曾说：

> 按唐志，睦州贡鸠坑茶，属今（指明代，下同）淳安县。宋朝既罢贡，后茶亦不甚称，而分水县有地名天尊岩生茶，今为州境之冠，分水盖析于桐庐，鸿渐所云是已。

就是陆羽所说的唐代产于桐庐县山谷的茶，在宋代是还作为"贡品"的。据清道光《分水县志》（1845）引《六研斋笔记》载："邑天尊岩产茶最芳辣，宋时充贡。"

（6）歙州

歙州，也就是徽州，过去徽州所属各县无不产茶，是一个很有名的茶产地。据明弘治《徽州府志》（1502）记载："旧有胜金、嫩桑、仙枝、来泉、先春、运合、华英之品，又有不及号者，是为片茶八种，其散茶号茗茶。"

在明代，徽州还产有一种远近驰名的松萝茶，明代冯时可的《茶录》记述它的采造缘起说：

> 徽郡向无茶，近出松萝茶，最为时尚。是茶始比丘大方，大方居虎丘最久，得采造法。其后于徽之松萝，结庵采诸山茶，于庵焙制，远迩争市，价倏翔涌，人因称松萝茶，实非松萝所出也。

冯时可所说的松萝茶"实非松萝所出"的话，是符合实际情况的，据记载，松萝山"以多松名，茶未有也"。

松萝茶，以产于歙州的属县歙县的为最多，由于松萝茶在明代已盛名远播，所以歙县茶有的品质虽"本轶松萝上"，但也概名之曰松萝茶。例如当时的紫霞山茶，在明人记载中，是称为"最上品"的，却也被叫作松萝茶。谢肇淛的《五杂组》，曾把松萝和虎丘、罗岕、龙井、阳羡、天池并列为"茶之上者"。许次纾在《茶疏》中也认为，"若歙之松萝，吴之虎丘，钱唐之龙井，香气浓郁，并可与岕（茶）雁行。"并说："往郭次甫亟称黄山，黄山亦在歙中，然去松罗远甚。"所谓黄山，指的是黄山云雾茶。黄山在歙县西北，为我国著名的游览胜地，其所以称为黄山云雾，是由于它产于常在云雾间的"壁立千仞"的高峰上，清康熙《黄山志定本》（1679）说它"微香冷韵，远胜匡庐"。目前生产的黄山毛峰，属绿茶类中的称为白毛尖的条形茶，是我国特种名茶之一。

陆羽特别提到的歙州婺源，相当今江西婺源县。据清乾隆《婺源县志》（1755）说："茶，常品为多。其云松萝茶者称佳品……松萝山在休邑，借名耳。"婺源的绿茶，久享盛名，特别是在国外销售时，虽也统称"屯绿"，但因品质特优，婺源绿茶被视为"屯绿"中的最优品类。1958 年以后，婺源茶区人民和科技人员又创制出婺源"茗眉"，作为"礼茶"，已受到了中外饮茶者的一致好评。

（7）润州

据清乾隆《江南通志》（1736）说："江宁天阙山茶，香色俱绝。城内清凉山茶，上元东乡摄山茶，味皆香甘。"摄山，一名栖霞山，山麓有栖霞寺。与陆羽交谊甚深的皇甫冉，有《送陆鸿渐栖霞寺采茶》诗，说明当时的栖霞山是还有野生茶树的。

近年来，南京市雨花台烈士陵园和中山陵园生产的"雨花茶"，是全国特种绿茶之一。惜以产品很少，未能供应各方需要。

（8）苏州

长洲县

长洲县的名茶，除洞庭山茶外，还有产于虎丘山的虎丘茶。虎丘茶是由宋代起才闻名于世的。据清乾隆《苏州府志》（1747）说："虎丘金粟房旧产茶极佳，烹之色白如玉，香如兰，而不耐久，宋人呼为白云茶。"

清康熙《虎丘山志》（1676）也说："虎丘茶，叶微带黑，不甚苍翠，点之色白如玉，而作豌豆香，宋人呼为白云茶。"

明清两代，虎丘茶虽已被誉为名茶，但产量既不多，又为达官贵人所禁据，因之一般人是享用不到这种名茶的。据明代屠隆《考槃余事》说："虎丘（茶）最号精绝，为天下冠，惜不多产，皆为豪右所据，寂寞山家无由获购矣。"又据上引的《虎丘山志》说："（虎丘茶）……山岩隙地所产无几，又为官司禁据，寺僧惯杂赝种，非精鉴家卒莫能辨。"

虎丘山在明代还产有次于虎丘茶的天池茶，但就在当时，对天池茶的品评，已有了截然相反的看法。如屠隆《考槃余事》说它"青翠芳馨，瞰之赏心，嗅亦消渴，诚可称仙品，诸山之茶，尤当退舍"，而许次纾《茶疏》则说"往时士人皆贵天池……自余始下其品，向多非之，近来赏音者，始信余言矣"。不过，虎丘茶之优于天池茶，大致是确定的。据传，虎丘茶"点之色白如玉"，"稍绿便为天池物，天池茶中，杂数茎虎丘则香味迥别"。所以明代冯梦祯在《快雪堂漫录》中认为虎丘是茶中的"王种"，天池就只能是"臣种"。

洞庭山

洞庭山茶，在宋代是列入"贡品"的名茶。据上引的《苏州府志》说："宋时，洞庭茶常入贡，水月院僧所制尤美，号水月茶，载《续图经记》。近时佳者名曰'碧螺春'，贵人争购之。"

碧螺春，以其香异，俗名之为"吓杀人香"。碧螺春这个茶名，是清代康熙皇帝南巡时所题的。现在仍然是名驰国内外的和龙井茶齐名的名茶，但以采摘过于细嫩，产量不多，售价更高，因此，一般不易购得。

4. 浙东茶区

（1）越州

越州所属各县无不产茶。从州产名茶来说，据明万历《绍兴府志》（1586）的记载，则有："府城内卧龙山瑞龙茶；山阴天衣山丁坞茶，兰亭花坞茶；会稽日铸岭日铸茶，陶宴岭高坞茶，秦望山小朵茶，东土乡雁路茶，会稽山茶；诸暨石笕茶；余姚化安瀑布茶，童家岙茶；上虞后山茶；嵊剡溪茶。"

关于日铸茶，宋代欧阳修在《归田录》里是把它誉为两浙茶品中的"第一"的，瑞龙茶则是茶种出自日铸而又与日铸并称于当世的另一名茶。宋嘉泰《会稽志》（1201）曾说：

> 日铸岭，在会稽县东南五十五里，岭下有僧寺名资寿，其阳坡名油车，朝暮常有日，产茶绝奇，故谓之日铸。……日铸有名颇晚，吴越贡奉中朝，土毛毕入，亦不闻有日铸，则日铸之出，殆在吴越国除之后。今会稽产茶极多，佳品

惟卧龙一种，得名亦盛，几与日铸相亚。卧龙者出卧龙山，或谓茶种初亦出日铸，盖有知茶者谓二山土脉相类，及艺成信亦佳品。……自顷二者皆或充包贡，卧龙则易其名曰瑞龙，盖自近岁始也。

越州州属各县所产名茶，已见上引的明万历《绍兴府志》。但从现在看来，《府志》所载，尚多漏略。如嵊县（唐代叫作剡县）除剡溪茶外，据宋代高似孙《剡录》（1214）所说，还有瀑岭仙茶、五龙茶、真如茶、紫岩茶、鹿苑茶、大昆茶、小昆茶、焙坑茶、细坑茶9种。这9种名茶中，直到清代末叶，有的仍为人们所知。据清同治《嵊县志》（1870）说："今大昆茶以孔村者为佳，小昆茶以油竹潭为佳。"

又如上虞县除产于县署后山的后山茶外，后来还有以地得名的凤鸣山茶、覆卮山茶、鹁鸪岩茶、隐地茶和雪水岭茶。据清光绪《上虞县志》（1891）对鹁鸪岩茶的注释说："产岩之下下，采取烘干，有细白毛，名曰白毛尖，其味隽永，颇为难得。"对隐地茶则说："近以此茶为最佳。"又如诸暨县除石览岭茶外，还有清宣统《诸暨县志》引《浙江通志》所说的对乳茶，这种茶，"质厚味重"，号称"最良"。此外，会稽县在清代初年还产有一种"味取其香，色取其白"而价又最贵的兰雪茶。

陆羽提到的余姚瀑布泉岭的"大者殊异"的"仙茗"，也就是他在《四之器》和《七之事》中所引述的关于余姚人虞洪在瀑布山所获的大茗。

（2）明州

四明山，是浙江四大名山之一，迁延今鄞县、奉化、余姚、上虞、嵊县、新昌等地，也是浙东茶区的一个名产地。过去的四明山，建有很多禅寺，其中的多数禅寺，都各产茶。现在是我国的平水珠茶的主要产地。

至于贺县（应为鄮县），相当今浙江鄞县。鄞县从宋、元时代起即已产有名茶，据清乾隆《鄞县志》（1788）引《勾余土音诗话》说：“元以十二雷之区茶入贡，鄞之太白茶为近出，然考舒嫩堂天童虎跪泉诗——灵山不与江心比，谁为茶仙补水经，则宋时已有赏之者，因更名曰灵山茶。”又据同《县志》说：“茶……以太白山为上，凤溪次之，西山又次之。太白出者，每岁采制，充方物入贡。”

（3）婺州

早在唐代李肇的《国史补》中即有“婺州有东白”的记载。另外五代蜀时毛文锡在《茶谱》中说：婺州有举岩茶。后来，李时珍《本草纲目》“集解”列举唐代名茶时，又在“吴越之茶”中列有“金华之举岩”。

关于举岩茶，有人认为它产于兰溪的茶山，并说举岩茶仍为明代的名茶之一。兰溪原是属于婺州及金华府的，所以也可以说成“金华之举岩”。

至于东白茶，可能指东阳东白山所产的茶。东阳的东白山茶，今仍以外形肥壮、具有兰花香著称。

（4）台州

天台山，是浙江四大名山之一，是佛教天台宗的发祥地，也是浙东茶区的名产地。旧传，天台山高 18 000 尺，周回 800

里，有桐柏、赤城、瀑布、佛陇、华顶、香炉等峰。据宋嘉定《赤城志》（1223）说：

> 按陆羽《茶经》，"台州"下注云：生赤城山者，与歙同。桑庄《茹芝续谱》云："天台茶有三品，紫凝为上，魏岭次之，小溪又次之。"紫凝，今普门也；魏岭，天封也；小溪，国清也。而宋公祁《答如吉茶》诗，有"佛天雨露，帝茹仙浆"之语，盖盛称茶美，而不言其所出之处。今紫凝之处，临海言延峰山，仙居言白马山，黄岩言紫高山，宁海言茶山，皆号最珍，而紫高茶山，昔以为在日铸之上者也。

其中的紫凝，一名瀑布山，明万历《天台山方外志》（1601）说："瀑布山，一名紫凝，在县（指天台县）西四十里三十二都，山有瀑布，垂流千丈。……其山产大叶茶。"可惜的是，以上所说的天台茶的三品，到了清代初年，都已不再出产。清乾隆《天台山方外志要》（1767）的记载是："桑庄《茹芝续谱》云：天台茶有三品，紫凝、魏岭、小溪是也，今诸处并无出产。"

5. 剑南茶区

（1）彭州

九陇县

九陇县，即今四川彭县。据清代顾祖禹《读史方舆纪要》（约在1692年前）说：彭县西30里有至德山，一名茶笼山。据传，唐开成年间（836—840），曾有释罗僧在茶笼山居住过。当他在山"修行"期间，可能修建有以至德山为名的禅寺，但这已是陆羽死后几十年的事了。

棚口

棚口（即堋口）有茶城，在原堋口县西北 15 里，说明堋口是一个产茶很多的地方。五代蜀时毛文锡的《茶谱》即对包括堋口在内彭县的产茶地有较详的叙述。

（2）绵州

绵州，居涪江右岸，北负龙安山（一名茶坪山），过去是四川的茶产中心地。但据民国《绵阳县志》（1932）说：“其称绵州者，乃绵州旧属之龙安县及西昌、昌明、神泉诸县，皆产茶之地，今绵阳境内茶树无有。”

龙安县

龙安县，因龙安山得名，其辖境相当今四川安县地区。

龙安县，是《七之事》中所引述的晋代刘琨要其侄刘演为其买茶的地方，可见龙安县在很早以前已是一个有名的茶产地了。据清同治《安县志》（1863）说：“安县西北境内沿山一带素产春茶。”

过去的龙安还产有一种名茶，叫作骑火茶。明代钱椿年撰、顾元庆校《茶谱》曾把龙安之骑火茶和剑南的蒙顶石花、湖州的顾渚紫笋等名茶并列。骑火茶产于今绵阳平武。

西昌县、昌明县、神泉县

唐代李肇《国史补》在列举唐代名茶时，曾说：“东川有神泉、小团、昌明、兽目。”其中除小团茶查无记载外，这里简单地谈一下其他三种名茶。

　　昌明是唐代以后的名茶产地，诗人白居易曾有"渴尝一碗绿昌明"的诗句，所谓"绿昌明"就指的是昌明县所产的茶。另外，上引的《国史补》中，还记载有西藏王赞普用昌明茶等招待唐朝使臣的故事，说明昌明茶在当时业已输入西藏，并被认作是名茶的。

　　神泉县以县西有神泉得名，泉冬温夏凉，饮之能除宿疾。神泉县也是东川茶的产地之一。

　　兽目茶曾与唐代名茶之一——蒙顶茶齐名。据清同治《彰明县志》（1871）说："兽目山，在县西二十里……产茶甚佳，谓之兽目茶。即今青岩山。"

（3）蜀州

　　蜀州是唐代很著名的茶产地。毛文锡的《茶谱》即曾指出：蜀州所属的晋原、洞口、横原、味江、青城等地所产的横牙、雀舌、鸟嘴、麦颗、片甲、蝉翼等茶，都是散茶中的最上品。

　　上列蜀州的 5 个产茶地区，除青城将在下面再为介绍外，这里简单谈一下横原、洞口和味江。据清光绪《崇庆州志》（1877）说：

　　　州西怀远镇万家坪山中产毛尖茶……怀远镇，即古横
　　原也，见《通志》，第不知怀远之名起于何时，及阅毛文锡
　　《茶谱》，蜀州晋原、洞口、青城、横原所出鸟嘴、雀舌、
　　蝉翼、鳞甲，皆散茶最上者。考文锡为五代蜀人，乃知宋
　　以前即有此称，又与蜀州晋原并举，必起自唐时也。

又据民国《崇庆县志》（1926）说：

　　　西山夙以产茶名，孟蜀毛文锡《茶谱》之横原、洞口，
　　即在于是。……白茶之美者，产味江之龙石崖，其干独红，
　　味为较胜。

由此可知，横原、洞口和味江，都在今崇庆县境内。至于晋
原，因查无记载，暂从略。

　　青城县，因山为名。青城山茶，历来是以名茶作为"贡
品"的，清代所贡芽茶的数量，竟达 800 斤。据清光绪《灌县
志》说："今则谷雨前嫩芽之有毛者称良，然不易得，有贡茶
故耳。"

　　在这里附带谈一下灌县的另一名茶——沙坪茶。清光绪
《灌县志》引毛文锡《茶谱》说："玉垒关外宝唐山有茶树，产
于悬崖，笋长三寸五寸，方有一叶两叶。"这说的就是沙坪茶。
又据明代杨慎《沙坪茶歌》的叙述，则《七之事》中所引述的西
晋张载诗句中"芳茶冠六清"的芳茶，说的也是沙坪茶。因此，
沙坪茶很早以前就是一种名茶了。

（4）邛州

　　邛州从唐代起就是一个有名的茶产地，据李时珍《本草纲
目》"集解"说："唐人尚茶，茶品益众。……蜀之茶，则有……
邛州之火井、思安……皆产茶有名者。"另据清同治《大邑县志》
（1868）引毛文锡《茶谱》说："邛州之临邛、临溪、思安，有早
春、火前、火后、嫩绿等上、中、下茶。"南宋的魏了翁，还著
有《邛州先茶记》，这就说明直到南宋邛州还是一个名茶产地。

　　邛州的产茶地方，明时传有十八堡，但据民国《邛崃县
志》（1922）说："其实邛州产茶之地，何止十八堡，龙溪、川

溪、双河、三坝皆产白毫。……西南北诸山，处处产茶，自春及秋，均可采撷。……其名有芽茶、家茶、孟冬、铁甲，并有阳山、阴山之分。"

（5）雅州

原雅州所属的产茶各县中，以荥经县的观音寺茶和太湖寺茶较为有名。观音寺茶，产于荥经县箐口驿观音寺，清宗室果亲王入藏时，曾品尝过观音寺茶，后来便采茶入贡，成为定例。太湖寺茶，产于荥经县小溪坝太湖寺，清乾隆《荥经县志》（1745）说："小溪坝……产茶极多，惟太湖寺茶品绝佳……昔人咏之曰：品高李白仙人掌，香引卢仝玉液风。"

唐代曾置有百丈县，就是因百丈山得名的。宋代乐史《太平寰宇记》说："茶出百丈山者最优。"

名山，是唐代的名茶之一——蒙顶茶的产地。唐宋两代的著名诗人如白居易、孟郊、文彦博、苏轼等都曾有诗句赞咏蒙顶茶。例如白居易诗："茶中故旧是蒙山"，"扬子江中水，蒙山顶上茶"。又如宋代文彦博诗："露芽云液胜醍醐。"蒙顶茶在唐代是剑南道唯一的贡茶，据《唐志》说："贡茶之郡十有六，剑南惟雅州一郡而已。"这里所说的雅州的贡茶，就指的是蒙顶茶。

名山在清代初年，还产有一种名茶叫作雾钟茶。它产于过去名山县东北 30 里的香花崖下，树大合抱，老干盘屈，枝叶秀茂，据传是康熙年间所植。它之所以名为雾钟，是由于"斟入杯中，云雾蒙结不散"之故。但据清光绪《名山县志》（1892）说："名山茶自蒙顶而外，皆不甚佳，其味苦涩而短薄。"

（6）泸州

在第一章里，曾引述宋代乐史《太平寰宇记》的记载，说明在北宋初年泸州野生着需要攀登到树上才能采摘芽叶的大茶树，可以推想，这样的大茶树在唐代当已存在。看来，这种"泸茶"，是和陆羽在《一之源》中所说的"两人合抱者"的大茶树是一样的。

李时珍《本草纲目》"集解"列举唐代名茶时，曾说：在"蜀之茶"中，有"泸州之纳溪"。纳溪县在唐代大体上相当于泸川县。陆羽这里所说的泸州的泸川茶，可能指的就是纳溪茶。另据民国《泸县志》（1938）说："大南山，周数十里，产茶最盛。"大南山，在过去的泸州直隶州南四十里。

（7）眉州

据清同治《嘉定府志》（1864）说："眉州洪雅、吕阖、丹棱，其茶如蒙顶……其散者，叶大而黄，味颇甘苦，亦片甲、蝉翼之次也。"又据民国《眉山县志》（1923）说："……西南三峰山产茶，可比蒙产，故《寰宇记》列眉州为产茶州县。"《寰宇记》就是上面所说的宋代的《太平寰宇记》。

峨眉山是眉州境内的名山，峨眉白芽茶则是四川过去的名茶。这种茶的特色是，茶味"初苦后甘"，陆游有诗说"雪芽近自峨嵋得，不减红囊顾渚春"，雪芽就是白芽。峨眉山的茶产，到了清代中叶，为数还很多，据清嘉庆《峨眉县志》（1813）说："自峨山万年寺以下，一路山地，多系茶山。"

又据清乾隆《丹棱县志》（1761）说："茶俱产西山总冈至盘陀，蜿蜒数十里，民家僧舍，种植成园。"过去的丹棱县北

20 里有石寉（音鹤 hè）山，山势高峻，上多带棱角的赤石，丹棱县即因此而得名。

（8）汉州

广汉的赵坡茶，过去是和峨眉之白芽、雅安之蒙顶并称为"珍品"的，但据清代《汉州志》的记载，说是"今州属无产，亦不详赵坡名"，则汉州茶产在清代已几近绝迹了。

据民国《绵竹县志》（1919）说："县北马跪寺青龙、白虎二坝茶产甚佳，其汉王场及西山所产亦多。"

6. 黔中茶区

（1）思州

原思州所属的贵州务川、印江、沼河和四川酉阳各县，大部分都产茶。其中值得一提的是务川的高树茶。据清乾隆《贵州通志》（1741）说："茶，出婺川，名高树茶……色味颇佳。"茶名"高树"，则树之高大可知。

（2）播州

原播州所属的贵州遵义市和遵义、桐梓各县，无不产茶。据民国《续遵义府志》（1936）说：

> 茶，各属皆有。遵义金鼎山产云雾茶……清平之香炉山，遵义之金鼎山，亦产茶，几与阳宝山（阳宝山，在贵定县北十里，产云雾茶，为"贵州茶品之冠，岁以充贡"）产相埒。金鼎亦呼为云雾茶，大抵皆以其高之故。两处所产无多，颇不易得。桐梓之祖师箐产者亦然。

播州在汉代为夜郎国地，在民国《桐梓县志》（1929）中，还保留有"夜郎箐"的地名。据同《县志》说："夜郎箐顶，重云积雾，爰有晚茗，离离可数，泡以沸汤，须臾揭顾，白气幂缸，蒸蒸腾散，益人意思，珍比蒙山矣。"

另外，属于原播州的今湄潭县，其所产的湄潭眉尖茶，过去曾列为"贡品"。另据清光绪《湄潭县志》（1899）说："茶，质细味佳。"

（3）费州

（4）夷州

夷州，在今贵州石阡一带。石阡茶，过去曾列为"贡品"。

7. 江南茶区

（1）鄂州

今湖北咸宁在原鄂州的辖境内。属于原鄂州的武汉市长江以南部分、黄石以及咸宁、阳新、通山、通城、嘉鱼、武昌、鄂城、崇阳、蒲圻等地，其中大部分都产茶。特别是州境内的武昌山，根据《七之事》所引述的《续搜神记》的记载，则早在晋武帝（280年前后）时，已野生着"丛茗"。武昌县在清代还有产于黄龙山巅的云雾茶，据清光绪《武昌县志》（1885）的评述，称为"极佳"。至于咸宁各地中，当以蒲圻县属羊楼洞的茶产最为有名。据清道光《蒲圻县志》（1836）说："羊楼洞产茶。"

又据民国《蒲圻县乡土志》（1923）说："茶为出口大宗，蒲邑四乡皆产之，而种植较盛，获利颇多者，厥为南乡，以其近羊楼洞茶市也。"羊楼洞所产的砖茶，过去曾远销蒙古和西伯利亚一带，据上引的同《县乡土志》说："洞市茶砖，为吾蒲商业特色。……正货出羊楼洞，次货出羊楼司、柏墩，下货出聂市。"

（2）袁州

据毛文锡《茶谱》说："袁州之界桥，其名甚著。不若湖州之研膏紫笋，烹之有绿脚垂下。"但根据李时珍《本草纲目》"集解"的记载，袁州的界桥茶则是唐代"吴越之茶"中的名茶之一。

袁州在唐代计辖有新喻、宜春、萍乡（唐代名为苹乡）等三县，界桥茶系产于州属的宜春县境内，它在唐代虽被称为名茶，但到了宋代，已不再为人所重。据清康熙《宜春县志》（1683）说："茶，《茶谱》云：袁（州）界桥，其名甚著。今惟称仰山稠平、木者（木字之前或木者两字之间疑有阙文）为佳，稠平尤号绝品，出《宋志》。"

另据元马端临《文献通考》说："绿英、金片出袁州。"这里所说的袁州，指的就是宜春县。

袁州自明初起改为府，府属各县，在明、清两代，俱有茶芽入贡。

（3）吉州

吉州在唐、宋、明各代，俱有茶入贡。据唐《元和郡县志》说："吉州贡茶。"又据清康熙《吉水县志》（1673）说："旧志：吉州……在宋贡茶、藤、纻布……明兴，不以前代为例，皆因土地所产之宜。……惟茶芽岁贡不绝"。

8. 岭南茶区

（1）福州

福州在唐代是一个有贡茶的州，据明弘治《八闽通志》（1489）说："土贡，福州府：唐茶。"原福州所属各县也无不产茶，明万历《福州府志》（1613）曾说："茶，诸邑皆有，闽之方山、鼓山为最。……他如侯官之九峰、氏乐之蟹谷、福清之灵石、永福之名山室，皆产茶。"

闽县方山，在福州南50里，以山形端方如几而得名。方山茶早在唐代就已闻名。唐代李肇《国史补》在列举唐代名茶时，曾说："福州有方山之露芽。"

又，宋淳熙《三山志》（1182）也说："唐宪宗元和间，诏方山院僧怀恽麟德殿说法，赐之茶。怀恽奏曰：'此茶不及方山茶佳。'则方山茶得名久矣。"

这里附带谈一下和方山茶齐名的鼓山茶。

据民国《闽侯县志》（1930）说："茶……《茶谱通考》云：建州之北苑先春、龙焙，福州之柏岩。"另外，毛文锡《茶谱》也有"福州柏岩极佳"之句。

《茶谱通考》把福州的柏岩茶和建州的北苑先春、龙焙并列，说明柏岩茶早已是一种名茶。但柏岩这个地方迄今还不能查明其方位所在，有人认为福州的柏岩茶就是福州的方山茶。实则柏岩茶可能是鼓山的半岩茶。这首先是因为柏岩的柏字和半岩的半字是同一声母的声音相近的字；其次，从茶的品质来说，据上引的民国《闽侯县志》的记载，则鼓山半岩茶是

"色香风味当为闽中第一，不让虎丘、龙井"，这和建州的北苑先春、龙焙是差可比拟的。又鼓山半岩茶之所以名为"半岩"，是由于它产于鼓山的半山之故。

（2）建州

建州之有建茶，是从唐贞元年间（785—805）常衮为建州刺史时就建溪造为研膏茶开始的。因此，约和常衮同时的陆羽，虽在《八之出》的产茶地区内列有建州，但对它的茶产情况却说是"未详"，这大概就是宋代熊蕃在《北苑贡茶录》序中所说的"陆羽《茶经》裴汶《茶述》者，皆不第建品"，是由于"二子未尝至建"之故。另外，唐代李肇的《国史补》在列举唐代名茶时，对建茶也未予述及。这说明建茶之闻名于世，当在唐代末年。

建州茶中最脍炙人口的，先是北苑茶，后是武夷茶，在清代初年，"且以武夷茶为中茶之总称"（见民国《崇安县新志》1940）。宋代胡仔的《苕溪渔隐丛话》对这两种茶的产地介绍得十分清楚。《苕溪渔隐丛话》说：

> 余至富沙，按其地理，武夷在富沙之西，隶崇安县，去城二百余里（里数恐有误）；北苑在富沙之北，隶建安县，去城二十五里。北苑乃龙焙，每岁造贡茶之处，即与武夷相去远甚。

关于"北苑贡茶"的采制情况，在《三之造》之述评中业已述及，这里就不再重复了。

这里谈一谈武夷茶。过去很多人有这样的说法，"至元武夷兴而北苑遂废"，意思是，到了元代，武夷茶兴起后，北苑茶就被废弃了。这从贡茶来说，是正确的，但武夷茶的为人们所知，可以上溯到唐代。唐代徐夤在《尚书惠腊面茶》诗中，已有"武夷春暖月初圆"之句，说明那时已有武夷茶了。不过，根据民国《崇安县新志》（1940）的记载，在时间上还可以上推到更较徐夤为早的唐代孙樵。

> 孙樵《送茶焦刑部书》云："甘晚侯十五人遣侍斋阁，此徒皆乘雷而摘，拜水而和，盖建阳丹山碧水之乡，月涧云龛之品，慎勿贱用之。"丹山碧水，为武夷之别称，唐时崇安未设县，武夷尚属建阳，故云。然则此茶之出于武夷，已无疑义。孙樵，元和（唐宪宗年号，820年前后）人，先徐夤约七十年，武夷茶最古之文献其在斯乎。

武夷茶的历史，大致是"始于唐，盛于宋、元，衰于明，而复兴于清"。（见上引的《崇安县新志》）

武夷山茶，计分岩茶、洲茶两种：在山者为岩，上品；在麓者为洲，次之。品名多至数百种，据上引的《崇安县新志》的说法是：

> 不外时、地、形、色、气、味六者。如先春、雨前，乃以时名；半天天、不见天，乃以地名；粟粒、柳条，乃以形名；白鸡冠、大红袍，乃以色名，白瑞香、素心兰，乃以气名；肉桂、木瓜，乃以味名。

（3）韶州

（4）象州

据民国《象县志》（1947）说："象地宜茶，载于陆羽《茶经》，洵非虚构。盖本县境内，皆可种茶，而所产茶叶，以色香味三者言之，实不让各地名种。"

三、我国茶叶产区的发展

茶叶产区的发展，决定于饮茶风尚的传播，即消费的需要。自唐迄今，随着饮茶风尚传播日益广泛，我国的茶叶产区经历了两次大的发展时期：一次是在18—19世纪的200年中，我国的饮茶风尚由国内传至国外，茶叶需求量大增，于是出现了一次大的发展时期；另一次是中华人民共和国成立以后，党和政府大力发展茶叶生产，充分满足国内外消费的需要，于是又出现了一次新的发展时期。现在，我国茶叶产量已超过了历史的最高水平。

包括茶叶在内的农作物生产，受气候、土壤等自然条件以及经济、交通条件所制约，其作物区一般不宜按行政区划分。在我国茶叶历史上，像祁红茶区（这个茶区包括安徽的祁门、东至和江西的景德镇）就是跨越省区的例子。茶区属于经济概念，应该在总的发展方针的指导下，根据历史的、现在的、自然的、经济的、生产的等各种条件进行规划。

20世纪30年代，笔者在与胡浩川先生合著的《中国茶叶复兴计划》中，曾根据茶区的自然条件、茶农的经济状况、茶区分布面积的大小及茶叶产品的种类等，在未经过实地调查的情况下，将全国划分为13个产区，即外销茶中的红茶5个区

（包括祁门红茶区、宁州红茶区、湖南红茶区、温州红茶区和宜昌红茶区）、绿茶两个区（包括屯溪绿茶区和平水绿茶区）和乌龙茶一个区（即福建乌龙茶区），共8个区，内销茶计5个区（包括六安绿茶区、龙井绿茶区、云南普洱茶区、川茶区和其他茶区）。

中华人民共和国成立以后，全国产茶市县大量增加，茶叶学者和专家们虽已对各个产茶市县做过大量调查工作，但因对生态条件、产茶历史、茶树类型、品种分布、茶类结构和生产特点等的认识有所不同，所以关于全国茶区的划分，就提出了四个不同的划分方法，即：三大茶区、四大茶区、五大茶区和九大茶区。

三大茶区

三大茶区划分的主要依据是纬度，选定北纬31°和26°作基线，结合地形、产品分布和茶树生长情况划分为北部茶区、中部茶区和南部茶区。

（1）北部茶区（暖温带茶区）。约在北纬31°以北及淮河以南地区，包括川北至四川盆地以北、陕南、鄂北、豫南、皖北及江苏等茶区。

（2）中部茶区（亚热带茶区）。约在北纬31°以南、北纬26°以北及南岭山脉以北地区，包括滇北、川中、川南、黔北、鄂南、皖南、闽北及湖南、江西、浙江等省全境。

（3）南部茶区（亚热带—热带茶区）。约在北纬26°以南及南岭山脉以南地区，包括滇中、滇南、黔南、闽南及广东、广西、海南、台湾等省区全境。

五大茶区

（1）岭南茶区。包括福建、广东两省中南部，广西、云南两省区南部及海南省和台湾省。

（2）西南茶区。包括贵州省全部，四川、云南两省中北部及西藏自治区的东南部。

（3）江南茶区。包括广东、广西两省区北部，福建省中北部，安徽、江苏两省南部及湖南、江西、浙江三省全部。

（4）江北茶区。包括甘南、陕南、鄂北、豫南、皖北和苏北部分地区。

（5）淮北茶区。包括山东中南部和江苏北部的几个县。

四大茶区

即岭南茶区、西南茶区、江南茶区和江北茶区。这个划分方法，除了把五大茶区中的淮北茶区并入江北茶区外，其余的岭南、西南、江南三大茶区，其地域范围，都与五大茶区中的各该茶区的相同。

九大茶区

（1）秦巴淮阳茶区。包括江苏全部茶区、安徽黄山以北茶区、鄂东茶区、川东川北茶区、陕西紫阳茶区、河南信阳茶区。

（2）江南丘陵茶区。包括祁红、宁红、湘红等红茶区和杭湖、平水、屯溪等绿茶区以及羊楼洞老青茶区等。

（3）浙闽山地茶区。包括温州茶区、闽东和闽北茶区。

（4）台湾茶区。

（5）岭南茶区。包括闽南和广东、广西、海南茶区的全部。

（6）黔鄂山地茶区。包括宜红茶区、贵州茶区和滇东北茶区。

（7）川西南茶区。包括川南茶区、南路及西路边茶区。

（8）滇西南茶区。包括滇西和滇南茶区。

（9）山东茶区。包括鲁东南沿海茶区、胶东半岛茶区、鲁中南茶区。

上述的 4 个不同的划分方法，实际上只是三个。笔者认为，以纬度为主要划分依据的方法，亦即三大茶区的划分方法，似较为合适。如采用这种划分方法，似可确定北部茶区是以制作绿茶为主的茶区；南部茶区是以制作红茶特别是红细茶为主的茶区；中部茶区则是兼作红茶、乌龙茶和绿茶的茶区。但茶区的划分牵涉到上述各个方面的问题，在认识和理解上各有不同，似应经过充分的调查研究并通过专题会议予以探讨后，再行最后定议。

四、茶叶产区与茶叶品质

在《八之出》中，《茶经》作者把唐代 8 个道中的 5 个道的 32 个州，分列为三或四个等次，3 个道的 11 个州则未分等次。按照原文，试列成下表：

	上	次	下	又下
山南	峡州	襄州、荆州	衡州	金州、梁州
淮南	光州	义阳郡、舒州	寿州	蕲州、黄州
浙西	湖州	常州	宣州、杭州 睦州、歙州	润州、苏州
浙东	越州	明州、婺州	台州	
剑南	彭州	绵州、蜀州、邛州	雅州、泸州	眉州、汉州
黔中		思州、播州、贵州、夷州		
江南		鄂州、袁州、吉州		
岭南		福州、建州、韶州、象州		

值得说明的有两点：①各道列在同一等别的州、郡，其茶叶品质并不相同，等别只表示同一个道内各州、郡所产茶叶的等次。②州、郡以下各县、各地所产茶叶的品质，从等别来说，也并不一致。

陆羽出生于竟陵（今湖北天门），老死于故乡。他曾在江苏的南京、苏州，浙西的吴兴、杭州，赣东的上饶一些地方住过多年。他往返于鄂苏、鄂赣之间，似应途经安徽或湖南，但在各种史料中还没有发现陆羽到过福建、四川、贵州、广东、广西的记载。从《八之出》中可以看到，《茶经》作者对其出生地山南道的情况比较熟悉，所以他在比较各地茶叶品质时，往往与山南各州相比，好像是以山南各州作为标准对照似的。至于黔中、江南、岭南11个州的情况，《茶经》的作者了解不多，所以未分等次。

《八之出》的注中，即在八道四十三州、郡中，列出茶名的只有两处：一是在剑南"蜀州"条下，说"青城县有散茶、木茶（一作本茶，实误）"；一是在浙东"越州"条下说"余姚县生瀑布泉岭，曰仙茗"。这两处文字都引出了问题。首先，据《茶经·六之饮》载，唐时饮用的茶叶计有四种，即粗茶、散茶、末茶和饼茶，都属于未经过发酵的蒸压茶类，因原料老嫩或叶片整碎和成型方法不同，成品外形有显著差别，因而有不同的名称。除此之外，在其他史料中还未发现有木茶或本茶这类茶名。有的认为木茶是采自树身高大的野生茶树所制的茶叶，但缺乏根据。唐时的青城县，相当于现在四川灌县一带，在近代历史上是西路边茶的产地，并从"木茶"前接"散茶"来看，木茶或本茶很可能是末茶的误刻。如果这种假设可以成立，那么，在这里特别加上"有散茶、末茶"五字，就可区别于蜀州其他地方所产的茶叶——饼茶了。其次，唐代越州的余姚县，相当于现在浙江的余姚县。据《七之事》所引《神异记》说，余姚人虞洪，经"仙人"指引，到瀑布山采了"大茗茶"。虽然，余姚县境内的四明山，既有瀑布，也产茶叶，是一个茶产地，但《神异记》所说的毕竟是一则神话，为《八之出》加注的人，把"仙茗"产地列在《八之出》内，这就不够慎重了。

自唐以来，随着农业生产技术的不断革新，我国茶叶已从单一茶类发展成多种茶类，茶树良种繁育栽培和采制技术以及机械设备各方面，都已有极大进步，与陆羽时代已不可同日而语。因此，《茶经·八之出》中对各地茶叶品质所分的等次，已没有多大的现实意义。但从影响茶叶品质的因素来说，茶叶产区的地理位置毕竟是一个重要因素。所谓地理位置，并非专指纬度和经度，而是泛指其所处的自然条件——气候和土壤。

茶区的自然地理条件，就是通常所说的大气候。适宜于茶树栽培的生态条件，大体上有几个极限：

（1）气温：年平均气温在 15℃ 以上，积温在 4500℃ 以上。

（2）雨量：年降水量在 1000 毫米以上。

（3）湿度：空气相对湿度在 80% 左右。

（4）土壤：呈微酸性反应，pH 在 4.5—6.5 之间。

我国秦岭和淮河以南的山地或丘陵地，凡是土层较厚（在60 厘米以上），坡度不大（25° 以下），排水良好的地方，在气温、雨量、湿度方面，大都符合上述条件，适宜于栽培茶树。当然，在这样广大的地区内，气候、土壤、地形、地貌、植被、水文等生态条件都很复杂，同时茶树对这些生态条件的适应性，因品种不同而有明显的差异。制茶种类和这些生态条件的差异性，关系也极密切，所以，在选择茶园位置的时候，不仅要考虑大气候的条件，而且要注意小气候的条件；不仅要考虑自然地理条件，而且要注意茶树品种和制茶种类的选择；不仅要考虑生产的可能，而且要注意消费的需要。唐代的茶产地就是在人们不断的实践中形成的，唐以后的茶区也是按照这些客观规律办事而发展的。这就是为什么在规划茶区的时候，首先必须充分掌握历史的和当下的自然地理资料的缘故。

在《一之源》中，《茶经》作者已谈到茶产地与品质的关系，并以人参为例，说明选择茶叶的困难。如同《八之出》把茶叶产地分为四等一样，陆羽把人参的产地也分为四等，即：①上等，产于上党；②中等，产于百济、新罗；③下等，产于高丽；④等外，产于泽州、易州、幽州、檀州。

陆羽关于按人参产地分等的说法，和南朝齐梁时陶弘景的说法大体上是一致的。李时珍《本草纲目》的记载是："弘景曰：上党在冀州西南，今来者……多润实而甘，俗乃重百济者，形细而坚白，气味薄于上党者。次用高丽者，高丽地近辽东，形大而虚软，不及百济，并不及上党者。"

到了明代，上党人参已"不复采取"，"其高丽、百济、新罗三国……其参犹来中国互市"（俱见《本草纲目》）。从李时珍的以上说法看，当时除上党人参已不可得外，似高丽人参的品质，犹在百济、新罗之上，这就和陆羽的说法有所不同了。

但单凭产地来分别产品品质等次，对野生作物可能是可用的办法，如野生人参就是这样。因为野生作物的品质，只受自然条件和品种的制约，而这两种条件一般是不变的。没有可变的条件，产地就成为品质的标志。但对人工培育的农作物来说，就有许多可变因素，如品种的选择、茶树的肥培管理、茶叶的采摘制造等人的因素，在很大程度上对产品品质起着作用。以产地区别茶叶的品质，是一种原始的方法，实际上，《八之出》的注中，各州下所加的注，也否定了按产地区别茶叶等别的论点。《一之源》所说的"茶为累也"，其困难可能也在这里。但这里并不否定产地与茶叶品质的关系。凡自然地理环境良好的地方，一般地说也是产好茶的地方，如祁门红茶，大家都承认它品质优良，就是因为祁门的自然条件适应于祁门茶种繁育生长的缘故。但是，如果没有祁门制茶工人那样具有特色的制茶技术，祁门红茶也不可能成为名茶。因此，对生产者来说，不可在盛名之下忘乎所以，对消费者来说，也不能迷信名茶产地必出名茶。

第九章

茶具和茶器的省略
——《茶经·九之略》述评

在《二之具》中，列有采制饼茶的工具19种；在《四之器》中，列有煮茶和饮茶的用具28种。（如把都篮除外，并把风炉和灰承合为一种，碾和拂末合为一种，鹾簋和揭合为一种，即成为《九之略》中的"二十四器"）《茶经》作者认为，在一定的条件下，有的工具和器皿是可以省略的。这就是说，在特定的时间、地点和其他客观条件下，不必机械地照搬照用。

先看制茶工具：在《三之造》中，制茶工序有采、蒸、捣、拍、焙、穿、封，即"自采至于封，七经目"。在《二之具》中有19种工具，按制茶工序分类是这样的：

采茶工具	籯（即篮）
蒸茶工具	灶（上有釜）、甑（内有箄）、縠木枝
捣茶工具	杵臼（杵和臼两种）
拍茶工具	规（即模）、承（即台）、襜（即衣）
附属工具	芘莉（放已成型的饼茶用）
焙茶工具	焙、贯（焙茶时穿茶用的竹条）、棚
附属工具	棨（即锥刀，穿孔用）、朴（即鞭，穿了饼茶再用以解开饼茶的竹条）

（续表）

穿茶工具	穿（饼茶烘干后穿茶用的竹条和榖树皮）
封茶工具	育（梅雨季节复烘用）

　　上述制茶工具，在"禁火之时"，在"野寺山园"现采、现制，就可以省去焙茶的附属工具（棨和朴）、焙茶工具（焙、贯、棚）、穿茶工具（穿）及封茶工具（育）。按省去的工具来看，这种茶叶仍需要用采茶、蒸茶、捣茶、拍茶工具和搁放已成型的饼茶原胚（未干燥）的工具——芘莉，即制成的是未穿孔的饼茶原胚。但从其制造程序来看，经过采（即掇）、蒸、捣（即舂）后，即以火烘干，并不拍茶成型（不论原文是"复"字或"炀"字，都没有拍的意思），这样说来，做成的应是散茶原胚而不是饼茶。由于前后文不一致，以及文中未说明"以火干之"的工具或方法，这就无法断定做成的是饼茶原胚还是散茶原胚。

　　再看煮茶器具：在《四之器》中所列的 28 种用具，前已按《五之饮》的煮饮程序在第四章中加以分类，如在《九之略》所述的全部条件之下，只需要下列 7 种器具：

舀水（茶汤）器具	瓢
盛水（熟水）器具	熟盂
盛盐器具	鹾簋
盛茶汤器具	碗
炙茶器具	筴
洗刷器具	札
盛碗器具	筥

　　上述 7 种用具中的筴，显然是调制茶汤用的竹夹，而不是炙茶用的筴。因为碾碎饼茶用的碾和拂末都已"废"了，用以

夹着饼茶烤炙的夹，就更可以"废"了。原文中的"筴"字很可能是在直行书写刻版时，把"竹夹"两字错刻成"筴"字。如果文中所省略的具和器有联系的话，那么，在山园中制成散茶原胚的说法，即可增加一条论据。

在《九之略》这一段不过170字的文章中，可以看到《茶经》作者对现采、现制、现煮、现饮的热爱，也可以看到在松间、岩上、洞中所谓高雅之士的饮茶风尚，同时还可以看出陆羽所提倡的饮茶规范化的实质所在。

第十章

《茶经》的挂图

——《茶经·十之图》述评

《茶经·十之图》，说的是把《茶经》全文在白绢上写录下来，挂在室内观看，这样就可一望而知，经常观赏。对于这一部分，现在有两种看法：一种认为《茶经》原本有图，今已散失，理由是既各为图，不能解释为字，而"分布写之"的写，可以作"画"解；另一种认为图虽不能解释为字，但按其内容，除"之二""之四""之八"可绘图作画外，其余各章都不能作画绘图示意，"图"是作者的借用字，不能直接理解为图画，而是一种挂幅。本书取后一种见解，章名暂称"挂图"，这是有待进一步查证的。

《茶经》全文共约7000字，要全部背诵出来也是一件难事。《茶经》作者要求读者分写成幅，"陈诸座隅"，"目击而存"，既便于记诵，又可以欣赏，一举二得，方法很好。但后世有没有人这样做过，至今还没有看到相关记录。

本书为了弥补原文无图、不易理解的缺陷，对制茶工具、煮茶器皿、茶叶产地绘制了一些图，供读者参考。但不能说"《茶经》之始终备焉"，因为《茶经》本身不是一部茶叶的百科全书，甚至《茶经》的原文也可能有遗漏、误植的字句，所以《茶经》作者在《十之图》中所设想的把《茶经》"分布写之"，已没有任何现实意义。

引书目录

（明）程用宾《茶录》

（明）张大复《梅花草堂笔谈》

（清）陈鉴《虎丘茶经注补》

（清）陆廷灿《续花经》

（明）罗廪《茶解》

（明）张源《茶录》

（宋）宋子安《东溪试茶录》

（宋）黄儒《品茶要录》

（宋）赵佶《大观茶论》

（明）许次纾《茶疏》

（明）熊明遇《罗岕茶记》

（五代前蜀）毛文锡《茶谱》

（北魏）贾思勰《齐民要术》

（唐）韩鄂《四时纂要》

（明）钱椿年撰、顾元庆校《茶谱》

［美］乌克斯（W. Ukers）《茶叶全书》

张芳赐等《茶经浅释》

（明）陈耀文《天中记》

（金）《农政全书校注》引《四时类要》

（宋）熊蕃撰，熊克增补《宣和北苑
　贡茶录》

（明）屠隆《考槃余事》

（宋）钱易《南部新书》

（宋）赵希鹄《调燮类编》

（宋）陈承《别说》

（南朝梁）任昉《述异记》

王泽农《茶叶生化原理》第 8 章

程启坤《茶化浅析》

第二章

（宋）赵汝砺《北苑别录》

（元）王祯《农书》

《旧唐书·陆贽传》

（宋）蔡襄《茶录》

《宋史·食货志》

（明）闻龙《茶笺》

（清）冒襄《岕茶汇钞》

陆溁《制造红茶日记》

第三章

（宋）胡仔《苕溪渔隐丛话》

（宋）王观国《学林》

（明）周高起《洞山岕茶系》

（明）冯可宾《岕茶笺》

（明）陈继儒《太平清话》

（清）陆廷灿《续茶经》引（清）王草
　堂《茶说》

（宋）朱翌《猗觉寮杂记》

（清）张璐《本经逢原》

（明）刘基《多能鄙事》

《四库全书总目提要》

清同治十一年（1872）湖南《巴陵
　县志》

清同治十年（1871）湖南《安化县志》

清同治五年（1866）湖北《崇阳县志》

清同治十年（1871）江西《义宁州志》

中国土畜产进出口总公司 1982 年
　《红碎茶 L. T. P 工艺技术要点和机
　具配套的意见》

第四章

《周易》

（宋）陶毂《清异录》

（明）周高起《阳羡茗壶系》

（明）高濂《遵生八笺》

（清）陆廷灿《续茶经》引《随见录》

（唐）皎然《昼上人集》

（唐）李肇《国史补》

第五章

《晋书·荀勖传》

（唐）温庭筠《采茶录》

（唐）苏廙《十六汤品》

（明）田艺蘅《煮泉小品》

（明）屠本畯《茗笈》

（唐）张又新《煎茶水记》

（宋）叶清臣《述煮茶小品》

（明）徐献忠《水品》

（清）汤蠹仙《泉谱》

（宋）唐庚《斗茶记》

（清）曹雪芹《红楼梦》

万国鼎《茶书总目提要》

（宋）罗大经《鹤林玉露》

第六章

（晋）常璩《华阳国志·蜀志》

1983 年 7 月 11 日《经济日报》所载
　《求知》

《史记·司马相如列传》

（清）顾炎武《日知录》

《史记·货殖列传》

（北魏）杨衒之《洛阳伽蓝记》

（唐）封演《封氏闻见记》

《文献通考·征榷考四》

郭沫若《李白与杜甫》

《新唐书·陆羽传》

（宋）欧阳修《集古录》

《文献通考·征榷考五》

（宋）李觏《盱江集》

《马克思恩格斯全集》第 9 卷

（明）杨慎《郡国外夷考》

（宋）叶梦得《避暑录话》

［日本］荣西《吃茶养生记》

（明）慎懋官《华夷花木鸟兽珍玩考》

老舍《茶馆》

徐珂《清稗类钞》

第七章

《史记·项羽本纪》

（清）吴其濬《植物名实图考》

《周礼·天官·膳夫》

《汉书·艺文志》

《新唐书·地理志》

《新唐书·艺文志》

（晋）张华《博物志》卷四

（晋）陈寿《三国志》

《隋书·经籍志》

《晋书·陆纳传》

（清）黄奭《汉学堂丛书·杂史类》辑
　《四王记事》

（唐）虞世南《北堂书钞》卷十四

（南朝梁）慧皎《高僧传》

《晋书·江统传》

［日本］诸冈存《茶经评释》卷二

《玉台新咏》卷二

丁福保《全晋诗》卷四

丁福保《全宋诗》卷五

《鲍参军集》

（明）何镗《汉魏丛书》

（宋）李昉等《太平广记》

（汉）扬雄《太玄经》

（晋）郭璞《方言注》

（晋）郭璞《山海经注》

（晋）郭璞《穆天子传注》

（宋）尤袤《遂初堂书目》

（唐）李泰《括地志》

清光绪十一年（1885）《湖南通志》

（南朝宋）山谦之《丹阳记》

（清）劳大舆《瓯江逸志》

清乾隆十四年（1749）江苏《山阳县志》

清咸丰二年（1852）江苏《淮安府志》

《汉书·王子侯表》

《晋书·傅咸传》

（明）张溥《汉魏六朝百三名家集》

（南朝梁）萧统《文选》

《旧唐书·经籍志》

《宋史·艺文志》

（晋）常璩《华阳国志·汉中志》

（晋）常璩《华阳国志·南中志》

《尚书·顾命》

（清）严可均辑《全汉文》引汉·扬雄《蜀都赋》

（南朝宋）刘义庆《世说新语》"轻诋"第二十六

《新唐书·文苑传》

《宋史·蔡襄传》

（明）陆树声《茶寮记》

《明史·陆树声传》

《古今图书集成》

（清）刘源长《茶史》

《明史·熊明遇传》

（宋）审安老人《茶具图赞》

《旧唐书·食货志》

《新唐书·食货志》

《旧唐书·文宗本纪》

《旧唐书·王涯传》

（宋）王安石《王文公文集》卷三十一

《文史哲》1957年第2期

《明经世文编》卷一四九

（宋）吕陶《净德集》卷一

（宋）李心传《建炎以来系年要录》卷一八一

（宋）卫博《定庵类稿》卷四

《宋会要》

（宋）李心传《建炎以来朝野杂记》甲集

《元史·食货志》

《续文献通考·征榷考》

《明会典》

《明史·食货志》

《明经世文编》卷一一五

吴觉农、范和钧《中国茶业问题》

第八章

清咸丰八年（1858）湖北《远安县志》

清乾隆五十九年（1794）湖北《江陵县志》

清光绪二年（1876）湖北《江陵县志》

（清）高自位等《南岳志》

（清）刘献廷《广阳杂记》

清道光二十三年（1843）陕西《紫阳

清乾隆五十一年（1786）河南《光山县志》

民国二十三年（1934）河南《信阳县志》

清同治十一年（1872）安徽《太湖县志》

民国九年（1920）安徽《潜山县志》

清道光九年（1829）安徽《寿州志》

（明）王象晋《群芳谱》

清雍正安徽《六安州志》

清康熙三十八年（1699）安徽《六安州志》

清乾隆十四年（1749）安徽《霍山县志》

清咸丰二年（1852）湖北《蕲州志》

清顺治十七年（1660）湖北《黄梅县志》

清光绪二年（1876）湖北《麻城县志》

民国二十四年（1935）湖北《麻城县志续编》

宋嘉泰元年（1201）《吴兴志》

清康熙十二年（1673）浙江《长兴县志》

明万历四年（1576）浙江《湖州府志》

明成化十九年（1483）《毗陵志》

明万历十八年（1590）江苏《宜兴县志》

清嘉庆二年（1797）江苏《宜兴县志》

清乾隆二十四年（1759）浙江《临安县志》

宋咸淳四年（1268）《临安志》

清康熙十二年（1673）浙江《于潜县志》

清嘉庆十五年（1810）浙江《于潜县志》

民国二十四年（1935）《天目山名胜志》

明万历三十七年（1609）浙江《钱塘县志》

明嘉靖三年（1524）浙江《淳安县志》

明万历四十一年（1613）浙江《严州府志》

清道光二十五年（1845）浙江《分水县志》

明弘治十五年（1502）安徽《徽州府志》

（明）冯时可《茶录》

（明）谢肇淛《五杂组》

清康熙十八年（1679）《黄山志定本》

清乾隆二十年（1755）江西《婺源县志》

清乾隆元年（1736）《江南通志》

清乾隆十二年（1747）江苏《苏州府志》

清康熙十五年（1676）《虎邱山志》

（明）冯梦祯《快雪堂漫录》

明万历十四年（1586）浙江《绍兴府志》

（宋）欧阳修《归田录》

宋嘉泰元年（1201）《会稽志》

（宋）高似孙《剡录》

清同治九年（1870）浙江《嵊县志》

清光绪十七年（1891）浙江《上虞

县志》

清宣统浙江《诸暨县志》

清乾隆五十三年（1788）浙江《鄞
　县志》

宋嘉定十六年（1223）《赤城志》

明万历二十九年（1601）《天台山方
　外志》

清乾隆三十二年（1767）《天台山方
　外志要》

（清）顾祖禹《读史方舆纪要》

民国二十一年（1932）四川《绵阳
　县志》

清同治二年（1863）四川《安县志》

清同治十年（1871）四川《彰明县志》

清光绪三年（1877）四川《崇庆州志》

民国十五年（1926）四川《崇庆县志》

清光绪四川《灌县志》

清同治七年（1868）四川《大邑县志》

民国十一年（1922）四川《邛崃县志》

清乾隆十年（1745）四川《荥经县志》

清光绪十八年（1892）四川《名山县志》

民国二十七年（1938）四川《泸县志》

清同治三年（1864）四川《嘉定府志》

民国十二年（1923）四川《眉山县志》

清嘉庆十八年（1813）四川《峨眉
　县志》

清乾隆二十六年（1761）四川《丹棱
　县志》

清四川《汉州志》

民国八年（1919）四川《绵竹县志》

清乾隆六年（1741）《贵州通志》

民国二十五年（1936）贵州《续遵义
府志》

民国十八年（1929）贵州《桐梓县志》

清光绪二十五年（1899）贵州《湄潭
　县志》

清光绪十一年（1885）湖北《武昌
　县志》

清道光十六年（1836）湖北《蒲圻
　县志》

民国十二年（1923）湖北《浦圻县乡
　土志》

清康熙二十二年（1683）江西《宜春
　县志》

（唐）李吉甫《元和郡县志》

清康熙十二年（1673）江西《吉水
　县志》

明弘治二年（1489）《八闽通志》

明万历四十一年（1613）福建《福州
　府志》

宋淳熙九年（1182）《三山志》

民国十九年（1930）福建《闽侯县志》

民国二十九年（1940）福建《崇安县
　新志》

民国三十六年（1947）广西《象县志》

吴觉农、胡浩川《中国茶叶复兴
　计划》

中国农业科学院茶叶研究所全国茶叶
　区划研究协作组《茶叶区划研究》
　1982

我国包括试种地区在内的产茶县（1981年）

山东省

（1）临沂地区　　日照　莒南　莒县　临沭　临沂　蒙阴

（2）泰安地区　　泰安③

（3）昌潍地区　　胶南　五莲　诸城

（4）烟台地区　　即墨　文登　乳山　荣成

（5）青岛市　　　青岛市郊

江苏省

（1）苏州地区　　吴县②　常熟　沙洲　无锡②

（2）镇江地区　　宜兴①　溧阳③　高淳③　溧水③　金坛②　句容②　丹阳②　武进③
　　　　　　　　丹徒②　镇江市③

（3）扬州地区　　六合③　仪征③　扬州市郊①

（4）淮阴地区　　金湖　盱眙

（5）南京市　　　南京市①　江浦③　江宁②

（6）连云港市　　连云港市

（7）苏州市　　　苏州市①

（8）常州市　　　常州市②

（9）无锡市　　　无锡市

安徽省

（1）滁县地区　　天长　来安③　滁县③　全椒③　定远②　凤阳③　嘉山

（2）六安地区　　六安①　寿县③　霍丘②　肥西　舒城②　金寨　霍山②

（3）芜湖地区　　芜湖③　繁昌②　南陵②　泾县　宣城①　郎溪③　广德②　当涂③

（4）巢湖地区　　肥东　庐江③　无为②　巢县②　含山②　和县②

（5）徽州地区　　宁国②　绩溪②　旌德②　太平①　歙县②　休宁②　黟县②　祁门②
　　　　　　　　屯溪镇

（6）安庆地区　　怀宁②　桐城②　枞阳　潜山②　太湖①　宿松②　望江②　岳西

（7）池州地区　　东至②　石台②　贵池②　青阳②　铜陵②

（8）合肥市　　　合肥市③

（9）马鞍山市　　马鞍山市

（10）铜陵市　　　铜陵市

浙江省

（1）绍兴地区　　绍兴②　诸暨②　上虞②　嵊县①　新昌②

（2）宁波地区　　鄞县①　镇海②　奉化③　余姚①　慈溪②　宁海②　象山②

（3）金华地区　　金华②　兰溪②　武义　永康②　东阳①　义乌②　浦江②　衢县②
　　　　　　　　常山③　开化②

（4）台州地区　　仙居②　天台　三门　临海②　黄岩②　温岭③　玉环②

（5）丽水地区　　丽水②　青田③　云和②　龙泉②　庆元②　缙云②　遂昌②

（6）温州地区　　洞头　永嘉②　瑞安②　文成　平阳②　乐清②　泰顺②

（7）嘉兴地区　　嘉兴②　嘉善　平湖　海宁②　海盐　桐乡　德清②　吴兴②　长兴①
　　　　　　　　安吉①

（8）舟山地区　　定海②　普陀　岱山　嵊泗

（9）杭州市　　　杭州市郊②　余杭②　萧山②　富阳②　桐庐①　临安①　建德②
　　　　　　　　淳安②

（10）宁波市　　　宁波市

（11）温州市　　　温州市

江西省

（1）九江地区　　九江[2]　瑞昌[2]　武宁[2]　修水[3]　永修[3]　德安[2]　星子[2]　都昌[2]
湖口[3]　彭泽[2]　庐山[1]　九江市

（2）抚州地区　　临川[2]　南城[2]　黎川[2]　南丰　崇仁[3]　乐安　宜黄　金溪[2]
资溪[3]　进贤[2]　东乡[2]　抚州市

（3）上饶地区　　上饶[2]　广丰[2]　铅山[2]　横峰　波阳[2]　弋阳[2]　贵溪[2]　余江
余干[2]　万年[2]　乐平[2]　德兴[2]　婺源[1]　上饶市

（4）赣州地区　　赣县[2]　南康[2]　信丰[2]　大余　上犹[3]　崇义[2]　安远[2]　龙南[2]
定南[2]　全南　宁都[2]　于都　兴国[2]　瑞金[2]　会昌[2]　寻乌[3]
石城[2]　广昌[2]

（5）宜春地区　　丰城　高安[3]　清江[2]　新余[2]　宜春[2]　奉新[2]　万载[2]　上高[3]
宜丰[3]　分宜[2]　安义[2]　靖安[2]　铜鼓[2]

（6）井冈山地区　吉安[2]　吉水[2]　峡江[2]　新干[2]　永丰[2]　泰和[3]　遂川[2]　万安[2]
安福[2]　永新[2]　莲花[2]　宁冈[3]　井冈山　吉安市

（7）南昌市　　　南昌市郊　南昌[3]　新建[2]
（8）景德镇市　　景德镇市郊[3]
（9）萍乡市　　　萍乡市[2]

福建省

（1）建阳地区　　顺昌[3]　建阳[2]　建瓯[2]　浦城[2]　邵武[2]　崇安[2]　光泽[2]　松政[2]
南平市[2]

（2）宁德地区　　福安[2]　霞浦[2]　福鼎[2]　宁德[2]　寿宁[2]　罗源[2]　连江[2]　古田[3]
屏南[2]

（3）莆田地区　　闽清[2]　永泰[3]　长乐[2]　福清[2]　莆田[2]　仙游[2]
（4）晋江地区　　晋江[3]　南安[3]　永春[2]　德化[2]　惠安　安溪[2]　泉州市[2]
（5）龙岩地区　　龙岩[2]　长汀[2]　永定[2]　上杭[2]　武平　漳平[2]　连城[2]
（6）三明地区　　明溪　永安[2]　清流[2]　宁化[2]　大田[2]　尤溪[2]　沙县[2]　将乐[2]
泰宁　建宁[2]　三明市

（7）福州市　　　福州市[1]　福州市郊　闽侯[2]
（8）厦门市　　　厦门市　厦门市郊　同安

台湾省

台北　新竹　苗栗　南投　桃园　宜兰　花莲　台中　台东　屏东
台北市　基隆市

河南省

（1）驻马店地区　正阳
（2）许昌地区　叶县
（3）南阳地区　内乡　方城　邓县　桐柏　淅川　唐河
（4）信阳地区　息县③　淮滨　信阳③　潢川③　光山①　固始②　商城②　罗山②
新县　信阳市①

湖北省

（1）恩施地区　恩施②　建始②　巴东②　利川②　宣恩③　咸丰②　来凤②　鹤峰②
（2）襄阳地区　襄阳　枣阳　随县　宜城　南漳①　光化　谷城③　保康③
（3）咸宁地区　咸宁　武昌②　鄂城　嘉鱼　蒲圻②　崇阳②　通城②　通山②
（4）郧阳地区　十堰市　均县③　郧县③　郧西③　竹山③　竹溪③　房县③
（5）荆州地区　江陵　松滋　公安　石首　天门　荆门　钟祥　京山
（6）宜昌地区　宜昌①　宜都①　枝江③　当阳②　远安①　兴山②　秭归③　长阳②
五峰③
（7）孝感地区　孝感　汉阳③　黄陂　大悟　应山③　安陆③　应城③　汉川
（8）黄冈地区　黄冈②　新洲　红安　麻城①　罗田②　英山③　浠水　蕲春③
广济　黄梅①
（9）武汉市　武汉市郊
（10）黄石市　黄石市　大冶②

湖南省

（1）常德地区　安乡③　汉寿③　澧县②　常德②　临澧③　桃源②　石门②　慈利②
常德市
（2）岳阳地区　平江②　湘阴②　汨罗　岳阳②　临湘②　华容③

（3）湘西土家族　吉首　泸溪②　凤凰③　花垣　保靖②　永顺②　大庸②　桑植②
苗族自治州　　龙山②

（4）益阳地区　　南县　沅江③　益阳②　宁乡②　桃江　安化②　益阳市

（5）零陵地区　　零陵②　东安　道县　宁远②　江永　江华③　蓝山②　新田③　双牌

（6）郴州地区　　郴县②　桂阳②　永兴②　宜章③　资兴　嘉禾②　临武②　汝城②
桂东②　来阳②　安仁③

（7）湘潭地区　　湘乡②　湘潭②　醴陵②　浏阳②　攸县②　茶陵①　鄳县②　湘潭市

（8）黔阳地区　　沅陵②　辰溪②　叙浦②　麻阳②　新晃②　芷江②　怀化　黔阳②
会同②　靖县②　通道②

（9）邵阳地区　　邵阳②　邵东　双峰　涟源　新化②　新邵　隆回　武冈②　洞口
新宁②　城步③　绥宁③　邵阳市　冷水江市

（10）衡阳地区　　衡南　衡阳③　衡山①　衡东　常宁　祁东　祁阳②　衡阳市

（11）长沙市　　　长沙③　长沙市郊

（12）株洲市　　　株洲　株洲市郊

广东省

（1）韶关地区　　英德②　连山②　始兴②　佛冈②　清远②　南雄　乳源②　新丰

（2）肇庆地区　　高要②　四会②　怀集②　封开　郁南　罗定②　云浮

（3）汕头地区　　澄海②　饶平　南澳　潮阳②　揭阳②　揭西　普宁②　海丰②
陆丰③　惠来②　汕头市郊

（4）海南行政区　白沙　琼中　陵水②
海南黎族苗族自
治州

（5）海南行政区　临高③　屯昌　定安②　琼海　琼山②
直辖

（6）佛山地区　　番禺②　三水③　顺德　中山　新会②　台山　恩平②　高鹤②
斗门

（7）湛江地区　　电白②　信宜②　遂溪②　阳春②　海康②　阳江②　化州②　廉江
高州　徐闻②

(8)惠阳地区　　惠阳③　紫金③　和平②　连平②　河源②　博罗②　东莞②　宝安
　　　　　　　　增城②　龙门②　惠州市②
(9)广州市　　　广州市郊　从化③　花县②

广西壮族自治区

(1)南宁地区　　邕宁②　横县②　宾阳　上林②　武鸣②　隆安　马山　扶绥　崇左
　　　　　　　　大新　天等　宁明　龙州②
(2)柳州地区　　柳城　鹿寨　武宣②　象州②　融水　金秀　忻城
(3)桂林地区　　临桂②　灵川　全州②　兴安②　阳朔②　灌阳②　资源②　龙胜②
　　　　　　　　平乐②　荔浦　恭城②
(4)梧州地区　　岑溪②　苍梧　藤县　昭平　蒙山　贺县②　钟山②　富川②
(5)玉林地区　　玉林　贵县②　桂平②　平南②　容县②　北流②　陆川②　博白②
(6)百色地区　　百色　凌云
(7)河池地区　　罗城②　环江　天峨　南丹　凤山
(8)钦州地区　　上思②　东兴　钦州　灵山③　合浦　浦北
(9)桂林市　　　桂林市郊③
(10)梧州市　　梧州市郊
(11)凭祥市　　凭祥市

陕西省

(1)安康地区　　安康①　岚皋　汉阴①　石泉②　紫阳②　旬阳　平利　镇坪　白河
(2)汉中地区　　汉中　南郑②　城固　洋县　西乡②　勉县　宁强①　略阳　镇巴③
　　　　　　　　留坝　佛坪
(3)商洛地区　　商县　山阳　商南　柞水　镇安
(4)西安市　　　长安　西安市

甘肃省

武都地区　　　文县③　武都③　康县

四川省

（1）雅安地区　　雅安②　荥经②　汉源③　天全③　芦山③　宝兴

（2）西昌地区　　西昌②　德昌　冕宁　米易　宁南　木里　盐源

（3）涪陵地区　　黔江②　西阳　石柱　南川②　垫江②　涪陵②　秀山　彭水①
　　　　　　　　武隆　丰都②

（4）内江地区　　资中　威远　荣县③

（5）宜宾地区　　泸县①　富顺　隆昌　合江②　纳溪　叙永③　古蔺　宜宾③　南溪
　　　　　　　　江安　长宁　高县③　筠连②　珙县　兴文　屏山②

（6）万县地区　　开县①　忠县　梁平　云阳②　奉节③　巫山　巫溪　城口②　万县②
　　　　　　　　万县市

（7）阿坝藏族　　汶川②
自治州

（8）甘孜藏族　　泸定
自治州

（9）凉山彝族　　雷波　马边　峨边　甘洛
自治州

（10）江津地区　永川②　江津②　璧山②　合川②　江北　荣昌③　大足　铜梁②

（11）乐山地区　乐山①　仁寿　眉山②　犍为②　井研②　峨眉②　夹江③　洪雅②
　　　　　　　　彭山　青神　沐川　丹棱①

（12）温江地区　什邡①　彭县①　灌县①　崇庆②　大邑②　邛崃②　双流

（13）绵阳地区　德阳　绵阳②　绵竹①　安县①　江油①　剑阁　梓潼　广元　旺苍
　　　　　　　　平武③　北川　遂宁　三台②　蓬溪　射洪②　潼南　盐亭　青川

（14）南充地区　南部　岳池　广安②　仪陇　武胜　阆中③　苍溪

（15）达县地区　达县　宣汉　开江　万源②　通江②　南江②　大竹②　渠县②
　　　　　　　　邻水②

（16）重庆市　　重庆市郊　长寿　綦江②　巴县②

贵州省

（1）遵义地区　遵义②　桐梓②　绥阳②　湄潭②　凤冈③　余庆③　仁怀②　赤水
　　　　　　　　习水　正安②　道真　务川②　遵义市

（2）铜仁地区　　石阡②　玉屏②　江口　松桃③　印江②

（3）兴义地区　　普安③　晴隆　兴义③　望谟　册亨　贞丰③　兴仁③　安龙③

（4）安顺地区　　安顺②　紫云③　关岭③　镇宁②　普定③　平坝③　清镇③　修文③
　　　　　　　　息烽③　开阳②

（5）毕节地区　　毕节②　大方　黔西　金沙　赫章　纳雍　织金

（6）黔东南苗族　凯里　麻江②　丹寨　黄平　施秉③　镇远③　三穗　岑巩③　天柱③
侗族自治州　　锦屏　黎平　榕江　从江　台江　剑河

（7）黔南布依族　都匀③　独山②　平塘　荔波　三都　福泉　瓮安②　贵定②　龙里③
苗族自治州　　惠水　长顺　罗甸　都匀市

（8）六盘水地区　六枝　盘县③　水城

（9）贵阳市　　　贵阳市②

云南省

（1）昭通地区　　昭通　永善　大关③　彝良③　绥江　盐津③　威信　镇雄　巧家

（2）曲靖地区　　曲靖　宣威　富源　师宗　路南②　嵩明　寻甸　会泽　沾益
　　　　　　　　罗平③　宜良②　马龙

（3）玉溪地区　　玉溪　元江②　新平②　峨山　易门

（4）思茅地区　　镇沅③　普洱②　墨江②　西盟　景东③　江城③　孟连

（5）临沧地区　　临沧　云县③　镇康③　永德　凤庆　双江③　耿马

（6）保山地区　　保山③　施甸　腾冲　昌宁　龙陵

（7）丽江地区　　丽江②　华坪　永胜

（8）文山壮族苗　广南②　富宁　西畴　马关③　麻栗坡
族自治州

（9）红河哈尼族　弥勒　开远　蒙自　元阳　红河　石屏②　泸西　金平　绿春
彝族自治州　　建水②　个旧市

（10）西双版纳　　景洪　勐海　勐腊
傣族自治州

（11）楚雄彝族　　楚雄②　武定　禄丰　南华　大姚　牟定　双柏
自治州

（12）大理白族　　洱源②　弥渡　巍山　永平　云龙③　大理②　祥云　南涧　漾濞
自治州　　　　下关市

（13）德宏傣族　　潞西　陇川　盈江　瑞丽　梁河
景颇族自治州

（14）怒江傈僳　　泸水
族自治州

西藏自治区

（1）昌都地区　　察隅

（2）拉萨市　　墨脱　林芝

新疆维吾尔自治区

（1）伊犁哈萨克　新源
自治州直辖

【说明】

（1）上表共列产茶县951个。（据农业部1981年的统计材料。表刊台湾省的12个县市，不在这个统计材料之内，根据中国农业科学院茶叶研究所全国茶叶区划研究协作组1982年编印的《茶叶区划研究》增入。）

（2）表中县名上标①的为唐代产茶县，共45个。由于《八之出》中所列的襄城、丰县两县疑有误，武康、于潜、钱塘三县现均无此县名，所以这5个县未列入上表之内。又龙安、西昌、昌明、神泉四县，相当于安县、江油两县地方（据1981年统计材料），所以唐代的茶叶产区表和上表相比，又多出了两个产茶县的县名。这就是开始说为48个县，而上表列为45个县的原因。

（3）表中县名上标②的为各省、府、州、县地方志记载的产茶县，共392个。

（4）表中县名上标③的为《中国茶叶复兴计划》（1935年商务印书馆出版）记载的产茶县，共142个。

（5）表中县名未上标①②③的，都是中华人民共和国成立后至1981年新增的产茶县，共计372个。

东汉末至三国　四系印纹"茶"字青瓷罍　湖州博物馆藏

　　早期，还未出现专用的茶器，茶器多与酒器通用。这件罍高 34.2cm，圆唇直口，丰肩鼓腹，肩部饰有弦纹，并刻有隶书的"茶"字，表明这是专用的茶器。目前，它是我国发现的最早有"茶"字铭文的贮茶瓮。

　　近现代也曾出土过北魏、六朝茶器，但那时茶文化的发展仍处于萌芽状态，茶多与葱、姜等调料一起烹煮，谓之"茗粥"，茶文化真正地发展、兴盛应在唐代。

唐 萧翼赚兰亭图（局部） 台北故宫博物院藏

此画传为阎立本所绘，但据研究考证，作者应为五代顾德谦。画中的黑漆茶托和白釉茶碗比较深、高，应为五代至宋时的茶器造型。

画中三脚风炉上放着一个短柄、有流的茶铫，左侧老者一手拿竹夹，搅动茶铫沸水中的茶末，一手握茶铫短柄，准备把煮好的茶倒入茶碗。右侧童子两手捧着盏托和茶碗，准备盛茶。风炉旁边放着几块炭，而竹制矮几上则放着圆形的碾轴、黑漆茶托、白瓷茶碗和带盖茶末盒。

唐 巩县窑黄釉风炉及茶釜 中国茶叶博物馆藏

唐代的主要饮茶方式是煎煮，除了茶铫，茶釜（即镬）也是重要的煎茶器具，茶釜无柄，无流。陆羽提倡煎茶法，等茶釜中的水沸腾时，把茶末投入茶釜中，然后用竹夹搅动，最后用茶勺盛茶入碗。

这件茶器由风炉和茶釜两部分组成，通高 10.6cm，是随葬品。风炉下承圈足，上半部分有镂雕三珠形，腹部开炉门。茶釜折沿，双耳，浅腹。

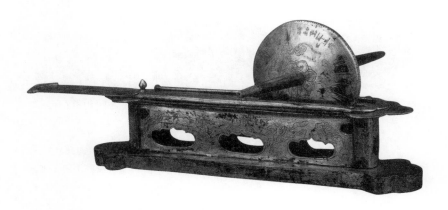

唐　鎏金鸿雁流云纹银茶碾子　法门寺博物馆藏

　　唐代煎煮茶所用的是末茶，需要先把饼茶或散茶研碾成末状，这就要用到茶碾。陆羽提倡木制茶碾，这件皇室所用的茶碾银制鎏金，由碾身、碾盖与碾轮三部分组成，碾身长 27.4cm，通高 7.1cm；碾轮长 21.6cm。槽身两侧各有三个镂空壶门，碾轮上刻有"碢轴"字样，可知碾轮在唐宫廷名为"碢轴"，而陆羽则称之为"堕"。

唐　白釉茶研　中国茶叶博物馆藏

　　如果需要研碾的茶不多，还可以用茶研来研磨。茶研要和杵棒配合使用。这件茶研高 3.8cm，口径 13.0cm，形似浅钵，外壁施釉，内壁无釉，并刻有纹路，便于研磨。

唐 鎏金飞天仙鹤纹壶门银茶罗 法门寺博物馆藏

　　研碾出的茶末需要过罗，罗多用木片和纱罗制成，这件银茶罗通高 9.5cm，分为罗身、罗盖、罗、抽斗四部分。罗屉上有残存的纱罗，非常细密。唐代流行煎茶，茶末粗一些也无妨。宋代流行点茶法，茶末的粗细则至关重要。因此孙机据此认为点茶法在唐代已经开始萌生、发展。

唐 鎏金飞鸿纹银则 法门寺博物馆藏

　　为了洁净卫生，也为了更加准确地量取茶末，需要用专门的工具——茶则。茶则一般为竹制，这件茶则银质鎏金，长 19.2cm。到了宋代，流行点茶，人们也用茶则击拂汤花，直到点茶利器——茶筅的出现。

唐 鎏金摩羯纹蕾钮三足架银盐台
法门寺博物馆藏

　　这件皇室所用的鎏金银盐台通高 25cm，类似《茶经》中的"鹺簋"，用来贮存盐，而民间则普遍使用瓷制盐罐。唐以前，人们习惯把葱、姜、盐等各种佐料和茶放在一起煮，陆羽反对这种粥茶法，提倡煎煮末茶，但他处在饮茶方式从粗放到精致的发展过程中，所以未能免俗，在煎煮时仍"调之以盐"，这种方法，一直延续到宋代。

唐 宫乐图（局部） 台北故宫博物院藏

画中长案上放着一盆煮好的茶，一个仕女正在用长柄茶勺舀取、分茶。仕女手中所持和几上所放的都是越窑青瓷茶碗。唐代，茶具生产形成"南青北白"的局面，陆羽推崇越窑青瓷，而不用邢窑白瓷。他认为"邢瓷白而茶色丹，越瓷青则茶色绿"，用青瓷盛茶汤，色泽更好看。由于陆羽的极力提倡，青瓷茶具为唐人所推崇。

唐 邢窑白釉玉璧底碗
故宫博物院藏

唐 越窑青釉玉璧底碗
故宫博物院藏

宋　宋徽宗　文会图（局部）　台北故宫博物馆藏

　　宋代流行点茶法，把茶末放在茶盏中，然后用汤瓶向茶盏中注汤，并用茶筅击拂搅拌。这幅图展示了点茶的流程，左侧童子面前是一个直口宽沿方炉，方炉中的炭火上放置着两个煎水的汤瓶。第二个童子左手拿着黑漆茶托和茶盏，右手正拿着茶匙从茶罐中舀取茶末，准备点茶。

唐　越窑青瓷执壶　杭州博物馆藏　　　　宋　景德镇窑青白釉瓜棱式执壶
　　　　　　　　　　　　　　　　　　　　首都博物馆藏

　　汤瓶的概念是随着宋代点茶法兴起而产生的，之前，有把有流的壶通常叫执壶。左图唐代的执壶通高 26.5cm，嘴短而直，颈部粗而短，无盖，鼓腹，通常是装水或装酒的容器。到了宋代，为了适应点茶的实际需要，汤瓶大量涌现，形状也发生了改变。右图宋代的汤瓶通高 23.5cm，瓶身变高，颈细长，流长而弯，多有盖。汤瓶的流要长、嘴要小，这样注汤时出水有力并且可以控制，利于点茶的效果。

宋　刘松年　撵茶图（局部）　台北故宫博物院藏

　　宋代点茶所用的主要是饼茶和草茶。无论饼茶或草茶，皆需碾末点饮。宋代的碾茶工具有两种，茶碾和茶磨。茶碾在唐代即已出现，到了宋代继续沿用。为了提升茶末的质量，宋代又出现了茶碾的升级版——茶磨。

　　画中，一人跨坐在长条矮几上，正在手推茶磨撵茶。几上放着茶帚和茶则，以便拂聚茶末。另一人站在桌前，左手持盏，右手持汤瓶，准备往分茶碗内点茶。桌上放着茶筅、茶盏、朱漆茶托、茶末盒等物。桌前有一风炉，炉上有一个三叉提梁的茶铫，正在煎水。

宋 佚名 斗茶图（局部）

　　宋代斗茶技艺盛行，人们用斗茶来比评点茶技艺的高下。画中每位斗茶者自提炭炉，上有汤瓶。一人手持汤瓶和茶盏，正向盏内注汤。斗茶讲究茶与汤的融合，如果注汤适宜，击拂有力，茶末搅拌均匀，汤花就会紧贴盏沿，谓之"咬盏"。

宋 建窑黑釉兔毫盏 故宫博物院藏

　　宋代的龙凤团饼茶在制作过程中要榨去茶汁，有时还要加入龙脑等香料，茶汤以白色为上品。"茶色白宜黑盏"，黑色的茶碗最显茶色，容易在斗茶时验水痕，所以黑釉盏在当时备受欢迎。建窑生产的黑釉盏，厚胎，便于保持茶水温度；同时底小腹深，便于茶筅搅拌。

宋　曜变天目盏　日本静嘉堂文库
美术馆藏

宋　建窑油滴盏　日本东洋陶瓷
美术馆藏

　　建窑除了较为常见的兔毫盏外，还有极为珍贵的曜变盏、油滴盏等品种。宋代，日本高僧荣西两度入宋，并把点茶法带回日本，在日本大力推广茶道，优质的建盏受到追捧。后来，在我国，随着点茶法的衰落，宋代建盏也就渐渐退出历史舞台。而日本的点茶法则延续至今，建盏作为茶道中的主角被有意识地保留下来。现收藏于东京的曜变天目盏和建窑油滴盏都是国宝级的文物。

宋　剔犀如意纹茶托　日本东京国立博物院藏

　　建盏由于烧窑时温度高，极易流釉而粘住窑具，因此盏底往往不上釉。为了弥补其缺陷，为其搭配盏托成了宋人的绝佳选择，而且盏托还有防止烫手的功能。《茶具图赞》中即有陶宝文和漆雕秘阁，指的就是兔毫盏和漆盏托。这件茶托木胎，托口微敛，托盘六瓣葵边，高圈足，和《茶具图赞》中所绘的"漆雕秘阁"形制极为接近。茶托在宋代广为流行，流传下来的多为漆器和瓷质。

辽　进茶图　河北宣化辽墓张匡正墓

　　与此同时，北方辽国也流行点茶法。画中人物身着辽服，左侧两个侍女手捧带托茶盏，中间的一小童正在碾茶，右边莲花座风炉上放着一个汤瓶，一髡发童子正在吹火，茶炉后一男子正在等水烧开。男子身后放着茶帚、汤瓶、茶盏等茶具。

元　仕女备茶图　山西省屯留县康庄村元墓

　　元代，南方已经开始流行冲泡茶叶的饮茶方法，但主流饮茶方式仍停留在点茶阶段。这幅画左侧有碾制茶末的茶磨，一个侍女手持汤瓶，另一个侍女左手持盏，右手拿茶筅击拂打茶。茶器和制茶方法都与宋代无异。

明 丁云鹏 煮茶图（局部） 无锡市博物院藏

　　明太祖下令废掉制作费工费时的饼茶，改贡散茶，饮茶方式自此大变，人们直接用茶壶冲泡茶叶，再注入茶杯品饮。此前饮用末茶所需的茶器，如茶碾、茶磨、茶筅、茶罗、茶匙等都废弃不用。而茶壶和茶杯的搭配则逐渐固定并沿用至今。

　　这幅画想要展现唐代卢仝烹茶的场景，但明人已经不太了解前代的饮茶方式，甚至不知道茶筅为何物，画中的器物和烹茶方式是明代风貌。画中卢仝坐在竹炉旁边，炉上有用来烧水的单柄壶。桌子上放着茶叶罐、紫砂小壶、朱漆盏托、白釉茶盏、青铜香炉、螺钿方盒、青铜豆形器、双耳玉杯，等等。其中的朱泥茶壶、白釉茶盏、竹炉等器物显然是明代茶器。

明　王问　煮茶图（局部）　台北故宫博物院藏

　　竹炉是风行于明代的茶器，用耐高温的泥土搪在竹炉内制成。竹子因具有宁折不弯、虚怀若谷的君子气节，一向受到文人的追捧，竹炉也成了文人最推崇的茶器之一。画中人手拿火箸，正在拨动炭火，竹炉上放着一个提梁茶壶。

明　吴经墓出土提梁壶　南京博物院藏

　　这把提梁壶出土于明代嘉靖十二年（1533年）司礼太监吴经墓中，是目前有确切年代可考的最早的紫砂壶。这把壶高17.7cm，除了壶嘴的走向，形状与王问《煮茶图》中的茶壶极为相似。

明　时大彬如意纹盖三足壶　江苏省无锡市锡山文管会藏

　　泡茶方式的改变使茶壶的重要性日益凸显。茶壶的大小、好坏直接关系到茶味。紫砂壶具有良好的透气性，泡茶不失本味，也不易变质，耐高温，传热慢，不烫手，这些优点让它逐渐成为泡茶的首选器具，其中宜兴紫砂尤为出色。

　　这款紫砂壶壶高 11.3cm，口径 8.4cm，是明代制壶大家时大彬的传世之作。壶身近球形，有小如乳头的三矮足，壶盖贴塑四瓣中心对称的柿蒂纹，形、神、气、韵俱备。

明　甜白釉茶钟　台北故宫博物院

　　茶器的发展与饮茶方式的变化密不可分。宋代点茶，茶色洁白，宜用黑盏，而明代泡茶，宜用白色茶杯，呈现茶的本色。因为不需要在碗内击拂茶末，所以茶杯的容量变小。明代的茶盏多为白瓷或青花瓷，特别是明代的白瓷，具有极高的艺术价值，史称"甜白"。这件明永乐茶盏，撇口，弧身，圈足，造型雅致。

清乾隆 《中秋赏月图》轴（局部） 故宫博物院藏

　　清代延续了明代的饮茶方式，因此茶器也没有太大变化。画中侍者手捧朱漆茶盘，盘内是青花盖碗。旁边具列上放着蓝釉水缸、茶叶罐、紫砂小茶壶、青花茶杯和盖碗等茶具。

清　竹炉　故宫博物院藏

　　清代依然沿用竹炉，乾隆皇帝尤其钟爱竹炉。这件乾隆时期的竹炉，呈四方形，与明代王问《煮茶图》中的竹炉形状大致相同。此炉以陶泥为膛，外用竹丝编织、包裹，做工精巧细致。

清　青花三清诗茶碗　台北故宫博物院藏

　　乾隆非常爱喝"三清茶"，即用梅花、松子、佛手为原料，以雪水煎泡的茶。乾隆不仅在宫廷举行三清茶宴，还写了很多三清茶诗，并把这些诗文写在茶具上，作为装饰。这只茶碗外壁题有三清诗句，内壁碗底画有梅花、松子和佛手图案，简单雅致。

清　绿地粉彩花鸟纹盖碗　故宫博物院藏

　　盖碗是清代最有特色的茶具，一般由碗和盖两部分组成，后来又出现了带有茶托的盖碗，被称为"三才碗"。盖碗防尘保温，将冲泡与饮用功能合为一体，方便快捷，被广泛使用。此碗通高 8.8cm，口径 11cm，以粉彩为饰，绿地，内壁白釉，撇口。

清　彭年制曼生铭仿古井栏壶　南京博物院藏

　　清代，紫砂茶具依然是很重要的茶器。清代紫砂工艺提高，并且与诗、画、篆刻等艺术结合，有了深厚的人文内涵。陈鸿寿和杨彭年合作的曼生壶，刻以诗文，造型雅致，是清代文人壶的典范。随着珐琅彩、粉彩等新技艺的发展，茶具的装饰艺术也日益丰富。

　　虽然茶壶与茶杯的形态有了各种发展，但饮用散茶的方式一直延续至今，所以茶器种类和形态没有发生大的变化。直到今天，茶壶、茶杯依然是主要的饮茶器具。

茶经译注

陆 羽 著

吴觉农 译注

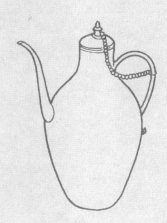

一之源

茶者，南方之嘉木也。一尺、二尺乃至数十尺。其巴山峡川①，有两人合抱者，伐而掇之。其树如瓜芦，叶如栀子，花如白蔷薇，实如栟榈，茎如丁香〔一〕，根如胡桃。瓜芦木出广州②，似茶，至苦涩。栟榈，蒲葵之属，其子似茶。胡桃与茶，根皆下孕，兆至瓦砾，苗木上抽〔二〕。

其字，或从草，或从木，或草木并。从草，当作茶，其字出《开元文字音义》；从木，当作搽，其字出《本草》；草木并，作荼〔三〕，其字出《尔雅》。

其名，一曰茶，二曰槚，三曰蔎，四曰茗，五曰荈。周公云："槚，苦荼。"扬执戟云③："蜀西南人谓荼曰蔎。"郭弘农云④："早取为荼，晚取为茗，或一曰荈耳。"

其地，上者生烂石，中者生栎壤，按栎当从石为砾〔四〕下者生黄土。凡艺而不实，植而罕茂，法如种瓜，三岁可采。野者上，园者次。阳崖阴林：紫者上，绿者次；笋者上，芽者次；

叶卷上，叶舒次。阴山坡谷者，不堪采掇，性凝滞，结瘕疾。

茶之为用，味至寒，为饮最宜。精行俭德之人，若热渴、凝闷、脑疼、目涩、四肢烦、百节不舒，聊四五啜，与醍醐甘露抗衡也⑤。

采不时，造不精，杂以卉莽，饮之成疾。

茶为累也，亦犹人参。上者生上党⑥，中者生百济、新罗⑦，下者生高丽。有生泽州、易州、幽州、檀州者⑧，为药无效，况非此者？设服荠苨⑨，使六疾不瘳⑩。知人参为累，则茶累尽矣。

【校记】

〔一〕"茎如丁香"的"茎"，在《茶经》各种版本中，用字互有歧异。如明代胡文焕、陈文烛与汪士贤校本均作"叶"，明代屠本畯《茗笈》引《茶经》作"蕊"，明代郑熜允荣校本作"蒂"。叶、花、实、茎、根，是茶树最显而易见的形态。从叙述的顺序来看，这里所说的应是"茎"，而不是"叶""蕊"或"蒂"。此处采用明代陶宗仪《说郛》中所收的《茶经》本，作"茎"。

〔二〕原注的"兆至瓦砾，苗木上抽"句，语极费解，可能为后人所添注。

〔三〕原作茶，但原注说，从"草"的写作"茶"，"草""木"兼从的也写作"茶"，显然难以理解，《尔雅》为"荼"字，今依《尔雅》改作茶。

〔四〕此注显非陆羽所注。

【注释】

①巴山峡川，指四川东部和湖北西部。

②广州，三国吴分交州置，辖境相当于今广东、广西两省区除广东廉江以西、海南岛、广西桂江中上游、容县、北流以南、宜山以西北以外的大部分地区，南朝以后渐小。

③扬执戟云，指扬雄在《方言》中所说的话。因扬雄曾任执戟郎，故称。

④郭弘农云，指郭璞在《尔雅注》中所说的话。因郭璞死后，被追赠为弘农郡太守，故称。

⑤醍醐，音 tí hú。经过多次制炼的乳酪，上面的油层叫作醍醐，味极甘美。

⑥上党，在今山西长治一带。

⑦百济、新罗，在今朝鲜半岛南部。

⑧泽州，在今山西晋城一带。易州，在今河北易县一带。幽州，在今北京及所辖通县、房山、大兴和河北武清、永清、安次等县。檀州，在今北京密云一带。

⑨荠苨，音 jì nǐ，桔梗科，根、茎都似人参，叶与人参稍有区别。根味甜，可药用，但功效与人参不同。

⑩六疾，指因滋味声色过度而发生的六种疾病。《左传·昭公元年》："天有六气，降生五味，发为五色，征为五声，淫生六疾，六气曰阴、阳、风、雨、晦、明也。分为四时，序为五节，过则为灾。阴淫寒疾，阳淫热疾，风淫末疾，雨淫腹疾，晦淫惑疾，明淫心疾。"淫，是过度的意思；末，指四肢。

【译文】

茶是我国南方最珍贵的常绿树。树的高度由一尺、二尺，直到数十尺。在川东、鄂西一带，有主干粗到两人合抱的茶树，砍下枝条才能采摘茶叶。茶树的形态像瓜芦，叶像栀子，花像白蔷薇，果实像栟榈，茎像丁香，根像胡桃。瓜芦木产在广州，形态像茶，滋味很苦涩。栟榈是蒲葵类植物，种子像茶子。胡桃和茶树，都是根向下伸长，碰到坚实的砾土，苗木才向上生长。

"茶"字的结构，按部首说，或从"草"，或从"木"，或"草""木"兼从。从"草"，应写作"茶"，此字见《开元文字音义》；从"木"，应写作"搽"，此字见《本草》；"草""木"兼从，写作"荼"，此字见《尔雅》。

茶的名称：一叫茶，二叫槚，三叫蔎，四叫茗，五叫荈。据周公说："槚，就是苦茶。"据扬执戟说："四川西南部人把茶叫作蔎。"据郭弘农说："早采的叫作茶，晚采的叫作茗，或叫作荈。"

种茶的土壤，以烂石为最好，其次为栎壤，按栎字当从石写为砾字。黄土最差。凡是栽种时，不使土壤松实兼备，或是栽种后很少能生长得茂盛的，都应按种瓜法去种茶。一般种植三年，就可采摘。野生的茶树好，园地里种植的差。生长在向阳山坡上林荫之中的茶树，芽叶紫色的好，绿色的差；笋状的好，牙状的差；嫩叶背卷的好，平展的差。生长在阴山坡谷的茶树，不值得采摘，因为性凝滞，饮用它，易患腹中结块的病。

茶的效用，因其性至寒，用作饮料，最为适宜。注意操行和俭德的人，如感到热渴、凝闷、头疼、眼涩、四肢疲劳、关节不舒服，只要饮茶四五口，就同饮用醍醐、甘露不相上下。

采摘不及时，制造不精细，以及混杂着野草，这样的茶叶，饮了就会生病。

选用茶叶的困难与选用人参相似。上等的人参产于上党，中等的产于百济、新罗，下等的产于高丽。那些产于泽州、易州、幽州和檀州的，作为药用就没有功效。如服用的不是人参，而是荠苨，那就什么疾病也治疗不好。明白了选用人参的困难，也就可知选用茶叶的一切了。

二之具

【原文】

籝①，一曰篮，一曰笼，一曰筥，以竹织之，受五升，或一斗、二斗、三斗者，茶人负以采茶也。籝，《汉书》音盈，所谓"黄金满籝，不如一经。"颜师古云："籝，竹器也，容四升耳。"

灶，无用突者〔一〕。釜，用唇口者。

甑②，或木或瓦，匪腰而泥，篮以箄之③，篾以系之。始其蒸也，入乎箄；既其熟也，出乎箄。釜涸，注于甑中。甑，不带而泥之。又以榖木枝三亚亚当作桠，木桠枝也〔二〕。者制之④，散所蒸芽笋并叶，畏流其膏。

杵臼，一曰碓⑤，惟恒用者佳。

规，一曰模，一曰棬，以铁制之，或圆，或方，或花。

承，一曰台，一曰砧，以石为之，不然，以槐桑木半埋地中，遣无所摇动。

襜[三]⑥，一曰衣，以油绢或雨衫、单服败者为之。以襜置承上，又以规置襜上，以造茶也，茶成，举而易之。

芘莉⑦，一曰籝子，一曰篣筤⑧，以二小竹，长三尺，躯二尺五寸，柄五寸，以篾织方眼，如圃人土罗，阔二尺，以列茶也。

棨，一曰锥刀，柄以坚木为之，用穿茶也。

朴，一曰鞭，以竹为之，穿茶以解茶也。

焙，凿地深二尺，阔二尺五寸，长一丈，上作短墙，高二尺，泥之。

贯，削竹为之，长二尺五寸，以贯茶焙之。

棚，一曰栈，以木构于焙上，编木两层，高一尺，以焙茶也。茶之半干，升下棚；全干，升上棚。

穿，音钏。江东⑨、淮南，剖竹为之；巴山峡川，纫毂皮为之。江东，以一斤为上穿，半斤为中穿，四两、五两为小穿。峡中⑩，以一百二十斤为上穿，八十斤为中穿，五十斤为小穿。字旧作钗钏之钏字，或作贯串，今则不然，如磨、扇、弹、钻、缝五字，文以平声书之，义以去声呼之，其字以穿名之。

育，以木制之，以竹编之，以纸糊之。中有隔，上有覆，下有床，旁有门，掩一扇，中置一器，贮煻煨火⑪，令煴煴然⑫。江南梅雨时，焚之以火。育者，以其藏养为名。

【校记】

〔一〕突，有的作"究"。

〔二〕此注显非陆羽所注。

〔三〕原作檐，应是"襜"之误。下文两檐字俱照改。

【注释】

①籝，音 yíng，竹笼。

②甑，音 zèng，古代蒸食炊器。

③箄，音 bēi，竹制的捕鱼具。这里借用为蒸芽叶的用具。

④榖木，产于我国西南部和南部地区。这里所指的是构树，桑科，别名榖树，在我国分布很广，树皮可利用作绳索。

⑤碓，音 duì，春谷的用具。

⑥襜，音 chān，系在衣服前面的围裙。这里借用为一种清洁用具。

⑦芘莉，列茶工具。

⑧篣筤，音 páng láng，这里的意义同芘莉。

⑨江东，指长江下游的南岸。

⑩峡中，指长江上游。

⑪糖煨，音 táng wēi，即热灰。

⑫煴，音 yūn。煴煴，火势微弱的样子。

【译文】

　　籝，又叫作篮、笼、筥，用竹编织而成。容量五升，也有一斗、二斗、三斗的。它是采茶人背着采摘茶叶用的。籝，音盈。《汉书》里有这样的话：黄金满籝，不如弄通一部经书。颜师古《汉书注》："籝，竹器，容量四升。"

　　灶，不用有烟囱的。锅，用唇口形的。

　　甑，用木或瓦制成，圆桶形，箍腰，涂泥。在甑的里面，用竹篾系着一个小篮子样的箄。开始蒸的时候，把芽叶放在箄里，蒸到适度，就从箄里拿出来。甑下面的锅，如果水干了，就从甑口添注。甑和锅的联结处用泥涂封。再用带着三个分叉亚字当作桠字，桠是木的分叉。的榖木枝，把所蒸好的芽叶摊散开，以免汁液流失。

杵臼，又叫碓，以常用的为好。

规，又叫模，也叫棬。用铁制成圆形、方形或花形的模型。

承，又叫台，也叫砧，用石块做成，如用槐木桑木的，就要把下半截埋在地里，使它不能摇动。

襜，又叫衣，用油绢或破旧的雨衣、单衫都可。把襜放在承上，又把规放在襜上，用来压制饼茶，做成取出后，另换新的再做。

芘莉，又叫籝子，也叫筹筤，用两根 3 尺长的小竹竿，2 尺 5 寸作为躯干，5 寸作柄，在两根小竹竿之间用竹篾织成方眼，像农民用的土罗（土筛），阔 2 尺，用来放置饼茶。

棨，又叫锥刀，用坚固的木料作柄，供饼茶穿孔用。

朴，又叫鞭，用竹制成，用以穿饼茶，使其解开便于搬运。

焙，凿地深 2 尺，宽 2 尺 5 寸，长 1 丈，上面砌 2 尺高的短墙，涂上泥。

贯，削竹制成，长 2 尺 5 寸，用来串茶烘焙。

棚，又叫栈，它是在焙上做的两层木架，高 1 尺，用来焙茶。茶半干时，放在下层烘焙；全干时，再移升到上层。

穿，音钏。在江东和淮南，剖竹制成；在川东鄂西一带，用榖树皮搓成。江东，以重 1 斤的为上穿，重半斤的为中穿，重四五两的为小穿。峡中则以重 120 斤的为上穿，重 80 斤的为中穿，重 50 斤的为小穿。穿字，过去为钗钏的钏字，或称贯串，现在就不是这样，像磨、扇、弹、钻、缝五个字那样，写在文章里是平声，读起来则用去声来表达意义。这里把它叫作穿。

育，用木制成框架，编上竹篾，再糊上纸。中间有隔，上面有盖，下面有底，旁边有门，关上一扇，中间放置一个容器，盛盖灰的火，用这种没有火焰的暗火，保持较低的温度。在江南梅雨季节时，需要生火排湿。育，因其有保养作用而定名。

三之造

【原文】

凡采茶，在二月、三月、四月之间。

茶之笋者，生烂石沃土，长四五寸，若薇蕨始抽[①]，凌露采焉[②]。茶之芽者，发于丛薄之上[③]，有三枝、四枝、五枝者，选其中枝颖拔者采焉[④]。

其日有雨不采，晴有云不采，晴，采之。蒸之，捣之，拍之，焙之，穿之，封之，茶之干矣。

茶有千万状，卤莽而言[⑤]，如胡人靴者，蹙缩然[⑥]；京锥文也。犎牛臆者，廉襜然[⑦]；犎，音朋，野牛也。浮云出山者，轮囷然[⑧]；轻飙拂水者，涵澹然[⑨]；有如陶家之子，罗膏土以水澄泚之；谓澄泥也。又如新治地者，遇暴雨流潦之所经。此皆茶之精腴。有如竹箨者[⑩]，枝干坚实，艰于蒸捣，故其形籭簁然[⑪]；上离下师。有如霜荷者，茎叶凋沮[⑫]，易其状貌，故厥状委萃然[⑬]。此皆茶之瘠老者也。

自采至于封，七经目。自胡靴至于霜荷，八等。

或以光黑平正言嘉者，斯鉴之下也。以皱黄坳垤言佳者⑭，鉴之次也。若皆言嘉及皆言不嘉者，鉴之上也。何者？出膏者光，含膏者皱；宿制者则黑，日成者则黄；蒸压则平正，纵之则坳垤。此茶与草木叶一也。

茶之否臧，存于口诀。

【注释】

①薇，薇科，一年生草本，叶尖端卷曲如漩涡。蕨，蕨科，地下茎甚长，春时出嫩叶，其端卷曲如拳。

②凌，侵犯，引申为冒、迎。凌露，趁着或迎着露水的意思，也就是凌晨的时光。

③丛，丛生的树木。薄，草木茂密的意思。丛薄，草木丛生的地方。

④智力高的称作颖。颖拔，是指生长得秀长挺拔。

⑤卤莽，这里作粗略解。

⑥蹙缩，褶皱的意思。

⑦臆，《说文解字》：胸骨也。廉，棱的意思。襜，整齐的意思。

⑧轮菌，屈曲的意思。

⑨涵澹，沉静的意思。

⑩箨，音 tuò，竹皮，俗称笋壳。

⑪籭、筭都是竹器，用于取粗去细（即筛子）。

⑫沮，音 jǔ，败坏的意思。

⑬委萃，委顿疲困的意思。

⑭坳，音 ào，土地低凹。垤，音 dié，小土堆。

【译文】

采摘茶叶，一般在农历二月、三月、四月的时候。

生长在肥沃土壤里的茶树，当芽叶粗壮，长四五寸，好像刚刚抽芽的薇蕨，可在有露水的早晨去采摘。生长在草木丛中的茶树，芽叶细弱，有三、四、五枝新梢的，可以选择其中长势较挺拔的采摘。

下雨天不采，晴天有云也不采，天气晴朗时才采摘。采下以后，经过蒸、捣、拍、焙、穿、封，饼茶就制成了。

饼茶的外貌有千万种，粗略地说，有的像胡人皮靴，皱纹很多；像箭矢上所刻的纹理。有的像野牛胸部，棱角整齐；犎，音朋，就是野牛。有的像浮云出山那样卷曲；有的像轻风拂水，微波荡漾；有的像陶工的澄泥；用水澄清的筛过的陶土。又有像新开垦的土地被暴雨冲刷过似的。这些都是精美的高档茶。有的像笋壳，枝梗坚硬，很难蒸捣，形状像有孔的筛子；籭音离，筬音师。有的像霜打过的荷叶，茎叶凋败，已经变形，外貌干枯瘦薄。这些都是粗老的低档茶。

从采摘到封藏，有七道工序。从像胡人的皮靴到像霜打过的荷叶，分为八等。

饼茶品质的鉴定，有的人以为外形光、黑、平正，就说品质精美，这是最差的鉴别方法。有的人以为外形皱、黄、凹凸不平，就说品质优良，这是较次的鉴别方法。如果认为上列标志都不足以鉴定品质优劣，而能全面指出上述标志的优点和缺点的，才是最好的鉴别方法。为什么这样说呢？因为已经压出汁液的茶表面就光润，而含有汁液的则皱缩；过夜制造的色黑，而当天制成的则色黄；蒸压得实就平正，而压得不实的则凹凸不平。关于这一点，茶和其他草木叶的情况是一样的。

茶叶品质好坏的鉴别，另有口诀。

四之器

【原文】

风炉灰承

风炉，以铜铁铸之，如古鼎形，厚三分，缘阔九分，令六分虚中，致其圬墁①。凡三足，古文书二十一字。一足云：坎上巽下离于中；一足云：体均五行去百疾；一足云：圣唐灭胡明年铸。其三足之间，设三窗，底一窗以为通飙漏烬之所。上并古文书六字，一窗之上书"伊公"二字，一窗之上书"羹陆"二字，一窗之上书"氏茶"二字，所谓"伊公羹，陆氏茶"也。置墆㙞于其内②，设三格：其一格有翟焉，翟者，火禽也，画一卦曰离；其一格有彪焉，彪者，风兽也，画一卦曰巽；其一格有鱼焉，鱼者，水虫也，画一卦曰坎。巽主风，离主火，坎主水，风能兴火，火能熟水，故备其三卦焉。其饰以连葩、垂蔓、曲水、方文之类〔一〕③。其炉，或锻铁为之，或运泥为之。其灰承，作三足铁柈，台之④。

筥⑤

筥，以竹织之，高一尺二寸，径阔七寸。或用藤作木楦古箱字〔二〕，如筥形织之，六出圆眼，其底盖若利箧口铄之。

炭挝

炭挝，以铁六棱制之，长一尺，锐上丰中[三]，执细头系一小䥽⑥，以饰挝也，若今之河陇军人木吾也⑦。或作锤，或作斧，随其便也。

火筴

火筴，一名箸，若常用者，圆直一尺三寸，顶平截，无葱台勾镤之属⑧，以铁或熟铜制之。

鍑 音辅，或作釜，或作鬴。

鍑，以生铁为之。今人有业冶者，所谓急铁，其铁以耕刀之趄[四]，炼而铸之。内摸土而外摸沙，土滑于内，易其摩涤；沙涩于外，吸其炎焰。方其耳，以正令也；广其缘，以务远也；长其脐，以守中也。脐长则沸中，沸中则末易扬，末易扬则其味淳也。洪州以瓷为之⑨，莱州以石为之⑩，瓷与石皆雅器也，性非坚实，难可持久。用银为之，至洁，但涉于侈丽。雅则雅矣，洁亦洁矣，若用之恒，而卒归于铁也[五]。

交床⑪

交床，以十字交之，剜中令虚，以支鍑也。

夹

夹，以小青竹为之，长一尺二寸，令一寸有节，节已上剖之，以炙茶也。彼竹之筿，津润于火，假其香洁以益茶味，恐非林谷间莫之致。或用精铁、熟铜之类，取其久也。

纸囊

纸囊，以剡藤纸白厚者夹缝之[12]，以贮所炙茶，使不泄其香也。

碾 拂末

碾，以橘木为之，次以梨、桑、桐、柘为之。内圆而外方，内圆备于运行也，外方制其倾危也。内容堕而外无余木。堕，形如车轮，不辐而轴焉。长九寸，阔一寸七分。堕径三寸八分，中厚一寸，边厚半寸。轴中方而执圆。其拂末以鸟羽制之。

罗合

罗末以合盖贮之。以则置合中。用巨竹剖而屈之，以纱绢衣之。其合以竹节为之，或屈杉以漆之。高三寸，盖一寸，底二寸，口径四寸。

则

则，以海贝、蛎、蛤之属，或以铜铁、竹匕、策之类。则者，量也，准也，度也。凡煮水一升，用末方寸匕[13]，若好薄者减，嗜浓者增，故云则也。

水方

水方，以稠木、音胄，木名也。槐、楸、梓等合之，其里并外缝漆之，受一斗。

漉水囊

漉水囊，若常用者。其格以生铜铸之，以备水湿，无有苔秽腥涩意，以熟铜苔秽，铁腥涩也。林栖谷隐者，或用之竹木，木与竹非持久涉远之具，故用之生铜。其囊织青竹以卷之，裁碧缣以缝之⑭，细翠钿以缀之。又作绿油囊以贮之。圆径五寸，柄一寸五分。

瓢

瓢，一曰牺杓，剖瓠为之，或刊木为之。晋舍人杜毓《荈赋》云："酌之以瓢。"瓢，瓢也，口阔，胫薄，柄短。永嘉中，余姚人虞洪入瀑布山采茗，遇一道士云："吾丹丘子，祈子他日瓯牺之余，乞相遗也。"牺，木杓也，今常用以梨木为之。

竹夹

竹夹，或以桃、柳、蒲葵木为之，或以柿心木为之，长一尺，银裹两头。

鹾簋⑮揭

鹾簋，以瓷为之，圆径四寸，若合形。或瓶，或罍，贮盐花也。其揭，竹制，长四寸一分，阔九分。揭，策也。

熟盂

熟盂，以贮熟水，或瓷，或沙，受二升。

碗

碗，越州上⑯，鼎州次〔六〕⑰，婺州次⑱；岳州上〔七〕⑲，寿州⑳、洪州次。或者以邢州处越州上㉑，殊为不然。若邢瓷类银，越瓷类玉，邢不如越一也；若邢瓷类雪，则越瓷类冰，邢不如越二也；邢瓷白而茶色丹，越瓷青而茶色绿，邢不如越三也。晋杜毓《荈赋》所谓"器择陶拣，出自东瓯"。瓯，越也〔八〕。瓯，越州上〔九〕，口唇不卷，底卷而浅，受半升已下。越州瓷、岳瓷皆青，青则益茶。茶作白红之色，邢州瓷白，茶色红；寿州瓷黄，茶色紫；洪州瓷褐，茶色黑，悉不宜茶。

畚

畚，以白蒲卷而编之，可贮碗十枚。或用筥，其纸帊以剡纸夹缝令方㉒，亦十之也。

札

札，缉栟榈皮以茱萸木夹而缚之，或截竹束而管之，若巨笔形。

涤方

涤方，以贮涤洗之余，用楸木合之，制如水方，受八升。

滓方〔十〕

滓方，以集诸滓，制如涤方，受五升。

巾

巾，以绝布为之㉓，长二尺，作二枚互用之，以洁诸器。

具列

具列，或作床，或作架。或纯木、纯竹而制之，或木，或

竹，黄黑可扃而漆者。长三尺，阔二尺，高六寸。具列者，悉
敛诸器物，悉以陈列也。

都篮

都篮，以悉设诸器而名之。以竹篾，内作三角方眼，外
以双篾阔者经之，以单篾纤者缚之，递压双经，作方眼，使玲
珑。高一尺五寸，底阔一尺、高二寸，长二尺四寸，阔二尺。

【校记】

〔一〕方文，一作方丈，显误。

〔二〕此注显非陆羽所注。

〔三〕上，一作一。

〔四〕之，一作子。

〔五〕铁，一作镁。

〔六〕"州"字后，一无"次"字。

〔七〕上，一作次。从下文看，作"上"是。

〔八〕"越"字后，一有"州"字。

〔九〕"越"字后，一无"州"字。

〔十〕有的版本将其与"涤方"列为一条。

【注释】

①圬，音 wū，即抹子。墁，音 màn，涂墙的工具，此处借用作
　涂泥解。

②墆，音 zhì，贮藏的意思。埭，音 niè，小山。

③葩，开放未足的花；蔓，细长能缠绕或攀附在它物上的茎；

方文是一种图案。

④柈，音 pán，与盘同。

⑤筥，圆形的盛物竹器。

⑥镟，音 zhǎn，金属环。

⑦木吾，即木棍。

⑧葱台，不可解。勾，弯曲的意思。锁，同锁，勾锁，可能是
火箸上的装饰物。

⑨洪州，相当于今江西修水、锦江流域和南昌、丰城、进贤
等地。

⑩莱州，相当于今山东掖县、即墨、莱阳、平度、莱西、海阳
等地。

⑪ 交床，即胡床，一种可折叠的坐具，此处借用此名。

⑫ 剡藤纸，产剡溪。剡溪在今浙江嵊县。

⑬ 方寸匕，古代量药的器具。一方寸匕，约指体积 1 立方寸的
容量。

⑭ 缣，音 jiān，细致而不漏水的绢。

⑮ 鹾，音 cuó，盐的别名。簋，音 guǐ，古时祭祖或请客时盛
饭用的椭圆形器。

⑯ 越州，相当于今浙江浦阳江（义乌除外）、曹娥江流域及余姚
等地。

⑰ 鼎州，相当于今湖南常德、汉寿、沅江、桃源等地。

⑱ 婺州，相当于今浙江武义江、金华江流域。

⑲ 岳州，相当于今湖南洞庭湖东、南、北沿岸等地。

⑳ 寿州，相当于今安徽寿县、六安、霍山、霍丘等地。

㉑ 邢州，相当于今河北巨鹿、广宗以西，泜河以南，沙河以北。

㉒ 帊，音 pà，帛三幅叫作帊。

㉓ 绝，音 shī，粗绸，似布。

【译文】

风炉_{灰承}

风炉，用铜铁铸成，形状像古鼎，炉壁厚 3 分，边缘宽 9 分，使炉壁和炉腔中间空出 6 分，用泥涂满。炉有 3 只脚，上写 21 个古文字。一脚上铸"坎上巽下离于中"7 字，一脚上铸"体均五行去百疾"7 字，另一脚上铸"圣唐灭胡明年铸"7 字。3 脚之间，炉腹上有 3 个洞口，底部有一个洞口，分别作为通风和出灰的地方。炉腹上铸 6 个古文字：一个口的上面有"伊公"两字，一个口的上面有"羹陆"两字，一个口的上面有"氏茶"两字，就是"伊公羹，陆氏茶"的意思。炉的里边，设有放燃料的炉床，又设 3 个支锅的架：一个上面有"翟"，翟就是火禽，刻一个离卦；一个有"彪"，彪就是风兽，刻一个巽卦；一个有"鱼"，鱼就是水虫，刻一个坎卦。巽卦是象征风的卦，离卦是象征火的卦，坎卦是象征水的卦。风能助火，火能煮水，所以要有这 3 个卦。炉身再以花卉、藤草、流水、图案之类作装饰。风炉，用锻铁或揉泥制成。灰承是有 3 只脚的铁盘，用以承受炉灰。

笞

用竹编成，高 1 尺 2 寸，直径 7 寸。或先做成笞形的木楦，_{古箱字。}用藤编成，表面编出六角圆眼，把底、盖磨得像竹箱的口一样光滑。

炭挝

用六角形的铁棒制成，长1尺，上头尖，中间肥，在握处细的一头拴上一个小镊，作为装饰品，像现在守卫在黄河陇山间军人用的木棍。或做成锤，或做成斧，都可以听便。

火筴

又名箸，就是火箸，和常用的相同，圆而直，长1尺3寸，顶端扁平，不用装饰物，用铁或熟铜制成。

鍑 _{音辅，或作釜，或作鬴。}

即釜或锅，用生铁制成。生铁，现在搞冶铁的人叫它急铁，这种铁是以耕刀的冶炼法铸成的。冶炼时里面抹上泥，外面抹上沙，泥使里面光滑，容易摩擦洗涤；沙使外面粗糙，能吸收火焰高温。将鍑的耳制成方形，使鍑容易放得平正；鍑边制得宽阔，使火焰能伸展得开；鍑的中心部分要突出，使火力集于中间，水就在当中沸腾，这样茶末就容易沸扬，滋味也就醇厚了。洪州的鍑是瓷制的，莱州的是石制的，瓷和石制的鍑，虽都雅致好看，但不够坚实，不耐用。用银制的非常清洁，但近于奢侈。固然雅致了，确实清洁了，但要经久耐用，还是用铁制的鍑为好。

交床

十字交叉作架，上搁板，剜去中部，作为放鍑之用。

夹

用小青竹制成，长1尺2寸，一头的1寸处有节，剖开节以上部分，用以烤茶。这种小青竹遇火发出津液，借用它的清香来提高茶味，但不在林谷之间就不能办到。或用精铁、熟铜之类制作，可以经久耐用。

纸囊

用白而厚的剡藤纸双层缝制，贮放烤好的茶，使香气不致散失。

碾_{拂末}

碾用橘木制成，其次用梨、桑、桐、柘木制成。碾，内圆外方，内圆便于运转，外方以防止倾倒。里面放一个堕，不使它留有空隙。堕，形如车轮（按：即碾轮），不用辐，只装轴。轴长 9 寸，阔 1 寸 7 分。堕的直径 3 寸 8 分，中厚 1 寸，边厚半寸。轴的中间是方的，柄是圆的。拂末，用鸟的羽毛制成。

罗合

罗是罗筛，合是盒。罗筛筛下的茶末须用有盖的盒贮藏。把则（量具）放在盒中。罗筛，用剖开的大竹弯曲成圆形，蒙上纱或绢。盒用竹节制成，或用杉木制成，涂上漆。盒，高 3 寸，盖 1 寸，底 2 寸，口径 4 寸。

则

用海贝、蛎、蛤等类的壳，或用铜铁、竹制成的匙、小箕之类充当。则是衡量多少的标准。大致煮 1 升的水，用 1 方寸匕的茶末，喜欢喝淡茶的可减少，爱好较浓的可增加，所以叫作则。

水方

用椆木^{椆，音胄，木名。}或槐、楸、梓等木板制成，内外的缝都用漆涂封，可盛水一斗。

漉水囊

滤水用具，和平常用的一样。囊的骨架用生铜制成，这样，水浸后不会产生苔秽和腥涩味，因为用熟铜易生铜绿污垢，用铁会生铁锈使水带腥涩味。住在林谷里隐居的人，也有用竹、木制成的，但竹木制的不耐久用，且不便远行携带，所以要用生铜。囊，用青篾丝编织，卷成囊形，缝上绿色的绢，缀上细巧的饰品。再做一个绿油布袋贮放它。囊的圆径 5 寸，柄长 1 寸 5 分。

瓢

又叫牺杓，用葫芦剖开制成，或用木雕成。晋代杜育（《茶经》原文误为杜毓）作的《荈赋》里，有"酌之以瓠"的句子，"瓠"就是瓢，口宽，胫薄，柄短。晋永嘉年间，余姚人虞洪到瀑布山采茶，遇见一道士，对他说："我是丹丘子，哪天瓯牺里如有多余的茶，希望送点给我喝。"牺就是木杓，现在常用的，多以梨木制成。

竹夹

用桃、柳、蒲葵木制成，或用柿心木制成。长 1 尺，两头用银包裹。

鹾簋揭

鹾簋，就是放盐的器皿，瓷制，圆径4寸，盒形，或瓶形，或壶形。揭，用竹制成，长4寸1分，阔9分，是取盐的用具。

熟盂

贮盛开水用，瓷制或陶制，可盛水2升。

碗

越州产的为上品，鼎州、婺州的次些；岳州的为上品，寿州、洪州的次些。有人以为邢州产的比越州的还要好，完全不是这样。如果说邢瓷质地像银，那么越瓷就像玉，这是邢瓷不如越瓷的第一点；如果说邢瓷像雪，那么越瓷就像冰，这是邢瓷不如越瓷的第二点；邢瓷白，茶汤泛红色，越瓷青，茶汤呈绿色，这是邢瓷不如越瓷的第三点。晋代杜育《荈赋》曾说："器择陶拣，出自东瓯。"瓯（地名），就是越州。瓯（小茶盏），也是越州制的好，瓯的上口唇不卷边，底呈浅弧形，容量不到半升，越州瓷、岳州瓷都呈青色，能增进茶汤色泽。茶色淡红，邢州瓷色白，使茶汤色红；寿州瓷色黄，使茶汤色紫；洪州瓷色褐，使茶汤色黑，都不宜用于盛茶。

畚

用白蒲卷编而成，可放碗10只。也可以用筥，衬以三幅剡纸，夹缝成方形，也可放碗10只。

札

选取栟榈皮，用茱萸木夹住缚紧，或截一段竹子，在竹管里装上一束栟榈皮，形状像支大笔。

涤方

用以盛放洗涤后的水。由楸木板制成，制法同水方，可容水 8 升。

滓方

用以盛放茶滓，制法像涤方，容量 5 升。

巾

用一种粗绸制成，长 2 尺，做两块，用以交替擦拭各种器皿。

具列

成床形，或成架形，用木或用竹制成。不论用木制或竹制，都要能关闭并漆成黄黑色，长 3 尺，宽 2 尺，高 6 寸。具列就是收藏和陈列全部茶具的意思。

都篮

因全部器物都放在这只篮里而得名。里面用竹篾编成三角方眼，外面用宽的双篾作经，以细的单篾缚住，交错地编压在作经线的双道宽篾上，编成方眼，使其玲珑精巧。高 1 尺 5 寸，长 2 尺 4 寸，宽 2 尺，篮底宽 1 尺，高 2 寸。

五之煮

【原文】

凡炙茶，慎勿于风烬间炙，熛焰如钻[①]，使炎凉不均。持以逼火，屡其翻正。候炮出培塿[②]，状虾蟆背，然后去火五寸。卷而舒，则本其始，又炙之。若火干者，以气熟止；日干者，以柔止。

其始，若茶之至嫩者，蒸罢热捣，叶烂而牙笋存焉。假以力者，持千钧杵，亦不之烂。如漆科珠，壮士接之，不能驻其指。及就，则似无穰骨也[③]。炙之，则其节若倪倪如婴儿之臂耳[④]。

既而承热用纸囊贮之，精华之气，无所散越，候寒末之。末之上者，其屑如细米；末之下者，其屑如菱角。

其火，用炭，次用劲薪。谓桑、槐、桐、枥之类也。其炭，曾经燔炙[⑤]，为膻腻所及，及膏木、败器，不用之。膏木，谓柏、桂、桧也。败器，谓朽废器也。古人有劳薪之味，信哉！

其水，用山水上，江水中，井水下。《荈赋》所谓："水则岷方之注，挹彼清流。"其山水，拣乳泉[⑥]、石池漫流者上；其瀑涌湍漱[⑦]，勿食之，久食令人有颈疾。又水流于山谷者[〔一〕]，澄浸不泄，自火天至霜郊以前，或潜龙畜毒于其间，饮者可决之，以流其恶，使新泉涓涓然[⑧]，酌之。其江水，取去人远者。井，取汲多者。

其沸，如鱼目，微有声，为一沸；缘边如涌泉连珠，为二沸；腾波鼓浪，为三沸。已上，水老不可食也。

初沸，则水合量，调之以盐味，谓弃其啜余，啜，尝也，市税反，又市悦反。无乃𢐃𦼫而钟其一味乎？上，古暂反；下，吐滥反。无味也。第二沸出水一瓢，以竹夹环激汤心，则量末当中心而下〔二〕。有顷，势若奔涛溅沫，以所出水止之，而育其华也⑨。凡酌，置诸碗，令沫饽均。《字书》并《本草》：饽，茗沫也。饽，蒲笏反。沫饽，汤之华也。华之薄者曰沫，厚者曰饽，细轻者曰花。如枣花漂漂然于环池之上，又如回潭曲渚青萍之始生，又如晴天爽朗有浮云鳞然。其沫者，若绿钱浮于水湄〔三〕⑩，又如菊英堕于尊俎之中。饽者，以滓煮之，及沸，则重华累沫，皤皤然若积雪耳〔四〕⑪。《荈赋》所谓："焕如积雪〔五〕，煜若春藪〔六〕⑫"，有之。

第一煮水沸，弃其沫之上有水膜如黑云母〔七〕，饮之则其味不正。其第一者为隽永，徐县、全县二反。至美者曰隽永。隽，味也。永，长也。味长曰隽永。《汉书》：蒯通著《隽永》二十篇也。或留熟盂以贮之，以备育华救沸之用。诸第一与第二、第三碗次之，第四、第五碗外，非渴甚莫之饮。

凡煮水一升，酌分五碗，碗数少至三，多至五。若人多至十，加两炉。乘热连饮之，以重浊凝其下，精英浮其上。如冷，则精英随气而竭，饮啜不消亦然矣。茶性俭，不宜广，广则其味黯澹⑬。且如一满碗，啜半而味寡，况其广乎！

其色缃也〔八〕⑭，其馨欤也。香至美曰欤，欤音备。其味甘，槚也；不甘而苦，荈也；啜苦咽甘，茶也。一本云：其味苦而不甘，槚也；甘而不苦，荈也〔九〕。

【校记】

〔一〕水，一作"多别"二字。

〔二〕量，一作煎。

〔三〕湄，一作渭。

〔四〕雪，一作云。

〔五〕雪，一作云。

〔六〕藪，一作敷。

〔七〕"弃"字前，一本有"而"字。

〔八〕缃，一作缩。

〔九〕此注显非陆羽所注。

【注释】

①熛，音 biāo，迸飞的火焰。

②炮，用火烧烤。培塿，小土堆。

③穰，音 ráng，禾的秆。

④倪倪，弱小的样子。

⑤燔，音 fán，焚烧。

⑥乳泉，指富于矿物质的从石钟乳滴下的水。

⑦湍，音 tuān，急流的水。漱，原作洗口解，今引申解作用水
　冲刷。

⑧涓涓然，细水慢流的样子。

⑨华，精华，此处指沫饽。

⑩绿钱，苔藓的别称。

⑪皤，音 pó，白色。

⑫敷，音 fū，花的通名。

⑬黯澹，同黯淡。

⑭缃，音 xiāng，浅黄色。

【译文】

烧饼茶，不要在迎风的余火上烧，火焰飘忽不定，就像钻头一样，会使饼茶冷热不匀。夹着饼茶靠近火，时时翻转，等到烤出像虾蟆背那样泡来时，然后离火5寸。待卷缩的饼面逐渐松开后，再照原来的方法又烤一次。若是焙干的饼茶，要烤到水汽蒸完为止。如果是晒干的，烤到柔软就可以了。

当开始制造的时候，如果是极嫩的芽叶，蒸后趁热就捣，叶捣烂了，芽尖仍保存完整，即使气力大的人用最重的杵去捣，也不能把芽尖捣烂。这就如同一位壮士用手指捏不住细小的漆料珠一样。捣好了的茶，嫩芽就像没有筋骨似的，经过火烤，就柔软得同婴儿的手臂那样了。

烤了以后，要趁热用纸袋贮藏，使香气不致散失，待冷却后再碾成细末。好的茶末，形如细米；差的就像菱角。

煮茶的燃料，最好用木炭，其次用硬柴。如桑、槐、桐、枥一类的木材。沾染了油腥气味的烧过的炭，以及含有油脂的木柴如柏、桂、桧树。和腐坏的木器废弃的腐朽木器。都不能用。古人认为用这类柴木烧出来的东西有木的异味，这是对的。

煮茶用的水，以山水最好，江水次之，井水最差。《荈赋》所说的水，就要饮用像岷地流注下来的那样的清流。山水又以出于乳泉、石池水流不急的为最好；像瀑布般汹涌湍急的水不要喝，喝久了会使人的颈部生病。还有流蓄在山谷中的水，水澄清而不流动，从炎夏到霜降以前，可能有蛇蝎的积毒潜藏在里面，饮用的人可先加以疏导，把污水放去，到有新泉缓缓地流动时取用。江河的水，要从远离居民的地方取用。井水要从经常汲水的井中取用。

　　煮水，当开始出现鱼眼般的气泡，微微有声时，这是第一沸；边缘像泉涌连珠时，为第二沸；到了似波浪般翻滚奔腾时，为第三沸。再继续煮，水就过老而不适于饮用了。

　　水初沸时，按水的多少放入适量的盐调味，取出些来试味，把尝剩下的水倒掉，啜，尝的意思，市税反，又市悦反。不使太咸，否则岂不成了喜爱盐水这一种味道了吗？餡，古暂反；齸，吐滥反。没有味道的意思。第二沸时舀出一瓢水，用竹夹在沸水中绕圈搅动，再用则量茶末从漩涡中心投下。等到滚得像狂奔的波涛，泡沫飞溅，就用方才舀出的那瓢水加进去止沸，使孕育成华。酌茶（斟茶）时，舀茶汤倒入碗里，须使沫饽均匀。《字书》和《本草》说：饽是茶汤的沫。饽，蒲笏反。沫饽是茶汤的精华，薄的叫沫，厚的叫饽，细轻的叫花。花很像漂浮在圆池上的枣花，又像曲折的水边和水洲上新生的青萍，也像晴朗的天空中鱼鳞般的浮云。沫像浮在水面上的绿苔，又像掉在酒樽中的菊瓣。饽是沉在下面的茶渣沸腾时泛起的一层含有大量游离物的浓厚泡沫，像耀眼的白雪。《荈赋》中说："明亮得像积雪，灿烂得像春花"，确是这样的情况。

　　水在第一沸后，去掉浮在上面的像黑云母似的水膜，因为它的滋味不正。第一次舀出的花汤称为"隽永"，徐县、全县二反。"隽永"是茶味至美之意。隽指滋味。永指长久。《汉书》：蒯通曾著《隽永》二十篇。可把它盛在"熟盂"里，以备抑止沸腾和孕育精华之用。以后舀出的第一、第二和第三碗茶汤都次于"隽永"，第四、第五碗以后，不是渴极就不值得喝了。

　　一般煮水1升，可分作5碗。少的3碗，多到5碗，如人多到10个，应煮两炉。须趁热连饮，因为重浊的物质凝聚下沉，"精英"（指沫饽）则浮在上面。冷了"精英"随气消散，啜饮起来自然不受用了。茶性俭，水不宜多，水多了则淡而无味。就像一满碗好茶，饮到一半滋味就较差，何况水太多呢！

茶汤色浅黄。香气至美。致，音备，香气至美的意思。滋味甜的是槚；不甜而带有苦味的是荈；入口有苦味而回味甜的是茶。另一版本说：味苦而不甜的是槚，甜而不苦的是荈。

六之饮

【原文】

翼而飞，毛而走，呿而言①，此三者俱生于天地间，饮啄以活，饮之时义远矣哉！至若救渴，饮之以浆②；蠲忧忿，饮之以酒；荡昏寐，饮之以茶。

茶之为饮，发乎神农氏，闻于鲁周公。齐有晏婴，汉有扬雄、司马相如，吴有韦曜，晋有刘琨、张载、远祖纳③、谢安、左思之徒，皆饮焉。滂时浸俗，盛于国朝④。两都并荆俞⑤俞当作渝，巴渝也〔一〕。间，以为比屋之饮。

饮有粗茶、散茶、末茶、饼茶者，乃斫、乃熬、乃炀、乃舂，贮于瓶缶之中。以汤沃焉，谓之痷茶⑥。或用葱、姜、枣、橘皮、茱萸、薄荷之属煮之百沸⑦，或扬令滑，或煮去沫，斯沟渠间弃水耳，而习俗不已，於戏！

天育万物，皆有至妙，人之所工，但猎浅易。所庇者屋，屋精极；所著者衣，衣精极；所饱者饮食，食与酒皆精极之。茶有九难：一曰造，二曰别，三曰器，四曰火，五曰水，六曰炙，七曰末，八曰煮，九曰饮。阴采夜焙，非造也；嚼味嗅香，非别也；膻鼎腥瓯，非器也；膏薪庖炭，非火也；飞湍壅潦，非水也；外熟内生，非炙也；碧粉缥尘⑧，非末也；操艰搅遽，非煮也；夏兴冬废，非饮也。

　　夫珍鲜馥烈者，其碗数三；次之者，碗数五。若坐客数至五，行三碗；至七，行五碗；若六人已下，不约碗数，但阙一人而已，其隽永补所阙人。

【校记】

〔一〕此注显非陆羽所注。

【注释】

①呿，音 qū，张口貌，《庄子·秋水》："公孙龙口呿而不合。"
②浆，原指液体，如水浆、酒浆。特指酒，又特指较浓的汁，如豆浆、血浆。因后有"饮之以酒"句，故此处作"水"字解。
③远祖，指《茶经》作者陆羽的陆姓上代。
④国朝，指写作《茶经》时的唐代。
⑤荆指荆州，唐辖境相当今于湖北松滋至石首间的长江流域，北部兼有今荆门、当阳等地。渝指渝州，唐辖境相当于今四川重庆市至巴县、江北、江津、璧山等地。
⑥淹与淹、腌通，浸渍或盐渍之意。
⑦百是举成数以言其多的意思，百沸亦即沸透。
⑧缥，音 piǎo，青白色或淡青色。

【译文】

　　飞禽、走兽和人类，都生活在天地之间，依靠饮食维持生命活动，饮的现实意义是多么深远啊！如要解渴，就得饮水；要消愁，就得饮酒；要消睡提神，就得喝茶。

　　茶作为饮料，开始于神农氏。鲁周公时，已为人所知。春秋时代齐国的晏婴，汉代的扬雄、司马相如，吴国的韦曜，晋代的刘琨、张载、陆纳、谢安、左思等人都爱好饮茶。流传广了，便形成风俗，到了唐代，饮茶之风已非常盛行，在东西两都——西安和洛阳以及湖北、四川俞当作渝，渝指的是巴渝。一带，家家户户都饮茶了。

　　饮用的茶有粗茶、散茶、末茶和饼茶，分别用斫开、煎熬、烤炙、捣碎的方法加以处理后放入瓶罐里。用沸滚的水冲泡，这是浸泡的茶；或加入葱、姜、枣、橘皮、茱萸、薄荷等同煮得沸透，或扬起汤来使汤柔滑，或在煮的时候把沫去掉，这就无异使茶汤变得如同沟渠里的废水一样了，可是这样的习俗流传不已，多可惜啊！

　　天生万物，都有妙用，而人所讲求的，只涉及一般的生活。用来避风雨的是房屋，房屋就建造得极精致；用来御寒的是衣服，衣服就做得很讲究；用来充饥的是饮食，食物和酒也都制作得非常精美。茶有九个难处：一是制造，二是鉴别，三是器具，四是用火，五是择水，六是烤炙，七是碾末，八是烹煮，九是饮用。阴天采摘和夜间焙制，就制造不出好茶；口嚼辨味、干嗅香气，不是鉴别的好方法；沾有膻腥气味的风炉和碗，不能用作煮饮茶叶的器具；有油烟的柴和沾染了油腥气味的炭，不宜用作烤、煮茶的燃料；急流和死水，不宜用于调煮茶汤；外熟内生，是没有烤炙好；青绿色的粉末和青白色的茶灰，是碾得不好的茶末；操作不熟练和搅动得过快，就煮不出好茶汤；只在夏天饮茶而不在冬季饮茶，就不能说是会饮茶。

　　一则茶末，只煮三碗才能使茶汤鲜爽浓郁，较次的是煮五碗。如坐客为五人，就煮三碗分饮；坐客有七人时，则以五碗匀分；坐客在六人以下（实际是说坐客有六人），可不必约计碗数，只要按缺一个人计算，把原先留出的最好的茶汤来补所缺的人就可以了。

七之事

【原文】

　　三皇：炎帝神农氏

　　周：鲁周公旦；齐相晏婴

　　汉：仙人丹丘子，黄山君；司马文园令相如，扬执戟雄

　　吴：归命侯，韦太傅弘嗣

　　晋：惠帝，刘司空琨，琨兄子兖州刺史演，张黄门孟阳，傅司隶咸，江洗马统，孙参军楚，左记室太冲，陆吴兴纳，纳兄子会稽内史俶，谢冠军安石，郭弘农璞，桓扬州温，杜舍人毓，武康小山寺释法瑶，沛国夏侯恺，余姚虞洪，北地傅巽，丹阳弘君举，乐安任育长，育长，任赡字，元本遗长字，今增之[一]。宣城秦精，敦煌单道开，剡县陈务妻，广陵老姥，河内山谦之

后魏：瑯琊王肃

宋：新安王子鸾，鸾弟豫章王子尚，鲍昭妹令晖，八公山沙门谭济

齐：世祖武帝

梁：刘廷尉，陶先生弘景

皇朝：徐英公勣

《神农食经》："茶茗久服，令人有力①，悦志。"

周公《尔雅》："槚，苦茶。"《广雅》云："荆、巴间采叶作饼，叶老者，饼成以米膏出之。欲煮茗饮，先炙令赤色，捣末置瓷器中，以汤浇，覆之，用葱、姜、橘子芼之。其饮醒酒，令人不眠。"

《晏子春秋》："婴相齐景公时，食脱粟之饭，炙三戈五卵〔二〕，茗菜而已〔三〕。"

司马相如《凡将篇》："乌啄②，桔梗③，芫华④，款冬⑤，贝母⑥，木檗⑦，蒌⑧，苓草⑨，芍药⑩，桂⑪，漏芦⑫，蜚廉⑬，藿菌⑭，荈诧，白敛⑮，白芷⑯，菖蒲⑰，芒硝⑱，莞椒⑲，茱萸⑳。"

《方言》："蜀西南人谓茶曰蔎。"

《吴志·韦曜传》："孙皓每飨宴，坐席无不率以七升为限〔四〕，虽不尽入口，皆浇灌取尽。曜饮酒不过二升，皓初礼异，密赐茶荈以代酒。"

《晋中兴书》："陆纳为吴兴太守时，卫将军谢安常欲诣纳。《晋书》云：纳为吏部尚书。纳兄子俶，怪纳无所备，不敢问之，乃私蓄十数人馔。安既至，所设唯茶果而已。俶遂陈盛馔，珍羞毕具。及安去，纳杖俶四十，云：'汝既不能光益叔父，奈何秽吾素业。'"

　　《晋书》："桓温为扬州牧，性俭，每宴饮，唯下七奠柈茶果而已。"

　　《搜神记》："夏侯恺因疾死，宗人子苟奴〔五〕，察见鬼神，见恺来收马，并病其妻。著平上帻，单衣入，坐生时西壁大床，就人觅茶饮。"

　　刘琨《与兄子南兖州刺史演书》云："前得安州干姜一斤、桂一斤、黄芩一斤，皆所须也。吾体中溃闷，常仰真茶，汝可置之。"溃当作愦〔六〕。

　　傅咸《司隶教》曰㉑："闻南市有蜀妪作茶粥卖〔七〕㉒，为廉事㉓打破其器具，后又卖饼于市，而禁茶粥以蜀姥〔八〕，何哉！"

　　《神异记》："余姚㉔人虞洪，入山采茗，遇一道士，牵三青牛，引洪至瀑布山，曰：'予丹丘子也。闻子善具饮，常思见惠。山中有大茗，可以相给，祈子他日有瓯牺之余，乞相遗也。'因立奠祀，后常令家人入山，获大茗焉。"

　　左思《娇女》诗："吾家有娇女，皎皎颇白皙；小字为纨素，口齿自清历。有姊字惠芳，眉目粲如画；驰骛翔园林，果下皆生摘。贪华风雨中，倏忽数百适；心为茶荈剧㉕，吹嘘对鼎𬭚。"

　　张孟阳《登成都楼》诗云〔九〕："借问扬子舍，想见长卿庐；程卓累千金，骄侈拟五侯〔十〕。门有连骑客，翠带腰吴钩〔十一〕；鼎食随时进，百和妙且殊。披林采秋橘，临江钓春鱼；黑子过龙醢，果馔逾蟹蝑。芳茶冠六清〔十二〕㉖，溢味播九区㉗；人生苟安乐，兹土聊可娱。"

　　傅巽《七诲》："蒲桃㉘，宛柰㉙，齐柿，燕栗㉚，峘阳黄梨^㉛，巫山朱橘^㉜，南中茶子^㉝，西极石蜜^㉞。"

弘君举《食檄》："寒温既毕，应下霜华之茗。三爵而终，应下诸蔗^㉟、木瓜^㊱、元李^㊲、杨梅^㊳、五味^㊴、橄榄、悬豹^㊵、葵羹各一杯^㊶。"

孙楚《歌》："茱萸出芳树颠，鲤鱼出洛水泉。白盐出河东，美豉出鲁渊。姜、桂、茶荈出巴蜀^㊷，椒、橘、木兰出高山。蓼、苏出沟渠，精、稗出中田。"

华佗《食论》："苦茶久食，益意思。"

壶居士《食忌》："苦茶，久食羽化，与韭同食^㊸，令人体重。"

郭璞《尔雅注》云："树小似栀子，冬生，叶可煮羹饮。今呼早取为茶，晚取为茗，或一曰荈，蜀人名之苦茶。"

《世说》："任瞻，字育长，少时有令名。自过江失志。既下饮，问人云：'此为茶？为茗？'觉人有怪色，乃自申明云：'向问饮为热为冷耳。'"下饮为设茶也。

《续搜神记》："晋武帝时，宣城人秦精常入武昌山采茗^㊹，遇一毛人，长丈余，引精至山下，示以丛茗而去。俄而复还，乃探怀中橘以遗精。精怖，负茗而归。"

《晋四王起事》："惠帝蒙尘，还洛阳，黄门以瓦盂盛茶上至尊。"

《异苑》："剡县陈务妻，少与二子寡居，好饮茶茗。以宅中有古冢，每饮辄先祀之。二子患之曰：'古冢何知，徒以劳意。'欲掘去之，母苦禁而止。其夜梦一人云：'吾止此冢三百余年，卿二子恒欲见毁，赖相保护，又享吾佳茗，虽潜壤朽骨，岂忘翳桑之报^㊺。'及晓，于庭中获钱十万，似久埋者，但贯新耳。母告二子，惭之，从是祷馈愈甚。"

《广陵耆老传》："晋元帝时，有老姥每旦独提一器茗，往市鬻之，市人竞买，自旦至夕，其器不减。所得钱散路旁孤贫乞人。人或异之，州法曹絷之狱中。至夜，老姥执所鬻茗器，从狱牖中飞出。"

《艺术传》："敦煌人单道开，不畏寒暑，常服小石子⑩。所服药有松、桂、蜜之气，所饮茶苏而已⑰。"

《释道该说续名僧传》〔十三〕："宋释法瑶，姓杨氏，河东人。永嘉中过江，遇沈台真，请真君武康小山寺〔十四〕⑱。年垂悬车，悬车，喻日入之候，指人垂老时也。《淮南子》曰"日至悲泉，爰息其马"，亦此意也。饭所饮茶。永明中，敕吴兴礼致上京⑲，年七十九。"

宋《江氏家传》："江统，字应元，迁愍怀太子洗马⑳，尝上疏谏云：'今西园卖醯、面、蓝子菜、茶之属㉑，亏败国体。'"

《宋录》："新安王子鸾、鸾弟豫章王子尚诣昙济道人于八公山，道人设茶茗，子尚味之，曰：'此甘露也，何言茶茗！'"

王微《杂诗》："寂寂掩高阁，寥寥空广厦；待君竟不归，收领今就槚㉒。"

鲍昭妹令晖著《香茗赋》。

南齐世祖武皇帝遗诏："我灵座上，慎勿以牲为祭，但设饼果、茶饮、干饭、酒脯而已。"

梁刘孝绰《谢晋安王饷米等启》："传诏，李孟孙宣教旨，垂赐米、酒、瓜、笋、菹㉓、脯、酢㉔、茗八种。气苾新城，味芳云松。江潭抽节，迈昌荇之珍；疆场擢翘，越茸精之美。羞非纯束野麛,裛似雪之鲈〔十五〕;鲊异陶瓶河鲤,操如琼之粲。茗同食粲〔十六〕,酢颜望柑〔十七〕。免千里宿舂,省三月粮聚。小人怀惠,大懿难忘。"

陶弘景《杂录》:"苦茶轻身换骨〔十八〕,昔丹丘子、黄山君服之。"

《后魏录》:"琅琊王肃,仕南朝,好茗饮、莼羹⑤。及还北地,又好羊肉、酪浆。人或问之:'茗何如酪?'肃曰:'茗不堪与酪为奴。'"

《桐君录》:"西阳⑤、武昌⑤、庐江⑤、晋陵⑤,好茗,皆东人作清茗。茗有饽,饮之宜人。凡可饮之物,皆多取其叶,天门冬⑥、拔揳取根⑥,皆益人。又巴东别有真茗茶⑥,煎饮令人不眠。俗中多煮檀叶并大皂李作茶⑥,并冷。又南方有瓜芦木,亦似茗,至苦涩,取为屑茶饮,亦可通夜不眠。煮盐人但资此饮,而交、广最重,客来先设,乃加以香芼辈。"

《坤元录》:"辰州溆浦县西北三百五十里无射山,云,蛮俗当吉庆之时,亲族集会歌舞于山上。山多茶树。"

《括地图》:"临遂县东一百四十里有茶溪〔十九〕。"

山谦之《吴兴记》:"乌程县西二十里有温山,出御荈。"

《夷陵图经》:"黄牛、荆门、女观、望州等山,茶茗出焉。"

《永嘉图经》:"永嘉县东三百里有白茶山。"

《淮阴图经》:"山阳县南二十里有茶坡。"

《茶陵图经》:"茶陵者,所谓陵谷生茶茗焉。"

《本草·木部》:"茗,苦茶,味甘苦,微寒,无毒,主瘘疮,利小便,去痰渴热,令人少睡。秋采之苦,主下气消食。

注云：春采之。"

《本草·菜部》："苦茶，一名茶，一名选，一名游冬，生益州川谷山陵道傍，凌冬不死，三月三日采干。注云：疑此即是今茶，一名茶，令人不眠。《本草注》：按：《诗》云'谁谓荼苦'，又云'堇荼如饴'，皆苦菜也。陶谓之苦茶，木类，非菜流。茗，春采，谓之苦槚。"

《枕中方》："疗积年瘘，苦茶、蜈蚣并炙，令香熟，等分捣筛，煮甘草汤洗 ⑥，以末傅之。"

《孺子方》："疗小儿无故惊厥，以苦茶、葱须煮服之。"

【校记】

〔一〕此注显非陆羽所注。

〔二〕戈，一作弋。

〔三〕茗，一作苔。

〔四〕七升，一作七胜。

〔五〕苟奴，一作狗奴。

〔六〕此注显非陆羽所注。

〔七〕南市，一作南方。

〔八〕"以"字后，一本有"困"字。姥，一作妪。

〔九〕诗题一作登成都白菟楼。

〔十〕五侯，一作五都。

〔十一〕吴钩，一作吴钺。

〔十二〕六清，一作六情。

〔十三〕"道"字后，一本无"该"字。"该"字似衍。"说"与"悦"通，因名僧中只有道悦而无道说，所以应为"悦"

字。如此则为"释道悦续名僧传"，即"释道悦:《续名僧传》"。

〔十四〕真君，一作至。

〔十五〕鲈，一作驴。

〔十六〕粲，一作莽。

〔十七〕颜，一作类。

〔十八〕苦茶轻身换骨，一作苦茶轻身换膏。

〔十九〕临遂县，一作临沅县。一百四十里，一作一百四十五里。

【注释】

①力，气力。《史记·项羽本纪》:"力拔山兮气盖世。"

②乌啄，原名草乌啄，又名乌头，属毛茛科附子属，是一种有毒性的植物。供观赏用，又用为麻醉药，主治肾气衰弱。

③桔梗，桔梗科桔梗属，多年生草本，入药用根，主治呼吸器官病症。

④芫华，也写作芫花，瑞香科瑞香属，是一种有毒性的植物。一名头痛花，可以祛痰，兼治水肿。

⑤款冬，菊科款冬属，多年生草本，叶和柄春夏时可供食用。花蕾称款冬花，可用作香辛料。

⑥贝母，百合科贝母属，鳞茎可入药。又，贝母还是一种观赏性的植物。

⑦木檗，即黄柏，芸香科黄檗属，落叶乔木，茎内皮和果实可供药用。

⑧蒌，胡椒科土蒌藤属，即蒌菜。李时珍认为蒌、蒟为一物。蔓生有节，生于蜀、滇、粤等热地，味辛而香。

⑨苓草，禾本科菅属，多年生草本。《植物名实图考》称菅，河南统称苓草，根可入药。

⑩芍药，毛茛科芍药属（亦作牡丹属），多年生草本，根和种子可供药用，主治腹痛、腰痛等。

⑪桂，樟科樟属，常绿乔木，有芳香，其树皮称为桂皮，用为健胃药、矫臭药及矫味药。

⑫漏芦，菊科单州漏芦属，多年生草本。

⑬蜚廉，菊科飞廉属，也写作飞廉，为生于原野的宿根草，以其附茎有皮如箭羽，故以神禽之名名之。

⑭藿菌，藿菌的藿当作萑，读如桓，芦苇属，其菌属菌蕈科，色白轻虚，渤海芦苇中生之，出沧州，疗蚘虫有效。

⑮白敛，也写作白蔹，葡萄科葡萄属，蔓性草本，呈小灌木状，根入药，可以敛疮。

⑯白芷，伞形科咸草属，多年生草本，味芳香，根入药，可治头痛。

⑰菖蒲，又名白菖、石菖、石菖蒲，天南星科白菖属，系常绿的多年生草本，有特种香气，根、茎入药，可以健胃。

⑱芒硝（芒消），朴硝加水熬煮后，澄出渣滓，候结成白色的结晶体，即成芒硝。

⑲莞椒，恐为华椒之误。华椒即秦椒，芸香科秦椒属，可供药用，在宋代，有以椒入茶煎饮的。

⑳茱萸，所属的科，已见《四之器》之注释。在宋代，有很多人都喜欢饮用以茱萸入茶同煎的茱萸茶，陆游曾有诗句说："土铛争响茱萸茶。"

㉑司隶校尉简称司隶，是晋代京城公安方面的长官。

㉒ 南市，指洛阳的南市。

㉓ 廉事，主管司法的警官。

㉔ 余姚，相当于今浙江余姚。秦代置余姚县，属会稽郡。隋唐
两代都属越州。

㉕ 剧，加甚的意思。这句是说左思的两个娇女为了让茶汤加速
煮好。

㉖ 六清，指水、浆、醴、醇、医、酏等6种饮料，见《周礼·天
官·膳夫》。六清，不少版本作六情，当系传写之误。

㉗ 九区，指九州。

㉘ 蒲，古邑名。一是春秋卫国地，在今河南长垣；一是春秋晋
国地，在今山西隰县西北。

㉙ 柰，即苹果，是从古大宛国（古西域国名，在今中亚费尔干
纳盆地）来的。

㉚ 燕，包括今北京市和河北省的部分地区。过去有所谓"天津
栗"，指的就是燕栗。

㉛ 峘字通恒。"峘阳"有两个解释：一个是北岳恒山的山阳，
也就是恒山以南的地方，那里是出良种梨的；一个是恒阳县
（今河北曲阳），在隋唐时代属镇州常山郡，《新唐书·地理
志》记载，"镇州常山郡土贡：梨"。

㉜ 巫山指今四川巫山县。四川是橘类的名产地。

㉝ 南中，其方位已见《一之源》之述评。南中早已是我国茶树
的生产地。

㉞ 西极，指过去的天竺（今印度）；石蜜，即冰糖。

㉟ 蔗，禾本科甘蔗属，多年生草本，系热带和亚热带植物。

㊱ 木瓜，蔷薇科，实似梨而小，可供药用。

㊲元李，即果品中的李子。

㊳杨梅，杨梅科杨梅属，常绿乔木。

㊴五味，木兰科五味属，一般所食用的都是五味的实，也称作五味子。五味子还可供药用。

㊵悬豹，恐为悬瓠之误。瓠，属于葫芦科的植物。陆羽在《四之器》里关于"瓢"的说明中曾指出："瓠，瓢也，口阔，胫薄，柄短。"

㊶葵，即绵葵科的冬葵。过去有以冬葵的茎、叶煮作羹饮的。

㊷巴蜀的方位已见《一之源》之述评。这句是说姜、桂和茶产于巴、蜀两地。

㊸韭，属于百合科，是多年生草本植物，根茎可食。

㊹武昌山，在今湖北鄂城南。

㊺翳桑，地名。翳桑之报，说的是春秋时代一个翳桑饿人的故事：春秋晋国大臣赵盾在翳桑打猎时，遇见了一个叫作灵辄的饿人。赵盾怜悯他，给他吃饱食物。后来，晋灵公埋伏了很多甲士要把赵盾杀死，在开始行动的时候，那个已成为晋灵公甲士的灵辄，突然倒戈救赵盾脱了险。赵盾脱险后，就追问他倒戈的缘由，他说："我是翳桑的饿人，报答你一饭之恩啊！"

㊻小石子，待考。有人说可能是干酪。

㊼茶苏，有人认为"茶"字在晋代还是读作"屠"音的"茶"字，茶苏就是屠苏，也就是屠苏酒。但过去的佛教徒是禁止饮酒的，因此，喝的应是加有紫苏的茶。

㊽武康，南朝宋时属扬州吴兴郡，在今浙江吴兴县西南。

㊾京，指南朝宋的京城建康。

(50) 洗马，是太子东宫里一个掌图籍的官。

(51) 西园，指西晋京城洛阳的西苑。

(52) 此诗大意是：在寂寂的高阁，寥寥的广厦里，当我等待着你而你竟不归来的时候，我只有忍受孤寂地（收领）独去饮茶（今就槚）。

(53) 菹，音 zū，腌菜。

(54) 酢，在这里音义均同醋。

(55) 莼，别名水葵、露葵，水莲科莼属，春夏之际，其叶可供食用，是杭州西湖的名产。

(56) 西阳，西晋元康初分弋阳郡置国，治所在西阳（今湖北黄冈东）。东晋改为郡。

(57) 武昌，郡名，公元 221 年孙权分江夏、豫章、庐陵三郡置，治所在今武昌。

(58) 庐江，郡名，楚汉之际分秦九江郡置，治所在舒（今安徽庐江县西南）。

(59) 晋陵，东晋时代的晋陵郡，治所先在京口（今江苏镇江），后移治晋陵（今江苏常州）。唐代常州义兴县，是有名的阳羡茶产地。

(60) 天门冬，多年生草本，可供药用。

(61) 菝揳，即菝葜，百合科牛尾菜属，可供药用。

(62) 巴东，东汉的巴东郡，治所在今四川奉节东。现在的巴东县，则在湖北省。

(63) 檀叶，即檀香树的叶。檀香树一名旃檀，檀香科檀香属，是常绿乔木。树干高二丈余，其材有香味。檀叶曾充作茶的代用品。大皂李，即李时珍《本草纲目》中所说的肥皂荚，也称皂荚。皂荚叶曾充作茶的代用品。

㊕甘草，是一种豆科植物的根，能解毒。

【译文】

三皇：炎帝，即神农氏

周代：鲁国周公，名旦；齐国国相晏婴

汉代：仙人丹丘子，黄山君；文园令（官职）司马相如；执戟郎（官职）扬雄

吴国（三国时代）：归命侯，太傅（官职）韦弘嗣

晋代：惠帝，司空（官职）刘琨，琨侄兖州刺史（官职）演，黄门（官职）张孟阳，司隶（官职）傅咸，洗马（官职）江统，参军（官职）孙楚，记室（官职）左太冲，吴兴太守（官职）陆纳，陆纳侄会稽内史（官职）陆俶，冠军（古时将军的名号，魏晋以至南北朝皆设冠军将军）谢安石，弘农郡太守（死后追赠的官职）郭璞，扬州牧（官职）桓温，舍人（官职）杜育，武康小山寺和尚法瑶，沛国（地名）的夏侯恺，余姚（地名）的虞洪，北地（地名）的傅巽，丹阳（地名）的弘君举，新安（地名）的任育长，育长，是任瞻的字，元本遗落长字，今增写了这个字。宣城（地名）的秦精，敦煌（地名）的单道开，剡县（地名）的陈务妻，广陵（地名）的老姥，河内（地名）的山谦之

南北朝后魏：琅琊（地名）的王肃

南北朝宋：新安王（封爵）刘子鸾，刘子鸾弟豫章王（封爵）刘子尚，鲍昭妹令晖，八公山和尚谭济

南北朝齐：世祖武帝

南北朝梁：廷尉卿（官职）刘孝绰，陶弘景先生

唐代：英国公（封爵）徐勣

《神农食经》中记载："常常饮茶，使人精力充沛，身心舒畅。"

周公《尔雅》中记载："槚就是苦茶。"《广雅》说："在荆、巴一带，把茶树的鲜叶采下来制成饼茶，叶子老的，要加用米糊才能做成饼。调煮饮用的时候，先把饼茶烘烤呈红色，然后捣成细末放在瓷器里，浇上沸水，盖好，并用葱、姜、橘子等掺和调味。饮了能醒酒，使人不能入睡。"

《晏子春秋》中记载："晏婴担任齐景公的国相时，吃糙米饭、三五样荤食以及茶和蔬菜。"

司马相如《凡将篇》记载的药名，有："乌啄、桔梗、芫华、款冬、贝母、木檗、蒌、芩草、芍药、桂、漏芦、蜚廉、雚菌、芀诧、白敛、白芷、菖蒲、芒硝、莞椒、茱萸等。"

《方言》中记载："四川西南部的人把茶叫作蔎。"

《吴志·韦曜传》中记载："孙皓每次设宴，座客至少饮酒七升，虽不完全喝进嘴里，也都要斟上并亮盏说'干'。韦曜的酒量不过二升，最初，孙皓对他优礼相待，就暗中赐给他茶来代替酒。"

《晋中兴书》中记载："陆纳任吴兴太守时，卫将军谢安常要去拜访他。据《晋书》记载，陆纳任吏部尚书。陆纳的侄子陆俶埋怨他的叔父不作准备，但又不敢去问他，于是私下准备了十几人吃的菜肴。谢安来了，陆纳只以茶果招待客人。陆俶就摆出了丰盛的筵席，山珍海味，样样俱全。客人走后，陆纳把陆俶打了四十棍，并且说：'你既不能给叔父增光，为什么还要玷污我一向所保持的朴素作风！'"

《晋书》中记载："桓温任扬州牧时，由于秉性节俭，每逢请客宴会，只有七盘茶、果。"

《搜神记》中记载："夏侯恺的同族人叫作苟奴的，能看见鬼神。夏侯恺因病死亡，他看到夏侯恺来收取马匹，并使他的妻子也得了病。还看到夏侯恺裹着往常的发巾，穿着单衣，坐在生前所用的靠西墙的大床上，向人要茶喝。"

刘琨《与兄子南兖州刺史演书》中写道："前收到你寄来的安州干姜一斤、桂一斤、黄芩一斤，都是我所需要的。我感到昏乱气闷时，常靠喝真正的好茶解除，你可购买一些。"_{溃当作愦。}

傅咸在《司隶教》中说："听说南市有个四川老妇做茶粥出卖，被警官打破她的器具，后来她又在市上卖饼，为什么要作难四川老妇，禁止她卖茶粥呢！"

《神异记》记载："余姚人虞洪上山采茶，遇见一位道士，牵着三头青牛。这个道士带着虞洪到了瀑布山，对他说，'我是丹丘子。听说你很会煮茶，常想请你送给我品尝。这山里有大茶，可以给你采摘，以后你有多余的茶，请给我一些。'虞洪就用茶来祭祀，后来经常叫家人进山，果然采到了大茶。"

左思所作的《娇女》诗："吾家有娇女，皎皎颇白皙；小字为纨素，口齿自清历。有姊字惠芳，眉目粲如画；驰骛翔园林，果下皆生摘。贪华风雨中，倏忽数百适；心为茶荈剧，吹嘘对鼎钖。"

张孟阳所作的《登成都楼》诗："借问杨子舍，想见长卿庐；程卓累千金，骄侈拟五侯。门有连骑客，翠带腰吴钩；鼎食随时进，百和妙且殊。披林采秋橘，临江钓春鱼；黑子过龙醢，果馔逾蟹蝑。芳茶冠六清，溢味播九区；人生苟安乐，兹土聊可娱。"

傅巽的《七诲》记载了八种珍贵物品："蒲地的桃，古大宛国的苹果，山东的柿子，燕地的栗子，岨阳的黄梨，四川巫山的红橘，南中的茶子，天竺的冰糖。"

弘君举在《食檄》一文中说："客来寒暄以后，应该用鲜美的茶敬客。喝完三杯，就应该敬以蔗、木瓜、元李、杨梅、五味、橄榄、瓠、葵所做的羹各一杯。"

孙楚《歌》："茱萸出芳树颠，鲤鱼出洛水泉。白盐出河东，美豉出鲁渊。姜、桂、茶荈出巴蜀，椒、橘、木兰出高山。蓼、苏出沟渠，精、稗出中田。"

华佗的《食论》记载："长期饮茶，能增进思维能力。"

壶居士的《食忌》记载："长期饮茶，使人飘飘欲仙，和韭菜同食，能使人肢体沉重。"

郭璞的《尔雅注》记载："茶树小如栀子，冬天不落叶，叶可以煮作羹饮。现在把早采的叫作茶，晚采的叫作茗，或叫作荈，四川一带叫作苦茶。"

《世说》记载："任瞻，字育长，少年时很有名望。过江之后，很不得志。在饮茶的时候，问人说：'这是茶？还是茗？'当他感觉到对方露出奇怪的神色时，就再申明说：'我刚才是问这茶是热的还是冷的。'"下饮是为任瞻准备茶的意思。

《续搜神记》记载："晋武帝时，宣城人秦精常到武昌山采茶，遇到了一个身高一丈多的毛人，引他到了山下，把茶丛指给他看，随即离去了。过了一会儿，这个毛人又回转来，把藏在怀里的橘子送给秦精，秦精很害怕，便背了茶回家了。"

《晋四王起事》记载："惠帝出走避难，后来回到洛阳，黄门用瓦碗盛茶献给他喝。"

《异苑》记载："剡县人陈务的妻子，年轻守寡，和两个儿子住在一起，很喜欢喝茶。因为住宅里有一个古墓，她每次在喝茶之前，总是先用茶祭祀。她的两个儿子很讨厌她这样做，对她说：'古墓能知道什么，这么做还不是白花力气。'就要把古墓掘掉，经母亲苦苦劝阻，方才作罢。那一夜她梦见一个人对她说：'我在这座古墓里已有三百多年，你的两个儿子常想把它毁掉，仰赖你的保护，又请我喝好茶，我虽是深埋在地下的朽骨，怎能忘掉你的恩施而不答报呢！'天亮后，她在院子里发现十万铜钱，好像是很久以前埋在地下的，只是穿钱的绳子是新的。母亲把这件事告诉两个儿子，他们都感到很惭愧。从此以后，祭奠得更加虔诚了。"

《广陵耆老传》记载："晋元帝时，有个老妇，每天早晨独自提着一个盛茶的器皿，到市上卖茶，市上的人争着购买，从早到晚，她那个盛器里的茶始终不见减少。她还把卖茶所得的钱都散给了路旁孤苦贫穷的乞丐。有人感到很奇怪，州里执法的官吏便把她抓进监狱囚禁起来。到了夜间，这个老妇却拿着卖茶的器皿，从监狱的窗口飞越而出。"

《艺术传》记载："敦煌人单道开，不怕冷也不怕热，常常吃小石子，所服的药，有松脂、肉桂和蜂蜜的气味，所喝的仅仅是紫苏茶。"

《释道该说续名僧传》（应为释道悦《续名僧传》）中记载："南朝宋代的僧人法瑶，本姓杨，河东人。晋代永嘉年间到江南，遇见沈台真，请他到武康的小山寺。法瑶已年老，悬车，比喻日没的时候，指人已将到老年了。《淮南子》说"日至悲泉，爰息其马"，也是这个意思。吃饭时饮些茶。到了南朝齐代永明年间，齐武帝曾传旨吴兴的地方官请法瑶上京，那时他已经七十九岁了。"

南朝宋《江氏家传》记载："江统，字应元，当转任晋朝愍怀太子洗马时，曾上书规劝说：'现在在西园出卖醋、面、蓝子菜和茶叶等类东西，实在是败坏国家的体统。'"

《宋录》记载："南朝宋代的新安王刘子鸾和他的哥哥豫章王刘子尚，同往八公山拜访昙济道人，道人以茶茗招待，刘子尚在品尝时说：'这真是甘露呀，怎么能说是茶呢！'"

王微所作的《杂诗》："寂寂掩高阁，寥寥空广厦；待君竟不归，收领今就槚。"

鲍昭的妹妹鲍令晖曾作过一篇《香茗赋》。

南朝齐世祖武皇帝在他的遗诏里说："我死后，在我的灵前千万不要用牲畜来祭祀，只要供上糕饼、水果、茶、饭、酒和果脯就可以了。"

南朝梁刘孝绰在《谢晋安王饷米等启》中说："李孟孙传达了王的旨意，承赐米、酒、瓜、笋、腌菜、鱼脯、醋、茶等八种食品……"

陶弘景的《杂录》记载："苦茶能使人轻身换骨，从前丹丘子和黄山君就常饮用它。"

《后魏录》中记载："琅琊王肃在南朝做官时，喜欢饮茶和喝莼菜羹。后来回到北方，又喜欢羊肉和奶酪。有人问他：'茶比奶酪怎样？'王肃回答说：'茶不能居于奶酪之下。'"

《桐君录》记载："西阳、武昌、庐江、晋陵一带，都喜欢饮茶，客来，主人都用清茶招待。茶的沫饽，饮了对人体很有益。凡是可饮用的东西，大多采取它们的叶子，但天门冬和菝葜则采用它们的根，饮了都对人有益。又巴东另有一种真正的茗茶，煎饮后能使人不睡。当地人还有用檀木叶和大皂李煮了当作茶冷饮的。又南方有一种瓜芦木，也很像茶，味很苦涩，搞成碎末后煮饮，也可使人通夜不睡。熬盐的人就依靠喝这种饮料，特别是交州、广州一带的人饮用最多，客人来，先要敬这种饮料，煮时，一般都要加入些香料调制。"

《坤元录》记载："在辰州溆浦县西北三百五十里的无射山，少数民族的风俗，每逢吉庆时日，亲族都到山上集会歌舞。山上茶树很多。"

《括地图》记载："临遂县东一百四十里有茶溪。"

山谦之的《吴兴记》记载："乌程县西二十里有温山，出产御茶。"

《夷陵图经》记载："黄牛、荆门、女观以及望州等山都产茶。"

《永嘉图经》记载："永嘉县东三百里有白茶山。"

《淮阴图经》记载："山阳县南二十里有茶坡。"

《茶陵图经》记载："茶陵的意思，就是出产茶茗的陵谷。"

《本草·木部》记载："茗就是苦茶，滋味苦中带甜，略有寒性，无毒，主治瘘疮，利尿，祛痰，解渴散热，使人少睡眠。秋天采摘的味苦，能通气，帮助消化。原注说：春天采摘。"

《本草·菜部》记载："苦茶，也叫作茶，也叫作选，还叫作游冬，生在四川一带的川谷、山陵和道路两旁，过严冬也不会死，三月三日采制焙干。原注说：这或者就是如今所说的茶，也叫作茶，饮后能使人不睡。《本草注》：按：《诗经》中'谁谓荼苦'和'堇荼如怡'两句所说的茶，都是苦菜。陶弘景说苦荼是木类，不是菜类。茗，春天采摘的叫作苦㯪。"

《枕中方》记载："治疗多年的瘘疮，用苦荼和蜈蚣一起烤炙，使其发出香气，取相等的分量，捣碎筛过，成为细末，另煮甘草汤擦洗患处，然后用末敷上。"

《孺子方》记载："治疗小儿无故惊厥，用苦荼和葱须煎煮服用。"

八之出

【原文】

山南①，以峡州上②，峡州，生远安、宜都、夷陵三县山谷③。襄州、荆州次④，襄州，生南鄣县山谷⑤；荆州，生江陵县山谷⑥。衡州下⑦，生衡山、茶陵二县山谷⑧。金州、梁州又下⑨。金州，生西城、安康二县山谷⑩；梁州，生襄城、金牛二县山谷⑪。

淮南⑫，以光州上⑬，生光山县黄头港者⑭，与峡州同。义阳郡、舒州次⑮，生义阳县钟山者⑯，与襄州同；舒州，生太湖县潜山者⑰，与荆州同。寿州下⑱，盛唐县生霍山者⑲，与衡山同也。蕲州、黄州又下⑳。蕲州，生黄梅县山谷㉑；黄州，生麻城县山谷㉒，并与荆州、梁州同也〔一〕。

浙西㉓，以湖州上㉔，湖州，生长城县顾渚山谷㉕，与峡州、光州同；生山桑、儒师二寺㉖，白茅山悬脚岭㉗，与襄州、荆南、义阳郡同〔二〕；生凤亭山伏翼阁㉘，飞云、曲水二寺㉙，啄木岭㉚，与寿州、常州同；生安吉、武康二县山谷㉛，与金州、梁州同。**常州次**㉜，常州，义兴县生君山悬脚岭北峰下㉝，与荆州、义阳郡同；生圈岭善权寺、石亭山㉞，与舒州同。**宣州、杭州、睦州、歙州下**㉟，宣州，生宣城县雅山㊱，与蕲州同；太平县生上睦、临睦㊲，与黄州同。杭州，临安、于潜二县生天目山㊳，与舒州同。钱塘生天竺、灵隐二寺㊴；睦州，生桐庐县山谷㊵；歙州，生婺源山谷㊶，与衡州同。**润州、苏州又下**㊷。润州，江宁县生傲山㊸；苏州，长洲县生洞庭山㊹，与金州、蕲州、梁州同。

剑南㊺，**以彭州上**㊻，生九陇县马鞍山至德寺、棚口〔三〕㊼，与襄州同。**绵州、蜀州次**㊽，绵州，龙安县生松岭关㊾，与荆州同；其西昌、昌明、神泉县西山者并佳㊿；有过松岭者，不堪采。蜀州，青城县生丈人山(51)，与绵州同；青城县有散茶、木茶。**邛州次**(52)，**雅州、泸州下**(53)，雅州，百丈山、名山(54)；泸州，泸川者(55)，与金州同也。**眉州、汉州又下**(56)。眉州，丹棱县生铁山者(57)；汉州，绵竹县生竹山者(58)，与润州同。

浙东(59)，**以越州上**(60)，余姚县生瀑布泉岭(61)，曰仙茗，大者殊异，小者与襄州同。**明州、婺州次**(62)，明州，贸县生榆荚村(63)；婺州，东阳县东目山(64)，与荆州同。**台州下**(65)。台州，丰县生赤城者(66)，与歙州同。

黔中(67)，**生思州、播州、费州、夷州**(68)。

江南(69)，**生鄂州、袁州、吉州**(70)。

岭南(71)，**生福州、建州、韶州、象州**(72)。福州，生闽方山、山阴县(73)。

其思、播、费、夷、鄂、袁、吉、福、建、韶、象十一

州，未详，往往得之，其味极佳。

【校记】

〔一〕荆州，为金州之误。

〔二〕荆南，为荆州之误。

〔三〕棚口，当作堋口。宋熙宁年间（1068—1077）首置堋口县，旋
　　　改为堋口镇，其后并于今彭县。

【注释】

①山南，唐道名。因在终南、太华二山之南，故名。山南道的
　　辖境，相当于今四川嘉陵江流域以东，陕西秦岭、甘肃蟠冢
　　山以南，河南伏牛山西南，湖北郧水以西，自重庆至湖南岳
　　阳之间的长江以北地区。

②峡州，一名硖州，相当于今湖北宜昌、远安、宜都等地。

③远安县，在今湖北宜昌东北，居长江北岸，其辖境相当今湖
　　北远安。宜都县，在今湖北宜昌西南，居长江南岸。夷陵县，
　　在今湖北宜昌东南。

④襄州，相当于今湖北襄阳、谷城、光化、南漳、宜城等地。

⑤南鄣县，约在今湖北南漳。

⑥江陵县，约在今湖北江陵。

⑦衡州，相当于今湖南衡山、常宁、耒阳间的湘水流域。

⑧衡山县，约在今湖南衡山。茶陵县，约在今湖南茶陵。

⑨金州，相当于今陕西石泉以东、旬阳以西的汉水流域。梁州，
　　在今陕西城固以西的汉水流域。

⑩西城县，唐代的西城县由金川县改置，治所在今陕西安康。

安康县，唐代的安康县与现在陕西安康县的方位不同。唐至
德二载（757）曾将安康县改名为汉阴县，这里所用的县名，
还是未改为汉阴县以前的旧名。

⑪ 襄城县，在今河南省。这里所说的襄城县，疑为梁州所属的
襄城县之误。金牛县，唐县名，今已废。唐代县的辖境，约
在今陕西宁强县东北。

⑫ 淮南，唐道名，其辖境相当于今淮河以南、长江以北，东至
海，西至湖北应山、汉阳一带，此外还辖有河南的东南部
地区。

⑬ 光州，南朝梁所置，唐太极元年（712），曾将州的治所由南
朝梁所定的光城（今河南光山）移到了定城（今河南潢川）。
当时光州的辖境，相当于今淮河以南、竹竿河以东地区。

⑭ 光山县，约在今河南光山县。黄头港，不详。

⑮ 义阳郡，相当于今河南信阳、罗山等市、县和桐柏县东部以
及湖北应山、大悟、随县三县部分地区。舒州，唐以前称
舒，在今安徽舒城附近。

⑯ 义阳县，在今河南信阳市南。钟山，在今河南信阳东南。

⑰ 太湖县，相当于安徽太湖县。潜山，位于太湖县境内，一名
皖公山，又名皖山。

⑱ 寿州，其辖境已见《四之器》的注。宋政和年间（1111—
1118）升为寿春府。

⑲ 盛唐县，在今安徽六安。霍山，位于盛唐县境内，一名潜山，
又名天柱山。

⑳ 蕲州，相当于今湖北长江以北、巴河以东地方。黄州，相当
于今湖北长江以北、京汉铁路以东、巴河以西地方。

㉑ 黄梅县，相当于今湖北黄梅。

㉒ 麻城县，相当于今湖北麻城。

㉓ 浙西，即唐代的浙江西道，其辖境相当于今江苏长江以南、茅山以东及浙江新安江以北地区。

㉔ 湖州，相当于今浙江吴兴、德清、安吉、长兴等地。

㉕ 长城县，即今浙江长兴。顾渚，山名，在今浙江长兴县境。

㉖ 山桑坞、儒师坞，均在今长兴县境。唐代在"山桑、獳狮二坞"附近建有山桑、儒师二寺。獳狮和儒师，是写法不同的同一地方。

㉗ 过去的长兴县西北70里有白茆山，白茆山即白茅山。悬脚岭也在过去的长兴县西北70里，以其岭脚下垂，故名。

㉘ 凤亭山，在顾渚山之东，位于过去的长兴县西北40里。过去的长兴县西北39里有伏翼洞，唐代在洞侧建有伏翼阁。

㉙ 飞云山，在今长兴县境，南朝宋元徽五年（477）在山麓建有飞云寺。曲水寺，在今长兴县西，南朝陈太建五年（573）建。

㉚ 啄木岭，和悬脚岭相接，位于今长兴县西北。

㉛ 安吉县，相当于今浙江安吉。武康县，其辖境已见《七之事》的注。

㉜ 常州，相当于今江苏常州市、无锡市及武进、江阴、无锡、宜兴等地。

㉝ 义兴县，即今江苏宜兴。君山，在今江苏宜兴东南。

㉞ 圈岭，即离墨山，在今宜兴县西南，九岭相连。善权山，是离墨山九岭中的一个山。善权山有善权寺，是南朝齐建元二年（480）修建的。寺的遗址，现尚可见。石亭山，不详。

㉟ 宣州，相当于今安徽长江以南，黄山、九华山以北地区及

江苏溧水、溧阳等地。杭州，相当于今浙江兰溪、富春江以
北，天目山脉东南地区及杭州湾北岸的海宁县。睦州，相当
于今浙江桐庐、建德、淳安三地。宋宣和三年（1121）改名
严州。歙州，相当于今安徽新安江流域、祁门以至江西婺源
等地。宋宣和三年改名徽州。

㊱ 宣城县，其辖境已见《七之事》的注。雅山，一名鸦山，又
　名丫山，在今安徽宣城县地方。

㊲ 太平县，相当于今安徽省太平县地方。上睦、临睦，均不详。

㊳ 临安县，相当于今浙江临安县地方。于潜县，相当于过去的
　浙江于潜县地。天目山，是浙江四大名山（天目山、雁荡山、
　天台山、四明山）之一。

㊴ 钱塘县，相当于今浙江杭州。天竺寺分为上天竺、中天竺、
　下天竺三寺。陆羽这里所说的天竺寺，主要指的是下天竺
　寺。天竺三寺和灵隐寺，都在今杭州西湖。

㊵ 桐庐县，相当于今浙江桐庐。

㊶ 婺源县，相当于今江西婺源。

㊷ 润州，相当于今江苏镇江市、丹阳、句容、金坛等地。苏
　州，相当于今江苏苏州吴县和常熟以东，浙江嘉兴地区桐
　乡、海盐以东北及上海的部分地区。

㊸ 江宁县，相当于今江苏南京市。傲山，在今江苏江宁县。

㊹ 长洲县，在今江苏苏州。洞庭山，在太湖中，现在分为东、
　西两洞庭山。

㊺ 剑南，唐道名，其辖境相当于今四川涪江流域以西，大渡河
　流域和雅砻江下游以东，云南澜沧江、哀牢山以东，曲江、
　南盘江以北及贵州水城、普安以西和甘肃文县一带。

㊻ 彭州，在今四川彭县一带。

㊼ 九陇县，即今四川彭县。马鞍山至德寺，不详。

㊽ 绵州，相当于今四川罗江上游以东、潼河以西江油、绵阳间的涪江流域。蜀州，约为今四川崇庆、灌县等地。

㊾ 龙安县，因龙安山得名，其辖境相当于今四川安县地方。松岭关，在今四川安县北，位于岷山山脉的南端。

㊿ 西昌县，在今四川安县东。这里所说的西昌县，不是现在西昌地区的西昌县。昌明、神泉两县，均在汉代的涪县地方。昌明县是唐代所置，神泉县则是隋开皇六年（586）所置。两县辖境相当于后来的彰明县地方。彰明县现已并入江油。西山，山名，在神泉县西。

(51) 青城县，原名清城县，唐开元十八年（730）改清城为青城，治所在今四川灌县东南。丈人山，一名青城山，在今灌县西。

(52) 邛州，相当于今四川邛崃、大邑、蒲江等地。

(53) 雅州，相当于今四川雅安、名山、荥经、天全、芦山、小金等地。泸州，相当于今四川泸州市及泸县、纳溪等地。

(54) 百丈山，在过去的名山县东北，唐代曾置有百丈县，属剑南道雅州，就是因百丈山得名的。名山，一名金鸡山，又名蒙山，在今名山县西。

(55) 泸川县，相当于今四川泸县。

(56) 眉州，相当于今四川眉山、彭山、丹棱、洪雅、青神等地。汉州，相当于今四川广汉、绵竹等地。

(57) 丹棱县，相当于今四川丹棱县。过去的荣县西 80 里有铁山，其地产铁，蜀汉诸葛亮曾就此山采铁制作兵器。陆羽所说的铁山，或即指此。

⑤⑧ 绵竹县，相当于今四川绵竹县地方。竹山，疑为绵竹山之误。绵竹山，在过去的绵竹县西。

⑤⑨ 浙东，即唐代的浙江东道，其辖境相当于今浙江衢江流域、浦阳江流域以东地区。

⑥⓪ 越州，其辖境已见《四之器》的注。宋绍兴元年（1131）改为绍兴府。

⑥① 余姚县，其辖境已见《七之事》的注。瀑布泉岭，在余姚县西南，山壁峭立，有泉自岭巅飞泻而下，故名。

⑥② 明州，相当于今浙江甬江流域及慈溪、舟山群岛等地。婺州，其辖境已见《四之器》的注。明洪武年间（约 1358 年）改为金华府。

⑥③ 贺县，据《新唐书·地理志》记载，应作鄮县，在今浙江鄞县地方。榆荚村，不详。

⑥④ 东阳县，相当于今浙江东阳。过去的东阳县东北，有东白山，此山一名大白山，旧传，高 720 丈，峰峦层叠，周 50 里。陆羽这里所说的东目山，是否就是上述的东白山，尚待考证。

⑥⑤ 台州，相当于今浙江黄岩、临海、温岭、仙居、天台和宁海等地。

⑥⑥ 丰县，疑为始丰县之误。始丰县，即今浙江天台。赤城，山名，在天台县北，因土色皆赤得名。

⑥⑦ 黔中，唐道名。秦为黔中郡，其辖境相当于今湖南沅水、澧水流域，湖北清江流域，四川黔江流域和贵州东北一部分。唐北黔中道的辖境，与秦代黔中郡的略同，但东境不包括沅、

澧下游今桃源、慈利以东，西境兼有今贵州大部分地区。

⑥⑧ 思州，相当于今贵州务川、印江、沿河和四川酉阳等地。播
州，相当于今贵州遵义市和遵义、桐梓等地。费州，在今贵
州德江县东南一带。夷州，在今贵州石阡县一带。

⑥⑨ 江南，唐道名，其辖境相当于今浙江、福建、江西、湖南等
省及江苏、安徽的长江以南，湖北、四川江南的一部分和贵
州东北部地区。

⑦⑩ 鄂州，相当于今湖北武汉长江以南部分、黄石市和咸宁地区。
袁州，相当于今江西萍乡和新余以西的袁水流域。吉州，相
当于今江西新干、泰和间的赣江流域及安福、永新等地。

⑦⑪ 岭南，唐道名，其辖境相当于今广东、广西大部和越南北部
地区。

⑦⑫ 福州，相当于今福建龙溪口以东的闽江流域和洞宫山以东地
区。建州，其辖境已见《七之事》之述评。韶州，相当于今
广东韶关市、曲江、乐昌、仁化、南雄、翁源等地。象州，
约在今广西象州一带。

⑦⑬ 闽方山，即闽县的方山。闽县，隋开皇十二年（592）改原丰
县置，治所在今福建福州。唐代浙江东道越州有山阴县，此
处为福州的山阴县，疑有误。

【译文】

山南（茶区）：茶以峡州的品质最好，峡州，产于远安、宜
都、夷陵三县的山谷。襄州、荆州的品质较次，襄州，产于南郭县
的山谷；荆州，产于江陵县的山谷。衡州的品质差，衡州，产于衡山、
茶陵二县的山谷。金州、梁州的品质更差。金州，产于西城、安康

二县的山谷；梁州，产于襄城、金牛二县的山谷。

淮南（茶区）：**茶以光州的品质最好**，光州，产于光山县黄头港的，与峡州的相同。**义阳郡、舒州的品质较次**，义阳郡，产于义阳县钟山的，与襄州的相同；舒州，产于太湖县潜山的，与荆州的相同。**寿州的品质差**，寿州，产于盛唐县霍山的，与衡山县的相同。**蕲州、黄州的品质更差**。蕲州，产于黄梅县的山谷；黄州，产于麻城县的山谷，都与金州、梁州的相同。

浙西（茶区）：**茶以湖州的品质最好**，湖州，产于长城县顾渚山谷的，与峡州、光州的相同；产于山桑、儒师二寺和白茅山悬脚岭的，与襄州、荆州、义阳郡的相同；产于凤亭山伏翼阁，飞云、曲水二寺和啄木岭的，与寿州、常州的相同；产于安吉、武康二县山谷的，与金州、梁州的相同。**常州的品质较次**，常州，产于义兴县君山悬脚岭北峰下的，与产在荆州、义阳郡的相同；产于圈岭善权寺、石亭山的，与舒州的相同。**宣州、杭州、睦州、歙州的品质差**，宣州，产于宣城县雅山的，与蕲州的相同；宣州，产于太平县上睦、临睦的，与黄州的相同。杭州，产于临安、于潜二县天目山的，与舒州的相同。杭州，产于钱塘县天竺、灵隐二寺的；睦州，产于桐庐县山谷的；歙州，产于婺源县山谷的，都与衡州的相同。**润州、苏州的品质更差**。润州，产于江宁县傲山的；苏州，产于长洲县洞庭山的，都与金州、蕲州、梁州的相同。

浙东（茶区）：**茶以越州的品质最好**，越州，产于余姚县瀑布泉岭的，叫作仙茗，大叶的特别好，小叶的与襄州的相同。**明州、婺州的品质较次**，明州，产于鄮县榆荚村的；婺州，产于东阳县东目山的，都与荆州的相同。**台州的品质差**。台州，产于丰县赤城的，与歙州的相同。

（按：浙东茶区，在原文中刊于剑南茶区之后，在这里将它改刊于浙西茶区之后、剑南茶区之前。)

　　剑南(茶区)：**茶以彭州的品质最好，**彭州，产于九陇县马鞍山至德寺和棚口的，与襄州的相同。**绵州、蜀州和邛州的品质较次，**绵州，产于龙安县松岭关的，与荆州的相同；产于绵州所属的西昌县、昌明县和神泉县西山的都很好；过了松岭的就不值得采摘。蜀州，产于青城县丈人山的，与绵州的相同；青城县有散茶、末茶两种。(按：《茶经》各种版本均作"散茶、木茶"，但在唐以前的各种史料中，均无"木茶"之名，而《茶经·六之饮》中曾说"饮有粗茶、散茶、末茶、饼茶者"，故将此处的木茶改为末茶。)**雅州、泸州的品质差，**雅州，产于百丈山、名山的；泸州，产于泸川的，都与金州的相同。**眉州、汉州的品质更差。**眉州，产于丹棱县铁山的；汉州，产于绵竹县竹山的，都与润州的相同。

　　黔中(茶区)：茶产于思州、播州、费州、夷州。

　　江南(茶区)：茶产于鄂州、袁州、吉州。

　　岭南(茶区)：茶产于福州、建州、韶州、象州。福州，产于闽方山、山阴县。

　　关于思、播、费、夷、鄂、袁、吉、福、建、韶、象等11个州的品质情况，(我)都不了解，但是常常获得这些州所产的茶，滋味都极好。

九之略

【原文】

　　其造具，若方春禁火之时，于野寺山园，丛手而掇，乃蒸，乃舂，乃复[一]以火干之①，则又棨、朴、焙、贯、棚、穿、育等七事皆废。

其煮器，若松间石上可坐，则具列废。用槁薪、鼎鿭之属②，则风炉、灰承、炭挝、火䇲、交床等废。若瞰泉临涧，则水方、涤方、漉水囊废。若五人已下，茶可末而精者，则罗合废[二]。若援藟跻岩③，引絙入洞④，于山口炙而末之，或纸包合贮，则碾、拂末等废。既瓢、碗、䇲、札、熟盂、鹾簋，悉以一筥盛之，则都篮废。

但城邑之中，王公之门，二十四器阙一⑤，则茶废矣。

【校记】

〔一〕复，一作"炀"。

〔二〕"罗"字后，一本无"合"字。

【注释】

①有的版本中，"复"为"炀"字。按《三之造》所述工序为采、蒸、捣、拍、焙、穿、封，捣后应拍，拍后才焙。此处省略的棨、朴为焙茶的附属工具，焙、贯、棚为焙茶工具，穿为穿茶工具，育为封茶工具，而拍茶工具并未省去，故疑"复"为"拍"字，但无本可据。如为"复"字，意为再用火烘干，按此制法，就不是饼茶；如为"炀"字，炀即烘干，又与后文重复。暂作"用火烘干"解。

②鼎鿭，此处指的是锅。

③藟，即藤；跻，登上的意思。

④引，牵引；絙，粗大的绳索。

⑤《四之器》共刊出 28 种。

【译文】

　　制造饼茶的工具：若在初春禁火的时候，在野外寺院的山间茶园里，大家齐力采摘，就地蒸、捣，用火烘干，这样，棨、朴、焙、贯、棚、穿、育等七种工具，就都可以不用了。

　　煮茶的器具：若在松林石上可以放置茶具，就不需要用具列。用干柴和锅等煮茶，风炉、灰承、炭树、火筴和交床等就可以不用。如在泉水或溪涧旁边，就不必用水方、涤方和漉水囊。若饮茶的在五人以下，茶叶可以碾成精细的末，那么，就不需要罗合。如若攀着蔓藤登上山岩，并拉着粗绳进入山洞，已在山口烤干研末，或者茶末已用纸包好藏在盒子里，那么，也就用不着碾和拂末。省去了这些器具，只要把瓢、碗、竹夹、札、熟盂、鹾簋都盛放在一只筥里，就不需要都篮了。

　　但在城市里，在王公贵族的家里，如二十四种器具中任缺一种，那就算不上饮茶。

十之图

【原文】

　　以绢素或四幅或六幅，分布写之，陈诸座隅，则茶之源、之具、之造、之器、之煮、之饮、之事、之出、之略，目击而存，于是茶经之始终备焉。

【译文】

　　把《茶经》的内容分别书写在四幅或六幅白绢上，挂在座旁，那么对于茶的起源、制造工具、制造方法、煮饮器具、煮茶方法、饮用方法、历史、产地和省略法等，就可一望而知，这样，《茶经》就全面具备了。

《茶经》版本

一、《茶经》曾著录于下列各书：

1.《新唐书·艺文志·小说类》；

2.（宋）郑樵《通志·艺文略·食货类》；

3.（宋）晁公武《郡斋读书志·农家类》；

4.（宋）陈振孙《直斋书录解题·杂艺类》；

5.《宋史·艺文志·农家类》；

6.《四库全书总目提要》。

二、北京图书馆收藏的计有 10 种：

1.明弘治十四年华珵刻递修本；

2.明嘉靖十五年莆田郑氏刻本；

3.明嘉靖二十二年柯氏刻本；

4.明万历十六年孙大绶秋水斋刻本；

5.明万历十六年程福生竹素园刻本；

6.明《山居杂志》本（即汪士贤校刻本）；

7.明乐元声刻本；

8.清雍正十三年陆氏寿椿堂刻本（即《续茶经》本）；

9.清嘉庆十年张氏照旷阁刻本（《学津讨原》本）；

10.民国十二年沔阳卢氏慎始基斋影印本（即《湖北先正遗书》本）

三、未经北京图书馆标明收藏的有 6 种：

1.（明）陶宗仪《说郛》本；

2.《古今图书集成》本；

3.（清）吴其濬《植物名实图考长编》本；

4.日本诸冈存《茶经评释》本；

5.1935年美国威廉·乌克斯的《茶叶全书》中的英译本；

6.1949年汉译《茶叶全书》本。

四、著录于万国鼎所撰的《茶书总目提要》中的尚有 15 种：

1.《百川学海》本；

2.明嘉靖壬寅吴旦刻本；

3.《百名家书》本；

4.《格致丛书》本；

5.《唐宋丛书》本；

6.《茶书全集》本；

7.吕氏十种本；

8.《五朝小说》本；

9.《文房奇书》本；

10.《小史集雅》本；

11.《别本茶经》（即浙江鲍士恭家藏本）；

12.《唐人说荟》（亦称《唐代丛书》）本；

13.《汉唐地理书钞》本；

14.日本宝历刻本；

15.日本京都书肆天保十五年补刻本。

五、日本诸冈存《茶经评释》尚著录下列 2 种：

1.明嘉靖庚子龙盖寺刻本；

2.民国西塔寺刻本。

陆羽传记

一、陆文学自传①

陆子②，名羽，字鸿渐，不知何许人。有仲宣、孟阳之貌陋③，相如、子云之口吃④，而为人才辩⑤，为性褊噪多自用意⑥，朋友规谏，豁然不惑。凡与人燕处⑦，意有所适，不言而去。人或疑之，谓生多瞋⑧。及与人为信，虽冰雪千里，虎狼当道，不愆也⑨。

上元初⑩，结庐于苕溪之湄⑪，闭关对书，不杂非类，名僧高士，谭讌永日。常扁舟往山寺，随身惟纱巾、藤鞋、短褐、犊鼻⑫。往往独行野中，诵佛经，吟古诗，杖击林木，手弄流水，夷犹徘徊⑬，自曙达暮，至日黑兴尽，号泣而归。故楚人相谓⑭，陆子盖今之接舆也⑮。

始三岁，惸露育乎大师积公之禅院⑯。九岁学属文，积公示以佛书出世之业，予答曰："终鲜兄弟，无复后嗣，染衣削发，号为释氏，使儒者闻之，得称为孝乎？羽将校孔氏之文可乎？"公曰："善哉！子为孝，殊不知西方之道，其名大矣。"公执释典不屈，予执儒典不屈。公因矫怜抚爱⑰，历试贱务，扫寺地，洁僧厕，践泥圬墙，负瓦施屋，牧牛一百二十蹄[18]。

竟陵西湖无纸[19]，学书以竹画牛背为字。他日，问字于学者，得张衡《南都赋》，不识其字，但于牧所仿青衿小儿，危坐展卷口动而已。公知之，恐渐渍外典[20]，去道日旷，又束于寺中，令芟翦榛莽[21]，以门人之伯主焉[22]。或时心记文字，懵焉若有所遗，灰心木立，过日不作。主者以为慵惰，鞭之，因叹"岁月往矣，恐不知其书"，呜咽不自胜。主者以为蓄怒[23]，又鞭其背，折其楚[24]，乃释。因倦所役，舍主者而去。卷衣诣伶党[25]，著《谑谈》三篇，以身为伶正，弄木人、假吏、藏珠之戏[26]。公追之曰："念尔道丧[27]，惜哉！吾本师有言：我弟子十二时中[28]，许一时外学，令降伏外道也。以我门人众多，今从尔所欲，可捐乐工书[29]。"

天宝中[30]，郢人酺于沧浪[31]，道邑吏召予为伶正之师[32]。时河南尹李公齐物出守[33]，见异，捉手拊背，亲授诗集，于是汉沔之俗亦异焉[34]。后负书火门山邹夫子墅[35]，属礼部郎中崔公国辅出守竟陵[36]，因与之游处。凡三年，赠白驴乌犎一头[37]，文槐书函一枚[38]，云："白驴乌犎，襄阳太守李憕见遗[39]；文槐函，故卢黄门侍郎所与[40]。此物，皆己之所惜也。宜野人乘蓄[41]，故特以相赠。"

洎至德初[42]，秦人过江[43]，予亦过江，与吴兴释皎然为缁素忘年之交[44]。少好属文，多所讽谕，见人为善，若己有之，见人不善，若己羞之，苦言逆耳，无所回避，由是俗人多之[45]。

自禄山乱中原[46]，为《四悲诗》，刘展窥江淮[47]，作《天之未明赋》，皆见感激，当时行哭涕泗。著《君臣契》三卷，《源解》三十卷，《江表四姓谱》八卷，《南北人物志》十卷，《吴

兴历官记》三卷,《湖州刺史记》一卷,《茶经》三卷,《占梦》
上、中、下三卷,并贮于褐布囊。

上元辛丑岁子阳秋二十有九日

【注释】

①陆羽在唐肃宗上元初(760)隐居浙江苕溪后,曾诏拜为太子
　文学(太子东宫的属官,主管经籍并撰拟侍奉文章),所以称
　陆文学。

②子,古代男子的美称或尊称。

③仲宣,三国魏王粲的字。孟阳,晋张载的字。

④相如,指汉司马相如。子云,汉扬雄的字。

⑤才辩,有才善辩。

⑥噪,喧哗的意思。此句意为:个性狭隘性急,多凭自己的主
　观想法去做。

⑦燕,饮酒。

⑧瞋,音 chēn,嗔的异体字。嗔,怒的意思。

⑨愆,过的意思,这里作延误解。

⑩上元,唐肃宗年号(760—761)。

⑪苕溪,在今浙江吴兴县。

⑫裋,音 shù。裋褐,粗陋的衣服。犊鼻,即短裤。

⑬夷犹,迟疑不前的意思。

⑭陆羽原籍湖北,在春秋战国时期,湖北属楚地,所以陆羽称
　他的家乡人为楚人。

⑮接舆,春秋时隐士,楚国人。佯狂不仕,所以也叫楚狂接舆。

⑯茕,音 qióng。无兄弟叫作茕。露,羸弱的意思。积公,是

陆羽对他的师父龙盖寺住持僧智积的尊称。

⑰ 矫，矫正。此句意为：智积因此矫正了过去对陆羽的怜惜爱抚之情。

⑱ 此句意为：牧放30头牛。

⑲ 西湖，在唐代竟陵县西门外。

⑳ 外典，佛教徒称其他宗教或学派的典籍为外典。

㉑ 芟，音 shān，删除的意思。翦，同剪。榛，丛生的树木。莽，草的统称。此句意为：智积叫陆羽做剪除杂草的工作。

㉒ 伯，年最长的。此句意为：智积叫年龄最大的门徒监督陆羽的劳动。

㉓ 蓄怒，内心蕴藏着忿怒的意思。

㉔ 楚，属于荆一类的灌木。这里指荆杖。

㉕ 伶党，指表演杂技的演员。

㉖ 木人、假吏、藏珠，都是杂技演员所表演的节目。

㉗ 由于陆羽去做了杂技演员，所以智积说他丧失了佛教徒所应遵守的"道"。

㉘ 十二时，指子、丑、寅、卯、辰、巳、午、未、申、酉、戌、亥十二时。

㉙ 捐，抛弃的意思。此句意为：可以抛弃掉表演杂技的书籍。

㉚ 天宝，唐玄宗年号（742—756）。

㉛ 郢，古地名，春秋时楚国都城，在今湖北省。这里借指陆羽的家乡竟陵。酺，是古代所谓"与民同乐"的一种仪式，由官家供应酒类以供群众饮酒作乐。沧浪，地名，在唐代复州东。

㉜ 道邑吏，指竟陵郡官署里的小官。当时，复州已改名为竟陵郡。

㉝ 李齐物，字道用，唐代宗室。玄宗天宝五载（746），由于和他友善的左相李适之被罢免，他也由河南尹贬为竟陵郡太守。

㉞ 汉沔，指汉水、沔水，这里泛指今湖北省一带。

㉟ 火门山即天门山，在唐代竟陵县西。邹夫子，生平不详。

㊱ 崔国辅，生平不详。玄宗天宝十一载（752），由于他的亲戚户部郎中王鉷谋反，王鉷与其兄御史大夫王銲被杀，他也由礼部郎中贬为竟陵郡司马。

㊲ 乌，黑色。犎，音 fēng，一种野牛。

㊳ 文槐书函，是槐木做的用以盛书的文具用品。

㊴ 李恺，生平不详。

㊵ 黄门侍郎，是随侍皇帝的近臣。

㊶ 野人，隐士的意思。此句意为：适宜于隐士乘骑和藏书。

㊷ 洎，音 jì，到的意思。至德，唐肃宗年号（756—758）。

㊸ 秦人，今陕西省的人。此句指当时由于安史之乱，住在陕西的人渡江南逃。

㊹ 吴兴，郡名，治所在今浙江吴兴县。皎然，字清昼，俗姓谢，唐代湖州杼山僧人。缁，黑衣，僧众之服；素，白衣，常人之服。此借指僧俗。

㊺ 多，称赞的意思。此句意为：从此一般人都称赞他。

㊻ 禄山，指安史之乱的安禄山。

㊼ 刘展，原任扬州长史，曾于肃宗上元元年（760）举兵反唐。

二、陆羽传^①

陆羽，字鸿渐，一名疾，字季疵，复州竟陵人^②，不知所生。或言有僧得诸水滨，畜之^③。既长，以《易》自筮^④，得"蹇"之"渐"^⑤，曰："鸿渐于陆^⑥，其羽可用为仪。"乃以陆为氏，名而字之。

幼时，其师教以旁行书^⑦，答曰："终鲜兄弟，而绝后嗣，得为孝乎？"师怒，使执粪除圬塓以苦之^⑧，又使牧牛三十，羽潜以竹画牛背为字。得张衡《南都赋》，不能读，危坐效群儿嗫嚅若成诵状^⑨，师拘之，令薙草莽^⑩。当其记文字，懵懵若有遗，过日不作，主者鞭苦，因叹曰："岁月往矣，奈何不知书！"呜咽不自胜，因亡去，匿为优人，作诙谐数千言。

天宝中，州人酺，吏署羽伶师，太守李齐物见，异之，授以书，遂庐火门山。

貌侻陋^⑪，口吃而辩。闻人善，若在己，见有过者，规切至忤人^⑫。朋友燕处，意有所行辄去，人疑其多嗔。与人期，雨雪虎狼不避也。

上元初，更隐苕溪，自称桑苎翁，阖门著书。或独行野中，诵诗击木，裴回不得意^⑬，或恸哭而归，故时谓今接舆也。久之，诏拜羽太子文学，徙太常寺太祝^⑭，不就职。贞元末^⑮，卒。

羽嗜茶，著经三篇，言茶之原、之法、之具尤备，天下益知饮茶矣。时鬻茶者，至陶羽形置炀突间^⑯，祀为茶神。有常伯熊者^⑰，因羽论，复广著茶之功。御史大夫李季卿宣慰江南^⑱，次临淮^⑲，知伯熊善煮茶，召之，伯熊执器前，季卿为再举杯。至江南，又有荐羽者，召之，羽衣野服，挈具而入，季卿不为礼，羽愧之，更著《毁茶论》。

其后，尚茶成风，时回纥入朝^⑳，始驱马市茶。

【注释】

①录自《新唐书》卷一百九十六《隐逸列传》。

②复州，其辖境直当于今湖北沔阳、天门、监利等地。竟陵是复州的属县之一。

③畜，养的意思。

④筮，音 shì，用蓍草占卦。

⑤蹇、渐，都是《周易》中六十四卦之一。之，变的意思。此句意为：卜得蹇卦，变为渐卦。

⑥鸿，即雁，大的叫鸿，小的叫雁。渐，不速的意思，《周易·渐卦正义》："凡物有变移，徐而不速，谓之渐。"陆，水流渗而出的陆地。此句意为：鸿雁徐徐地降落在水流渗而出的陆地。

⑦旁行书，指佛经的文字。佛经来自印度，其所用的文字，都是印度的古文字，书体都向右行。

⑧圬墁，音 wū mì，指泥土工的劳动。

⑨嗫嚅，音 niè rú，要说话而又顿住的样子。

⑩意为叫陆羽剪除杂草。

⑪㑦，音 tuō，简易的意思。此处引申为面貌平凡。

⑫忤，触犯的意思。

⑬裴回，同徘徊。

⑭太祝，唐代太常寺（主管宗庙礼乐）里主管祭祀的官员。

⑮ 贞元，唐德宗年号（785—805）。

⑯ 炀，烘干的意思。突，烟囱，这里借指灶。

⑰ 常伯熊，唐代陆羽同时代人，善煮茶，其生平不详。

⑱ 李季卿，左相李适之之子。代宗时（762—779），曾任吏部侍郎，后兼御史大夫，并奉命到河南、江淮等地宣慰。后官至右散骑常侍。

⑲ 次，停留的意思。临淮，郡名，治所在今安徽泗县东南。

⑳ 回纥，古族名，玄宗天宝三载（744）建政权于今鄂尔浑河流域。

出版后记

《茶经述评》是吴觉农先生晚年的一部茶学力作，此书于1979 年开始撰写，由吴觉农先生与钱梁、张堂恒、陈君鹏、陈舜年、冯金炜、恽霞等茶人商讨筹划，数次改易，最终于1987 年由中国农业出版社出版，并于 2005 年修订再版。

此书凝聚了吴觉农先生深厚的茶叶理论积淀和丰富的实践经验，自面世以来，广受好评。为了更好地呈现吴觉农先生的茶学思想，本次出版，经与吴觉农先生之子吴甲选先生商议，做了如下调整：

将吴觉农先生对《茶经》的述评和译注作为两个独立的部分编排，集中呈现吴先生在述评部分中的茶学思想。

经过几十年变迁，现在的茶区和行政区划都变动很大，为了尊重作者原意、准确表述，书中的地名、行政区划及机构名均与本书 1987 年初版时保持一致。原第八章中《我国包括试种地区在内的产茶县（1981 年）》不再有实际指导意义，将其作为历史文献单列在后，以供参考。

此外，经过仔细校对，勘正了原文笔误之处，统一了体例。原书部分插图质量未达到制版要求，因此删去，新增历代茶画和茶器彩插，更直观地展现茶文化风貌。

本书做了上述调整，希望能有助于广大爱茶人士了解茶、研究茶，将我国的茶叶事业继续传承、发展。

后浪出版公司

2018 年 11 月